KB232517

계절 과일 레시피

계절 과일 레시피

김윤정 지음

pan'n'pen

계절 과일을 먹는 즐거움은
맛 그 이상의 추억입니다

농장을 다니는 일은 나의 지식을 보충하고 휴식하는 시간입니다.

어린 시절을 섬과 시골에서 보냈는데, 그 시절의 나는 산과 들을 뛰어다니며 산딸기, 다래, 보리똥, 앵두 등을 따먹으며 놀았어요. 특별한 놀이가 없었던 때라 자연의 열매는 저에게 놀이이자 간식이었죠. 그런 기억과 추억들이 항상 제 마음에 따뜻하게 남아 있기에 시간이 될 때마다 부모님과 함께 여러 농장으로 다닙니다.
저의 부모님 또한 16년째 땅을 일구며 매실, 블루베리, 앵두가 열리는 나무와 여러 채소를 가꾸며 수확의 기쁨을 나누고 있죠. 부모님의 매실 나무 열 그루에서 수확한 열매로 우리 가족의 한 해를 책임질 매실 청을 담급니다. 그중 한 그루의 커다란 앵두 나무는 나의 보물 1호에요. 해마다 크고 달콤한 열매를 저에게 선사하니 말이죠.

요즘은 과일과 채소가 비닐하우스 재배되기 때문에 제철이라는 의미가 모호해지긴 했지만 딸기, 살구, 자두, 복숭아, 무화과, 한라봉 등 제 계절이 아니면 못 먹는 과일이 여전히 많지요. 이런 과일을 이 책에 가득 담았어요. 또, 평소 제가 즐겨 다니는 농장의 풍경을 함께 나누고 싶어 계절마다 농장을 찾아 풍요의 아름다움을 담았습니다. 그중 저에게 가장 의미 있는 농장은 영덕의 복숭아 농장이에요. 장애를 딛고 일어나 최고의 맛을 자랑하는 복숭아를 출하시키는 농장 주인에게 잔잔한 감동을 받았거든요. 불편한 몸으로 넓은 농장을 꾸려나가느라 힘들었을 시간과 그래서 더 열심히 농장을 가꿔 최고의 맛을 만들어낸 농장 주인의 노고가 저에게는 큰 의미로 다가옵니다. 이 책을 준비하느라 공들인 3년이 저에게는 최고의 복숭아를 수확하느라 힘들었을 영덕의 복숭아 농장 주인과 같지 않았을까 생각됩니다.

이 책에는 계절에 대한 저의 고민과 추억의 시간들로 가득합니다. 책을 만들며 평소 좋아하는 과일에 푹 빠져 있었던 것 같아요. 과일에 관한 모든 것을 이 책에 담아 보자고 생각했지요. 과일을 좀 더 다양하게 즐겨보고 싶어 계절별 과일 레시피를 가득 담았어요. 짧게 지나가는 과일이 아쉬워 좀 더 길게 즐길 수 있는 방법들도 소개했고요. 그리고 과일을 어떻게 깎고 담아야 예쁠까 고민했던 순간들이 생각나 과일 예쁘게 깎기와 담기까지 쉽게 따라 할 수 있게 정리했습니다.

여러분들도 이 책을 통해 아름다운 계절을 맛보고 추억을 만들었으면 좋겠습니다.

이 책을 처음 제안하고 함께한 채현 에디터님, 함께한 모든 시간들을 담아낸 유빈 실장님 그리고 그 옆에 항상 함께했던 유미씨에게 감사합니다.
항상 제 책에는 부모님 얘기가 빠지지 않는 것 같아요. 그만큼 제 요리의 뿌리는 부모님과 함께한 추억이 녹아 있어서인 것 같아요. 값진 시간을 선물해 주신 부모님과 궁금증 많고 분주한 아내를 묵묵히 이해해주는 남편, 힘들 법도 한데 아기 때부터 모든 농장을 함께 해준 아들 진교에게도 고마움을 전합니다.

Green Table

김윤정

Contents

Spring

Strawberry

Tomato

Japanese Apricot

Summer

Peach

Apricot & Plum

Oriental Melon

Melon

Watermelon

Apple

Pear

Persimmon

Fig

Pomegranate

Citron

Winter

Citrus

일러두기

〈계절 과일 레시피〉에는 제철 과일을 활용하여 계절의 맛과 멋을
만끽할 수 있는 아이디어가 가득합니다. 레시피에 얽매이기 보다는
좋아하는 과일을 맛있고 건강하게 즐기기 위한 요리법이라 생각하
면 좋겠습니다. 단, 요리 초보이거나 익숙하지 않은 음식이라면 레
시피에 정해진 분량과 방법대로 따라해보는 편이 좋겠지요.

이 책의 레시피에는
- 샐러드, 수프, 차, 디저트 등의 완성 분량은 plate(접시), bowl(그릇), cup & glass(잔),
  piece(조각) 등으로 총량을 표시하였습니다.
- 잼, 청, 주스, 시럽 등의 완성 분량은 부피(밀리리터㎖)나 무게(그램g)으로
  표시하였습니다. 과일의 상태와 만드는 사람에 따라 분량의 차이가 생기지만 필요한
  저장 용기를 준비하는 데 도움이 됩니다.
- 구움 과자나 베이킹 레시피에는 사용되는 베이킹 틀의 정확한 크기를
  표기하였습니다.
- 과일에 따라 크기나 무게, 과육의 양 등이 다릅니다. 레시피의 정량을 꼭 지켜야
  제맛이 나는 요리에는 과일 개수와 함께 무게(그램g)을 적어두었습니다.

이 책의 계량 기준은
  1작은술 5㎖, 1큰술 15㎖, 1컵 200㎖ 기준입니다.

Information

Basic Info

Recipe Info

한 눈에 보는 과일 달력

	7	8	9	10	11	12

재료 / 월
1
2
3
4
5
6
딸기
산딸기
토마토
대저토마토
청매실
황매실
살구
자두
백도
천도
황도
오디
복분자
아로니아
블루베리
참외
멜론
수박
포도
청포도
거봉
영귤, 청귤
무화과
아오리 사과
홍옥 사과
홍로 사과
부사
배
단감
석류
홍시
귤
한라봉
황금향
천해항
레드향

맛있는 시기
나오는 시기

딸기
산딸기
토마토
대저토마토
청매실
황매실
살구
자두
백도
천도
황도
오디
복분자
아로니아
블루베리
참외
멜론
수박
포도
청포도
거봉
영귤, 청귤
무화과
아오리 사과
홍옥 사과
홍로 사과
부사
배
단감
석류
홍시
귤
한라봉
황금향
천해향
레드향

과일 세척하기

배, 키위, 수박, 귤, 오렌지처럼 거칠고 단단한 껍질을 가진 과일이 아니라면 영양이 풍부한 껍질까지 먹는게 좋겠지요. 그렇다면 무엇보다 깨끗이 씻는 것이 중요하죠. 쉽게 구할 수 있는 과일 전용 세제보다는 베이킹소다나 식초를 활용해보세요. 베이킹소다는 과일 표면의 천연 기름기를 없애 먼지나 잔류 농약이 쉽게 떨어지게 합니다. 식초는 살균 작용을 하고요. 과일의 비타민 C는 수용성이므로 물에 오래 담가두면 손실될 수 있으니 껍질이 얇은 과일일수록 물 속에 오래 두지 마세요.

베이킹소다(또는 식초)로 씻기

껍질이 단단한 과일
사과, 감, 배, 자두, 천도복숭아 등

1 볼에 과일이 잠길 정도의 물을 담고 베이킹소다(또는 식초) 1큰술을 잘 푼 다음 과일을 담가 5분 정도 둔다.

2 사과, 자두, 천도복숭아처럼 껍질이 단단한 과일은 부드러운 수세미로 살살 문질러 닦은 다음 흐르는 물에 하나씩 헹궈 물기를 턴다.

껍질이 무르거나 껍질째 먹는 과일
딸기, 산딸기, 블루베리, 포도,
황도, 백도 등

1 볼에 과일이 잠길 정도의 물을 담고 베이킹소다(또는 식초) 1큰술을 잘 푼 다음 과일을 담가 가볍게 휘휘 저어 씻어 체에 건진다.

2 깨끗한 물에 담가 살살 저어 씻은 다음 체에 건져 흐르는 물에 헹군다.

3 딸기와 체리는 씻은 다음 꼭지를 떼고 포도는 송이째 씻어서 알을 뗀다.

과일 보관하기

과일을 맛있게 먹으려면 신선한 것으로 구입하는 게 가장 중요하고, 그 다음이 보관입니다. 구입 후 씻지 말고 그대로 보관해야 싱싱함이 오래가요. 냉장고에 보관할 때는 채소·과일용 신선칸에 보관하고, 김치냉장고를 활용할 때는 과일에 김치 냄새가 배지 않도록 밀폐용기에 담아둬야 합니다.

1 **사과와 키위, 자두, 토마토, 멜론은** 지퍼백에 넣고 작은 구멍을 몇 개 뚫어 보관하세요. 왜냐하면 '에틸렌'이라는 후숙 호르몬이 다량 배출되므로 다른 과일이나 채소와 함께 보관하면 옆에 둔 과일과 채소가 빨리 익거나 상하게 되거든요.

2 **바나나, 토마토, 아보카도, 파인애플, 망고는** 냉기에 약해 냉장고에 넣으면 빨리 상하거나 수분이 빠르게 없어지므로 실온에 보관하세요. 특히 토마토는 온전히 빨갛게 익은 것이 영양가가 높고 단맛도 좋은데, 냉장 보관하면 숙성이 멈추고 수분이 빨리 없어지니 바구니에 담아 실온에 두세요. 바나나는 꼭지를 쿠킹 랩으로 감싼 뒤 메달아 두면 좋아요.

3 **냉장고에 오래 두어 상한 과일은** 깨끗이 씻어 상한 부분을 넓게 도려내고 껍질을 벗긴 뒤 잘게 자르세요. 양이 많으면 잼을 만들거나 양이 얼마 되지 않으면 지퍼백에 담아 냉동해 두고 다른 과일이나 채소와 섞어 주스를 만들면 됩니다.

4 **아보카도는** 토마토나 망고처럼 후숙 과일입니다. 껍질이 초록색이면 덜 익은 것이니 짙은 자줏빛을 구입해야 맛있어요. 덜 익은 아보카도는 딱딱하고 껍질도 잘 벗겨지지 않으며 떫은 맛이 나니 숙성시켜 먹는 게 좋습니다. 아보카도를 쌀에 묻어두면 실온에 두는 것보다 빨리 숙성됩니다.

신선 보관을 돕는 용기

손질하지 않은 과일은 굳이 용기에 담아 보관할 필요가 없지만 먹기 좋게 잘라 둘 때나 상한 부분을 잘라내고 보관할 때는 용기에 담아 둡니다. 손질한 과일은 스테인리스 용기에 담으면 비릿한 맛이 나므로 유리 용기에 담아 보관하는 편이 좋습니다. 또한 유리 용기는 내용물을 볼 수 있어 편리하죠. 하지만 냉동 보관할 때는 유리보다 플라스틱 용기나 지퍼백에 담아야 온도 차로 인하여 그릇이 깨질 위험이 줄어듭니다. 블루베리나 산딸기 같은 베리 종류는 플라스틱 용기에 키친타월을 깔고 냉동합니다.

도시락 싸기 좋은 과일

도시락용 과일로는 사과, 배, 바나나처럼 갈변이 잘 되는 과일보다 멜론이나 오렌지, 파인애플, 수박, 참외, 키위처럼
갈변이 잘 되지 않는 과일과 방울토마토, 딸기, 블루베리 등 껍질째 먹는 과일이 더 좋습니다. 갈변이 잘 되는 과일은
레몬즙을 뿌리거나 설탕물에 잠시 담갔다가 도시락을 싸면 갈변되지 않아요. 바나나는 껍질째 잘라서 넣으세요.

갈변 방지 방법
갈변 방지용 설탕물은 생수
500㎖에 설탕 1큰술을 넣어 잘 녹인
다음 과일을 잠시 담가두었다가
건지면 됩니다. 또는 볼에 사과
1개를 썰어 담고 레몬즙 1큰술을
뿌려 섞으세요. 갓 짠 레몬즙이
없을 때는 레몬 농축액을 사용해도
됩니다. 레몬즙은 과일의 단맛을
상승시키는 역할도 합니다.

과일 청 제대로 담그는 요령

☑ 단맛이 많은 과일보다 새콤한 맛이 나는 과일로 만든 청이 더 맛있어요. ☑ 과일은 베이킹소다로 깨끗이 씻어 헹구고 물기를 완전히 말린 뒤 청으로 만들어야 해요. ☑ 일주일 정도 두고 먹는 청을 만들 때는 과육 무게의 20~50% 정도의 설탕을 넣으면 적당합니다. ☑ 설탕의 양은 과일의 당도에 따라 조절하세요. 보관 기간이 늘어날수록 설탕의 양을 늘리면 됩니다. ☑ 매실청이나 유자청처럼 일년 내내 두고 먹고자 하면 과육의 무게와 설탕의 무게를 1 : 1로 하세요. ☑ 가라앉은 설탕이 완전히 녹을 때까지 살살 뒤섞는 과정을 반복하여 설탕이 완전히 녹으면 냉장 보관합니다.

과일 잼 맛있게 만드는 방법

☑ 잼을 만들 때는 과일의 맛과 향을 살리는 것이 중요합니다. ☑ 설탕을 적게 사용하는 게 좋은데, 설탕의 양은 과육 무게의 30% 정도가 기준이며, 과일의 당도에 따라 가감합니다. ☑ 잼을 끓일 때는 바닥이 두꺼운 주물 냄비와 나무 주걱을 사용하세요. 냄비 바닥이 두꺼워야 쉽게 타지않고, 나무 주걱을 사용해야 잼이 산화되지 않습니다. ☑ 사과와 배처럼 과육이 단단한 과일이나 포도나 블루베리 같이 껍질이 단단한 과일은 믹서에 살짝 간 뒤 잼을 만들면 수월합니다. ☑ 잼이 거의 완성되면 레몬즙을 넣어 풍성한 맛을 끌어냅니다. 과일에 따라 바닐라 에센스를 넣어 맛과 향을 업그레이드시켜도 좋아요. ☑ 설탕을 과육 무게의 40% 이하로 넣고 만든 잼은 냉장 보관해도 10일 안에 소진하는 게 좋고, 과육과 설탕의 양을 동량으로 만들면 6개월 정도 냉장 보관이 가능합니다. ☑ 집에서 만든 잼이나 청은 열탕소독한 유리병에 보관하면 상하지 않게 오래 둘 수 있어요.

유리 용기 소독하기

1 냄비에 소독할 병이 충분히 잠길 정도로 물을 넉넉히 부어 끓인다.

2 물이 끓으면 중약불로 줄이고 병과 병 뚜껑을 넣어 10분간 끓여 소독한다.

3 집게로 병과 뚜껑을 집어 건진 뒤 깨끗한 마른 행주 위에 엎어서 물기를 완전히 말린다.

과일 맛 2배 살리는 재료

설탕

과일로 잼, 청, 조림을 만들 때 설탕이 꼭 필요합니다. 단맛을 줄 뿐만 아니라 저장성을 높이고 잼의 걸쭉한 농도를 만들지요. 이 외에도 과일 디저트의 맛을 살리는 것도 바로 설탕이죠.

레몬

레몬은 달지 않은 과일이라도 그 속에 숨은 단맛을 끌어내는 역할을 합니다. 게다가 상큼한 청량감이 돌아 여름 과일과 특히 잘 어울립니다.

소금 & 후추

망고, 파인애플, 복숭아 등을 구워 먹을 때 소금과 후춧가루를 뿌리면 훌륭한 사이드 메뉴가 됩니다. 망고, 파파야, 토마토 등 생과일에도 살짝 뿌리면 색다른 요리가 되며, 여름 과일에 소금과 후추가루로 맛을 내면 입맛을 돋우는 데 효과 만점이죠. 또한 소금은 단맛을 상승시키므로 수박, 토마토, 딸기 등에 소금을 살짝 뿌리면 더 달게 느껴집니다. 짠맛이 느껴지지 않을 정도의 소량만 뿌리고 입자가 고운 소금을 사용하세요.

허브

여름 과일로 에이드를 만들 때 애플민트나 페퍼민트를 더하면 음료의 청량감이 훨씬 좋아집니다. 과일에 잘 어울리는 허브는 애플민트, 바질, 페퍼민트, 로즈메리, 타임 등입니다.

바닐라 설탕

바닐라는 디저트에 사용하는 대표적인 향신료입니다. 대부분의 디저트는 바닐라로 기본 향을 내고 다른 과일 향을 첨가합니다. 바닐라는 상큼한 과일과도 잘 어울리는데, 설탕을 뿌려 먹는 과일이나 조림, 청, 잼을 만들 때 설탕 대신 바닐라 설탕을 사용하면 한결 향긋합니다. 또한 베이킹에도 설탕 대신 바닐라 설탕을 사용하면 따로 바닐라 오일이나 바닐라 에센스를 넣을 필요가 없답니다.

1 바닐라 빈을 흐르는 물에 살짝 헹궈 하루 정도 물기를 말린다.
2 통째로 설탕 통에 묻어둔다.
3 일주일 정도 지나면 바닐라 향이 밴 바닐라 설탕이 된다.

홍차

홍차는 생과일과 잘 어울리는 차입니다. 그래서 복숭아 아이스티, 그리
고 말린 과일과 홍차를 블렌딩한 제품들도 많죠. 홍차에는 다양한 꽃향
기가 포함돼 있는데, 이 꽃향기와 홍차 고유의 맛은 과일과 조화롭게 잘
어울리죠. 특히 사과, 딸기와 가장 잘 어울리고 그 외에도 감귤, 복숭아,
포도, 파인애플 등과도 어울립니다.

계피

계피는 후추, 정향과 함께 세계 3대 향신료 중 하나입니다. 상쾌한 청량
감과 달콤한 매운맛은 새콤달콤한 과일과 잘 어울려요. 과일 조림에 계
피를 넣으면 은은한 향이 배어 좋고, 배숙이나 배 조림을 만들 때 함께
끓이면 건강에도 좋습니다. 뱅쇼를 만들 때도 계피를 넣으면 한결 향을
좋게 하죠. 과일을 구울 때 계핏가루를 뿌리면 농축된 과일의 단맛에 계
피 향이 어우려져 고급스럽게 한답니다. 특히 계핏가루와 사과는 맛의
궁합이 좋아 사과 파이를 만들 때 빠질 수 없는 재료입니다.

과일 손질을 돕는 도구

1. **미니 스쿱** 과육을 동그랗게 떠내거나 가운데 심을 도려낼 때 사용한다.
2. **제스터** 오렌지나 레몬의 껍질을 가늘게 벗겨 제스트를 만들 때 사용한다.
3. **심 제거기** 과일의 심, 특히 사과의 심을 뺄 때 사용한다.
4. **필러** 칼날이 축으로 회전해서 둥근 과일의 윤곽을 따라 껍질을 벗길 때 사용한다.
5. **일자 필러** 껍질을 벗길 때나 과육을 길게 저며낼 때 사용한다.
6. **V자 커터** V자 모양을 내며 과일을 깎을 때 사용한다.
7. **시트러스 나이프** 오렌지나 자몽 등 껍질이 두꺼운 과일의 과육과 껍질을 분리할 때 사용한다.
8. **커브드 나이프** 둥근 과일의 껍질을 벗기거나 썰 때 사용한다.
9. **과도** 크기가 작고 날이 짧아 과일을 깎거나 채소를 다듬을 때 편리하다.
10. **물결 나이프** 과일에 물결 문양을 낼 때 사용한다.

리코타 치즈

350~400g

우유	1ℓ
생크림	500㎖
레몬	1개
소금	1큰술

1 냄비에 우유와 생크림, 소금을 넣어 중불에 올려 끓이고, 레몬은 즙을 낸 따로 둔다. **2** 냄비 가장자리가 보글보글 끓기 시작하면 불을 약하게 줄인 뒤 주걱으로 살살 젓다가 레몬즙을 넣고 서너 번 저어 유청이 분리되어 몽글몽글해지면 불을 끄고 30분 정도 그대로 둔다.

3 볼 위에 면포를 깐 체를 얹고 ②를 붓는다. **4** 유청이 어느 정도 빠지면 면포를 위로 덮어 감싸고 무거운 것을 올려 누른다.
5 ④를 냉장고에 넣고 유청이 완전히 빠질 때까지 약 2시간 정도 둔다.

6 유청이 완전히 빠져 단단해지면 둥근 막대 모양으로 말아 면포에서 꺼내고 종이 포일 위에 올린다.
7 리코타 치즈를 종이 포일로 돌돌 말아 단단히 감싸고 종이 포일 양 끝을 오므린 뒤 냉장 보관한다.

Tip 리코타 치즈를 만들 때 센 불로 끓이면 고소한 맛이 사라지니 약한 불로 끓이세요. 둥글게 말아 종이 포일로 감싸 적당량을 잘라서 사용한 뒤 다시 감싸두면 편리하죠. 밀폐용기에 담아두어도 됩니다. 리코타 치즈는 일주일 안에 먹는 게 좋아요.

책 속 활용 요리
딸기 리코타 치즈 샐러드(p.45), 딸기 토스트(p.59), 딸기 샐러드 피자(p.62), 멜론 그린 샐러드(p.217), 블루베리 리코타 샐러드(p.259)

파이 반죽

2 Tarts(지름 22cm)

중력분	400g
무염 버터	200g
달걀	2개
우유	2큰술
설탕	1큰술
소금	1작은술

1 버터는 차가운 것으로 준비해서 사방 1㎝ 크기의 주사위 모양으로 썬다. 2 중력분은 체에 두 번 내린다.

3 ②의 볼에 설탕과 소금을 넣어 골고루 섞는다. 4 ③에 ①의 버터를 넣고 주걱으로 버터를 잘라가며 섞은 다음 손으로 버터를 으깨가며 골고루 반죽한다. 5 ④에 우유를 붓고 달걀을 깨뜨려 넣은 뒤 주걱으로 골고루 섞는다.

책 속 활용 요리
사과 꽃 파이(p.337),
사과 파이(p.342),
감 파이(p.376)

6 반죽을 손으로 주물러가며 가루가 보이지 않게 잘 섞은 다음 한 덩어리로 뭉친다.

7 반죽을 위생 봉투에 넣고 꼭꼭 눌러 공기를 뺀 다음 1시간 정도 냉장실에서 휴지한다.

책 속 활용 요리
살구 아몬드 타르트(p.199),
자두 요거트 타르트(p.200)

타르트지

1 Tart(지름 25cm)

박력분	180g
무염 버터	90g
찬물	2큰술
소금	1작은술

1 박력분은 고운 체에 두 번 내린다. 2 무염 버터는 차가운 상태에서 사방 1㎝ 크기로 깍둑 썬다.

3 볼에 박력분과 ②의 버터, 소금, 찬물을 넣고 스크래퍼를 이용해서 반죽하는데, 버터가 녹지 않도록 스크래퍼로 버터를 잘라가며 최대한 빠른 시간 내에 포슬포슬한 상태로 섞는다. 4 버터가 녹지 않은 상태로 재료가 골고루 섞이면 손으로 반죽을 한 덩어리로 뭉친다. 5 반죽을 평평하게 펴서 위생팩에 넣은 뒤 1시간 정도 휴지시킨다. 6 바닥에 덧가루용 밀가루를 뿌리고 밀대로 ⑤의 반죽을 0.5㎝ 두께로 민다. 7 ⑥의 반죽을 타르트 틀 위에 올리고 안쪽을 꼼꼼하게 채워 붙인다.

8 타르트 틀에 맞게 반죽을 잘라낸 뒤 포크로 여러 군데를 콕콕 찍어 반죽에 구멍을 낸다. 9 타르트지 위에 유산지를 깔고 누름돌을 얹어 180℃로 예열한 오븐에 넣어 7분간 굽는다. 10 오븐에서 타르트 틀을 꺼내 누름돌과 유산지를 뺀 다음 다시 오븐에 넣어 5분간 더 굽는다. 11 타르트지가 다 구워지면 꺼내서 틀째 식힘망 위에 올려 식힌다.

통곡물 타르트지

1 Tart(지름 25cm)

통곡물 쿠키	300g
달걀 흰자	90g
무염 버터	60g

1 무염 버터는 중탕이나 전자레인지를 이용해서 녹인다. 2 통곡물 쿠키는 지퍼백에 넣고 방망이로 두드려 곱게 부순다.

3 볼에 곱게 부순 통곡물 쿠키를 담고 달걀흰자와 녹인 버터를 준비한다. 4 ③의 볼에 달걀흰자와 녹인 버터를 넣고 실리콘 주걱으로 골고루 잘 섞는다. 5 가루가 보이지 않고 재료가 뭉쳐지기 시작하면 손으로 한 덩어리가 되게 뭉친다.

책 속 활용 요리
청포도 타르트(p.252),
사과 꽃 타르트(p.341)

6 ⑤의 반죽을 꾹꾹 눌러 타르트 틀 지름보다 넓은 크기의 1㎝ 두께로 평평하게 펴서 타르트 틀에 얹고 타르트 안쪽 가장자리까지 꼭꼭 눌러 붙인다. 7 타르트 반죽을 포크로 여러 군데 콕콕 찍어 반죽에 구멍을 낸 뒤 오븐에 넣고 20분간 굽는다. 8 타르트지가 다 구워지면 꺼내서 틀째 식힘망 위에 올려 식힌다.

파운드케이크

달걀	5개	사워크림	80g
오렌지 제스트	1개 분량	강력분	70g
설탕	260g	생크림	20g
무염 버터	120g	베이킹파우더	5g
박력분	100g	녹인 버터(틀 코팅용)	1큰술
아몬드 가루	20g	소금·밀가루(덧가루용)	약간씩

1 달걀과 버터는 상온에 미리 꺼내 두고, 박력분과 강력분, 아몬드 가루, 베이킹파우더는 섞어서 고운 체에 두 번 내린다.

2 볼에 달걀을 깨뜨려 넣고 거품기로 곱게 푼 다음 설탕과 소금을 넣어 충분히 섞고 거품이 올라오면 사워크림을 넣어 골고루 섞는다.

3 ②가 되직하게 주르륵 흐를 정도가 되면 오렌지 제스트를 넣는다.

4 ③의 반죽에 ①의 가루를 넣어 가루가 보이지 않게 잘 섞는다. **5** 버터는 중탕으로 녹여 생크림을 섞은 다음 ④의 반죽에 조금씩 나눠 넣으면서 섞는다. **6** 틀 코팅용으로 녹인 버터를 솔에 묻혀 파운드 틀 안쪽에 꼼꼼히 바른다.

7 덧가루용 밀가루를 파운드 틀에 넣고 이리저리 흔들어 골고루 얇게 옷을 입힌 뒤 나머지는 털어낸다.

책 속 활용 요리
레몬 파운드 케이크(p.488)
(오렌지 제스트 대신 레몬 제스트 사용)

8 ⑤의 반죽을 파운드 틀의 ¾까지 붓고 바닥에 탁탁 쳐서 기포를 뺀다. **9** 180℃로 예열한 오븐에 ⑧을 넣어 40분간 굽고 꺼내서 파운드 틀을 뒤집어 식힘망 위에 파운드케이크를 꺼내 식힌다.

Spring

상큼한 맛과 향이 삶을 즐겁게 하는
봄날의 과일 잔치

겨울 동안 꼭 품고 있던 대지의 좋은 기운을 받고 자란 봄 과일은 땅의 기운이 고스란히 들어차 있어요. 어른 아이 할 것 없이 누구나 좋아하는 달콤한 맛과 향의 딸기, 초록 꼭지의 쌉싸래한 향과 아삭아삭한 맛이 좋은 토마토, 생각만으로도 입 안에 침이 가득 고이는 매실까지 모두 비타민이 가득한 건강 과일이죠. 특히 수퍼푸드로 유명한 토마토는 항암, 항산화, 면역력 강화, 혈당 조절 효과 뿐 아니라 열량이 낮아 다이어트에도 좋으니 이보다 더 좋을 수 없는 최고의 과일입니다. 효과를 제대로 보려면 가끔 한번 보다는 자주 챙겨 먹어야 한다는 건 아시죠? 봄 과일을 저마다의 특성에 맞게 활용할 수 있는 조리 방법과 먹는 방법을 다양하게 소개합니다.

식탁을 풍성하게, 입맛은 물론 코를 자극하고 눈을 즐겁게 하는 봄 과일의 매력에 빠져보세요. 움츠렸던 몸을 깨우기 충분할 겁니다.

Strawberry

딸기는 씹을 때마다 톡톡거리는 씨, 특유의 은은하고 신선한 향과 달콤한 맛을 가진 과일로 어른 아이 할 것 없이 누구나 좋아하는 과일이죠. 봄의 전령사인 딸기가 요즘에는 겨울부터 나오기 시작해 전보다 일찍 맛 볼 수 있게 되었지만 끝물이 되면 늘 아쉬워요. 다행히 딸기가 끝물일 때 산딸기가 나오기 시작하죠. 산딸기는 딸기보다 생기 있는 자연의 맛과 향이 진하게 풍겨요. 산딸기는 주로 디저트의 장식용으로 사용하지만 한 움큼 집어 입에 털어 넣고 우물우물 먹는 맛은 제철이 아니면 느낄 수 없는 즐거움이랍니다. 딸기는 100g 당 80mg의 비타민이 들어있어 귤의 1.5배, 레몬의 2배, 사과의 10배 정도로 과일 중 비타민 C의 함량이 가장 높은 과일이에요. 이처럼 풍부한 비타민은 신진대사를 활성화시킬 뿐 아니라 자외선에 대한 저항력을 높여 멜라닌의 생성을 억제해 기미를 막아주죠. 게다가 딸기 종류는 자외선에 의해 콜라겐이 파괴되고 염증이 생기는 것을 억제해 피부 노화를 예방한다니 제철에 딸기를 많이 먹는 게 좋겠죠. 제철 외에는 보기 힘든 딸기와 산딸기는 한창인 계절에 실컷, 제대로, 맛있게 즐겨보세요!

Strawberry ricotta cheese salad
Strawberry Spring green salad

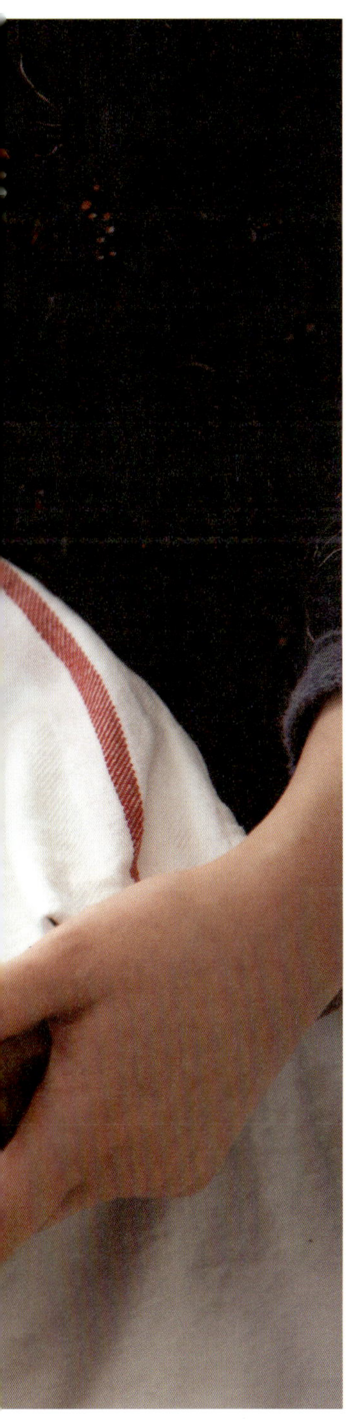

딸기는 꼭지만 떼면 씨와 과육을 모두 먹는 과일이지요. 새콤달콤한 과육에 톡톡 터지는 씨의 맛까지 더해져 언제 먹어도 입이 즐거운 봄 과일입니다. 딸기를 손질할 때는 베이킹소다를 푼 물이나 식촛물에 20초 정도 담갔다가 체에 담아서 흐르는 물에 서너 번 헹구는 게 가장 깨끗합니다. 딸기를 30초 이상 물에 담가 두거나 꼭지를 먼저 떼고 씻으면 비타민 C가 손실될 수 있으니 주의하세요.

딸기 리코타 치즈 샐러드

1 Plate

딸기	10개
리코타 치즈(p.28)	120g
샐러드 채소	80g

딸기 발사믹 드레싱
딸기 3개, 올리브유 2큰술, 다진 바질 1큰술,
발사믹 식초 1½작은술, 꿀 1작은술,
소금·후춧가루 약간씩

1 딸기는 깨끗이 씻어 꼭지를 떼고 물기를 제거한 다음 큰 것은 2등분 한다.
2 샐러드 채소는 깨끗이 씻어 물기를 제거한 후 한입 크기로 썬다.
3 드레싱용 딸기는 깨끗이 씻어 볼에 담아 으깨고 나머지 드레싱 재료와 잘 섞는다.
4 접시에 샐러드 채소와 딸기를 보기 좋게 담고 리코타 치즈를 듬성 듬성 올린 뒤 드레싱을 뿌려낸다.

딸기 봄나물 샐러드

1 Plate

딸기	8개
봄나물(미나리, 참나물, 세발나물, 돌나물 등)	70g

딸기 레몬 드레싱
딸기 3개, 올리브유 2큰술, 레몬즙 2작은술,
설탕 1작은술, 발사믹 식초 ½작은술,
소금·후춧가루 약간씩

1 딸기는 깨끗이 씻어 꼭지를 뗀 뒤 물기를 제거한다.
2 봄나물은 흐르는 물에 씻고 체에 밭쳐 물기를 뺀 뒤 긴 것은 3㎝ 길이로 썬다.
3 드레싱용 딸기는 씻어서 볼에 담아 으깬 뒤 나머지 드레싱 재료를 넣어 골고루 섞는다.
4 먹기 직전에 봄나물과 딸기를 드레싱에 버무려 접시에 담아낸다.

딸기 시저 샐러드

우리에게 익숙한 시저 샐러드에 딸기를 활용해 보세요. 새콤달콤한 딸기 향이 시저 드레싱과 무척 잘 어울리며 상큼한 계절의 맛을 더해줍니다. 샐러드를 만들 때는 모든 채소를 찬물에 담가 싱싱하게 살린 뒤 채소 탈수기로 물기를 말끔히 제거해야 드레싱이 겉돌지 않고 채소의 아삭아삭한 맛도 살아나요.

1 Plate

딸기	16개
로메인	70g
베이컨	2줄
식빵	1장
올리브유	½작은술
소금	약간

시저 드레싱
안초비 3개, 달걀노른자 2개 분량,
파르메산 치즈 가루·올리브유 2큰술씩,
레몬즙 1큰술, 다진 마늘·머스터드·
발사믹 식초 1작은술씩

1 딸기는 깨끗이 씻어 물기를 빼고 꼭지를 뗀 뒤 크기에 따라 2~4등분한다.

2 로메인은 찬물에 씻고 체에 밭쳐 물기를 제거한 뒤 작은 잎은 그대로, 큰 잎은 반으로 썬다.

3 식빵은 사방 1.5㎝ 크기로 썰어 올리브유와 소금에 가볍게 버무려 중불로 달군 팬에 볶듯이 바삭바삭하게 구워 크루통을 만든다.

4 베이컨은 약한 불로 달군 팬에 앞뒤로 노릇하고 바삭하게 굽고 키친타월에 올려 기름기를 뺀 뒤 1㎝ 폭으로 썬다.

5 안초비는 곱게 다져 볼에 담고 나머지 드레싱 재료와 골고루 섞어 시저 드레싱을 만든다.

6 로메인을 시저 드레싱에 가볍게 버무려 접시에 담고 딸기, 베이컨, 크루통을 올려낸다.

딸기 시금치 샐러드

시금치는 항암 작용을 하는 베타카로틴, 루테인, 비타민 C, 비타민 E, 식이섬유와 함께 철분과 엽산까지 풍부해 빈혈에 좋고 피를 맑게 해요. 시금치는 대부분 익혀서 요리하지만 생으로 맛보면 시금치 본연의 산뜻함과 아삭함 뿐 아니라 단맛도 매우 좋답니다. 샐러드용 시금치는 작고 여린 속잎을 사용하는 게 좋아요. 루콜라나 로메인처럼 피자 위에 시금치를 듬뿍 얹어도 맛있고요.

1 Plate

딸기	10개
시금치 속잎	50g

발사믹 오일 드레싱
발사믹 식초 3큰술, 올리브유 2큰술,
다진 양파 · 설탕 1큰술씩,
소금 · 후춧가루 약간씩

1 딸기는 깨끗이 씻어 물기를 제거한 다음 꼭지를 떼고 반으로 썬다.

2 시금치는 겉잎은 떼고 속잎만 50g 준비해서 흐르는 물에 헹구고 물기를 뺀다.

3 큰 볼에 분량의 발사믹 오일 드레싱 재료를 모두 담아 잘 섞는다.

4 ③의 볼에 딸기와 시금치를 넣고 가볍게 버무려 그릇에 담는다.

Tip 시금치 겉잎은 끓는 물에 소금 약간 넣고 데쳐 나물이나 국으로 먹어요. 바로 먹지 않을 때는 데친 시금치의 물기를 꼭 짠 후 지퍼백에 넣어 냉동 보관하면 됩니다.

딸기 그릭 요거트

하루를 깨우는 아침식사, 출출한 때 오후 간식, 살 찔 염려 없는 밤참 등으로 언제든 맛있게 먹을 수 있는 메뉴예요.
딸기와 요거트의 새콤한 맛이 입맛을 돋우며 기분까지 업! 시키죠. 여기에 달콤한 재료나 시럽을 조금 곁들이면 풍
성한 맛이 훨씬 살아납니다. 뮤즐리가 없다면 그래놀라나 좋아하는 맛의 시리얼을 넣어도 돼요. 견과류를 다져 넣
으면 한결 고소하고요.

2 Cups

딸기	4개
산딸기	12개
그릭 요거트	300g
뮤즐리	½컵
아가베 시럽	적당량

1 딸기와 산딸기는 가볍게 씻어 물기를 뺀다.

2 딸기는 꼭지를 떼고 열십자(+)로 4등분 한다.

3 투명 유리컵에 그릭 요거트를 담고 뮤즐리, 딸기, 산딸기 순서로 넣
은 다음 기호에 따라 아가베 시럽을 얹는다.

Tip 아가베 시럽이 없을 때는 꿀로 대신하면 됩니다. 물론 단맛을 원치 않으면
아무것도 넣지 마세요.

딸기 뮤즐리 컵

같은 음식이라도 컵이나 병에 담아 먹으면 색다른 맛과 재미를 즐길 수 있어요. 맛있는 재료를 켜켜이 쌓아 한꺼번에 떠올려 한입 가득 맛보세요. 여러 가지 씹는 맛과 향이 기분 좋게 입안을 가득 채웁니다. 딸기 뮤즐리 컵은 물이 많이 생기지 않아 냉장실에 두었다가 하나씩 꺼내 먹어도 꿀맛이지요.

2 Cups

딸기	6개
레드향	½개
그릭 요거트	½컵
뮤즐리	1컵
귤 사과 잼(p.462)	4큰술
유리컵(250~340㎖)	2개

1. 유리컵이나 입구가 넓은 유리병을 준비해 끓는 물에 열탕 소독한 뒤 말린다.

2. 딸기는 깨끗이 씻어 꼭지를 떼고 물기를 제거한 뒤 큰 것은 반으로 썬다.

3. 레드향은 속껍질까지 벗겨 과육만 준비해서 반으로 썬다.

4. 준비한 유리컵에 뮤즐리와 그릭 요거트를 담고 귤 사과 잼을 올린 뒤 딸기와 레드향을 보기 좋게 올린다.

Tip 레드향 대신 귤, 오렌지, 한라봉을 넣어도 됩니다. 귤 사과 잼이 없다면 시판 귤 잼이나 딸기, 블루베리, 살구 등 새콤한 과일로 만든 잼을 활용하면 되고요.

딸기 플래터

딸기 플래터는 후다닥 만들어 먹는 간식으로 그만이에요. 여유가 된다면 식빵을 구워 딸기 플래터 위에 올리고 약
간의 시리얼과 우유를 곁들여 보세요. 싱그러운 아침 식탁에 아주 잘 어울리는 플레이팅이 될 거예요. 알이 굵고 싱
싱한 딸기로 만들어야 제맛이니 제철에 꼭 만들어 보세요.

2 Plates

딸기	15개
피스타치오	10개
마스카포네 치즈	3큰술
호두 살	2개 분량
메이플 시럽 · 연유	2큰술씩

1 딸기는 깨끗이 씻어 꼭지를 뗀 뒤 물기를 제거하고 반으로 썬다.

2 호두 살과 피스타치오는 각각 키친타월 위에 올려 굵직하게 다진다.

3 접시에 딸기를 담고 다진 호두와 피스타치오를 뿌린다.

4 마스카포네 치즈를 접시 한 켠에 올리고 연유와 메이플 시럽을 골고
루 뿌려낸다.

딸기 포리지

포리지(porridge)는 우리나라의 죽과 비슷한 음식이에요. 영국에서는 아침식사로 즐겨 먹는데 주로 곡물을 이용하죠. 납작 귀리나 오트밀에 물과 우유를 붓고 소금으로 간을 맞춰 먹어도 좋고, 단맛을 원할 때는 설탕을 넣으면 됩니다. 통 귀리를 사용할 때는 귀리를 하룻밤 정도 물에 불린 다음 20분 정도 끓여 걸쭉한 농도가 되면 우유나 크림, 설탕이나 시럽으로 맛을 내요. 이 고소한 음식에 상큼한 딸기를 더한다면 어떤 맛일지 궁금하지 않나요?

1 Bowl

딸기	10개
오트밀	1컵
우유	2컵
시리얼·코코넛 슬라이스	1큰술씩
메이플 시럽	2큰술

1 딸기는 깨끗이 씻어 꼭지를 떼고 6개는 믹서에 갈아 퓌레로 만든다.

2 나머지 딸기는 반으로 썬다.

3 냄비에 오트밀과 우유를 넣고 센 불에 올려 끓어오르면 불을 약하게 줄이고 딸기 퓌레를 넣어 저으면서 10분간 끓인다.

4 그릇에 담고 딸기, 시리얼, 코코넛 슬라이스를 올리고 메이플 시럽을 뿌린다.

Tip 메이플 시럽이 없다면 거의 다 끓었을 때 설탕을 넣고 녹여서 기호에 따라 단맛을 맞춰 먹으면 됩니다.

딸기 감자 수프

감자는 향이나 맛이 부드러워 다양한 재료와 함께 요리하기 좋아요. 양파와 대파를 볶으면서 생기는 달큰한 맛은 감자와 정말 잘 어울리죠. 여기에 새콤한 딸기를 더해 산뜻한 맛의 수프를 만들었어요. 부드럽게 감도는 핑크 컬러에 은은한 딸기 향이 배어 먹기도 전에 기분이 좋아진답니다. 빵을 곁들이면 든든한 한끼가 됩니다.

2 Bowls

딸기	15개(300g)
감자	1개(300g)
양파	¼개
대파 흰 부분	10cm
월계수 잎	1장
이탈리안 파슬리	1줄기
물	1½컵
버터	3큰술
생크림	½컵
꿀	2큰술
소금 · 후춧가루	약간씩

1. 딸기는 깨끗이 씻어 꼭지를 떼고 물기를 없앤 뒤 믹서에 곱게 간다.
2. 감자는 껍질을 벗기고 얇게 슬라이스해 찬물에 잠시 담가 전분기를 뺀 다음 체에 밭아 물기를 뺀다.
3. 양파와 대파는 채 썬다.
4. 팬에 버터를 넣어 녹이고 감자와 양파, 대파를 넣어 감자가 살캉살캉할 정도로 볶는다.
5. ④에 분량의 물을 붓고 월계수 잎과 파슬리를 넣어 끓인다.
6. 감자가 익으면 월계수 잎과 파슬리는 건지고 한 김 식혀 믹서에 곱게 간다.
7. 냄비에 ①과 ⑥을 붓고 생크림을 섞은 뒤 한소끔 끓여 농도가 걸쭉해지면 소금과 후춧가루로 간을 한다.

Tip 딸기 감자 수프는 차갑게 먹어도 맛있어요. 이때 플레인 요거트를 약간 섞어 맛보면 아주 산뜻하답니다.

딸기 크루아상 샌드위치

버터의 맛과 향이 구수한 크루아상은 딸기와 무척 잘 어울리는
빵이에요. 딸기 크루아상 샌드위치를 한입 베어 물면 겉은 바
삭하고 속은 부드러우며, 빵에 새콤한 과즙이 촉촉하게 스며들
어 풍미가 정말 좋아요. 별다른 재료 손질 없이 만들 수 있는 아
주 간편한 메뉴랍니다.

딸기·미니 크루아상	6개씩
마스카포네 치즈	130g
슈가파우더	20g

1 딸기는 깨끗이 씻어 꼭지를 떼고 물
기를 제거한 뒤 0.7㎝ 두께로 슬라이
스한다.

2 스테인리스 볼에 마스카포네 치즈를
담아 거품기로 부드럽게 푼 다음 슈가
파우더를 넣고 입자가 보이지 않을 때
까지 잘 섞는다.

3 미니 크루아상은 빵칼로 깊게 칼집을
넣고 가운데에 ②의 치즈를 듬뿍 바
른다.

4 치즈 위에 딸기를 가지런하게 얹어 샌
드위치를 완성한다.

Tip 마스카포네 치즈 대신 크림치즈나 생크림을
사용해도 맛있어요. 단, 생크림은 단단하게 거품을
올려야 한답니다.

딸기 토스트

딸기를 구우면 새콤한 향은 진해지고 맛은 달짝지근하며 몽글몽글 부드러운 식감이 되죠. 이것을 과즙과 함께 통째로 빵에 올려 먹으면 촉촉하고 달콤한 맛이 그만이에요. 브리오슈처럼 구수한 맛이 좋은 빵과는 더욱 찰떡 궁합을 이루지요.

2 Sandwiches

딸기	300g
브리오슈 식빵	6장
버터	3큰술
설탕	1큰술
코코넛 슬라이스	약간

리코타 크림
리코타 치즈(p.28) 250g, 생크림 4큰술,
설탕 1큰술

1. 딸기는 깨끗이 씻어 꼭지를 떼고 반으로 썬다.
2. 볼에 딸기와 설탕을 넣어 살살 뒤섞는다.
3. 오븐 팬에 유산지를 깔고 딸기 단면이 위를 향하게 올린 뒤 180℃로 예열한 오븐에서 8분간 구워 볼에 담아 식힌다. 구울 때 생긴 딸기 즙은 따로 둔다.
4. 리코타 크림 재료를 모두 볼에 넣고 탄력이 생기고 거품이 단단하게 오를 때까지 거품기로 힘있게 친다.
5. 팬을 중약불에 올리고 버터를 넣어 녹인 뒤 브리오슈 식빵을 올려 앞뒤로 노릇하게 구워 살짝 식힌다.
6. 구운 식빵 위에 리코타 크림을 바르고 구운 딸기를 올린 뒤 다시 구운 식빵, 리코타 크림, 구운 딸기 순으로 올린다.
7. 딸기를 구우면서 생긴 딸기 즙은 토스트 맨 위에 뿌리고 코코넛 슬라이스를 올린다.

Tip 구운 아몬드 슬라이스나 구운 호두 등을 다져 딸기 위에 뿌려 먹어도 맛있어요.

베리 프렌치 토스트

빵을 달걀물에 담갔다가 구워 만드는 프렌치 토스트는 촉촉하고 부드러워 누구나 좋아하는 메뉴죠. 맛있는 프렌치 토스트를 만들려면 달걀물에 간을 맞추는 것과 잘 굽는 것이 중요해요. 토스트에 신선한 딸기를 얹고 마지막에 메이플 시럽과 기호에 따라 계핏가루를 솔솔 뿌리면 맛과 향이 한층 풍부해져요.

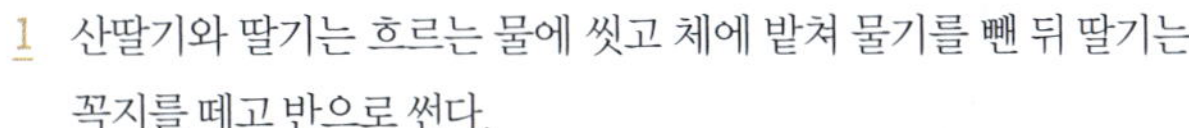

2 Plates

식빵(1.5cm 두께)	4장
산딸기	20개
딸기	6개
달걀	2개
우유	1컵
무염 버터	2½큰술(또는 버터 1큰술)
설탕·메이플 시럽	2큰술씩

1. 산딸기와 딸기는 흐르는 물에 씻고 체에 밭쳐 물기를 뺀 뒤 딸기는 꼭지를 떼고 반으로 썬다.
2. 넓은 볼에 달걀, 우유, 설탕을 넣어 골고루 섞은 뒤 식빵을 5분 정도 담가둬 충분히 적신다.
3. 뚜껑이 있는 팬에 무염 버터를 반 정도 넣어 완전히 녹인 뒤 중약불로 줄이고 ②의 식빵을 올려 굽는다.
4. 빵의 한쪽 면이 노릇하게 구워지면 뒤집은 다음 나머지 버터를 넣고 뚜껑을 덮어 1~2분 정도 더 구워 프렌치 토스트를 완성한다.
5. 접시에 프렌치 토스트를 담고 딸기와 산딸기를 함께 올린 뒤 메이플 시럽을 뿌려낸다.

Tip 달걀물에 적신 두꺼운 빵을 구울 때는 뚜껑을 덮고 약한 불에서 조리하면 겉이 타지 않고 속까지 부드럽게 잘 익어요. 빵 속에 밴 달걀물이 다 익지 않으면 비린 맛이 날 수 있어요.

딸기 샐러드 피자

구수한 리코타 치즈와 모차렐라 치즈, 쌉싸래한 루콜라, 새콤한 딸기, 달콤한 꿀과 발사믹 글레이즈가 어우러져 풍성한 맛이 나며 전혀 느끼하지 않은 피자예요. 리코타 치즈와 슈레드 치즈 대신 신선한 모차렐라 치즈를 얹어 피자를 만들어 보세요. 풍성한 샐러드 요리를 먹는 기분이 든답니다. 피자 도우까지 만들기 번거롭다면 가장 큰 사이즈의 토르티야를 구입해 사용하세요. 치즈를 올려 오븐에 넣고 치즈가 녹을 정도로만 살짝 구우면 됩니다.

1 Pizza

딸기	20개
루콜라	12~15줄기
리코타 치즈(p.28)	80g
슈레드 모차렐라 치즈	½컵
엑스트라 버진 올리브유·꿀	1큰술씩
발사믹 글레이즈	1큰술
소금·후춧가루	약간씩
밀가루(덧가루용)	적당량

피자 도우
강력분 250g, 드라이 이스트 7g,
올리브유 1큰술, 설탕 ½큰술,
소금 1작은술, 미지근한 물 170㎖

1 피자 도우 재료의 강력분은 덩어리가 없도록 체에 내려 볼에 담고 드라이 이스트, 설탕, 소금을 서로 닿지 않게 넣은 뒤 가볍게 손으로 섞는다.

2 ①에 올리브유를 넣어 섞고 미지근한 물을 부어 반죽한다.

3 반죽을 한 덩어리로 뭉쳐 끈기가 생기도록 많이 치댄다. 탁 소리가 나도록 바닥에 내리치는 동작을 10~15분간 반복한다.

4 반죽을 스테인리스 스틸 볼에 담고 랩으로 덮어 젓가락으로 구멍을 2~3군데 낸 다음 따뜻한 곳(약 28℃)에서 1시간 정도 발효한다.

5 반죽이 2배로 부풀면 볼에서 꺼내 손바닥으로 눌러 가스를 뺀다.

6 바닥과 반죽에 밀가루를 뿌려가며 밀대로 반죽을 밀어 둥글 납작하게 모양을 잡은 다음 랩으로 감싸 20분간 2차 발효해 피자 도우를 완성한다.

7 피자 도우 위에 슈레드 모차렐라 치즈를 듬뿍 올리고 200℃로 예열한 오븐에서 8분간 굽는다.

8 딸기는 깨끗이 씻어 꼭지를 떼고 크기에 따라 세로로 2등분 혹은 4등분 한다.

9 루콜라는 뿌리를 자르고 깨끗이 씻어 물기를 턴 다음 엑스트라 버진 올리브유, 소금, 후춧가루를 뿌려 가볍게 버무린다.

10 피자 도우가 노릇하게 구워지면 오븐에서 꺼내 딸기와 루콜라를 얹고 리코타 치즈를 군데군데 올린 뒤 꿀과 발사믹 글레이즈를 뿌려 낸다.

Tip 루콜라가 없다면 로메인이나 시금치처럼 아삭거리는 맛이 좋고 쌉싸래한 향이 시원한 채소를 루콜라처럼 버무려 피자 위에 올리면 됩니다.

딸기 바질 브루스케타

브루스케타는 납작하게 잘라 구운 빵 위에 토마토나 채소를 얹은 이탈리아의 전채요리인데 짭짤하게 만들어 입맛을 돋우는데 최고지요. 짠맛은 줄이고 과일을 얹으면 전채요리 뿐 아니라 간단한 술안주나 가벼운 간식으로 활용할 수 있어요.

6~8 Pieces

딸기	8개
바게트	1/3개
크림치즈	100g
바질 잎	적당량

바질 오일
바질 잎 20장, 올리브유 3큰술, 소금·후춧가루 약간씩

1 바질 오일용 바질은 잘게 다져 올리브유와 섞은 후 소금과 후춧가루로 간을 해 바질 오일을 만든다.

2 딸기는 흐르는 물에 씻어 꼭지를 떼고 1cm두께로 썬다.

3 바게트는 1cm두께로 슬라이스해서 마른 팬에 살짝 굽는다.

4 바게트 위에 바질 오일을 바르고 그 위에 크림치즈를 듬뿍 올린다.

5 딸기를 올리고 바질 잎으로 장식한다.

Tip 바질 오일 대신 바질 페스토를 사용해도 됩니다. 바삭하게 구운 아몬드 슬라이스나 잘게 다진 호두를 위에 뿌려도 잘 어울려요.

산딸기 브루스케타

산딸기와 마스카포네 치즈로 만든 스프레드를 활용한 브루스케타입니다. 산딸기 스프레드는 살짝 구운 바게트나 바삭하게 구운 식빵 등에 듬뿍 올려 먹으면 너무 맛있어요. 여기에 산딸기 같은 신선한 과일을 약간 올리고 커피나 우유와 곁들여 브런치로 즐겨보세요. 상큼하고 개운하게 하루를 시작할 수 있어요.

5 Pieces

산딸기	2~3큰술
슬라이스 바게트	5조각

산딸기 스프레드
산딸기 50g, 마스카포네 치즈 100g,
아가베 시럽 1작은술

1 볼에 마스카포네 치즈와 아가베 시럽을 넣어 잘 섞는다.

2 스프레드용 산딸기는 칼로 곱게 다지거나 볼에 넣고 숟가락으로 으깬 뒤 ①에 넣어 골고루 섞는다.

3 바게트는 바삭하게 구워 식힌다.

4 구운 바게트 위에 산딸기 스프레드를 듬뿍 바르고 산딸기를 얹는다.

Tip 산딸기가 없을 때는 시중에 판매하는 산딸기 또는 라즈베리 잼과 마스카포네 치즈를 섞어 만들면 됩니다. 마스카포네 치즈는 딸기보다는 산딸기와 맛의 궁합이 더 잘 맞아요.

딸기 생크림 롤

식빵, 생크림, 딸기라는 세 가지 재료는 어떻게 궁합을 맞춰 요리해도 맛있을 수밖에 없는 재료지요. 솜씨가 없거나 조리가 번거롭게 느껴질 때는 이 세 가지 재료로 초간단 핑거 푸드를 만들어보세요. 딸기가 너무 커서 한입에 먹기 힘들면 식빵으로 돌돌 만 다음 먹기 좋은 크기로 잘라서 내면 됩니다. 시판 휘핑크림을 사서 만들면 재빠르게 완성할 수 있는 최고의 간식입니다.

6 Rolls

딸기	6개
식빵	3장
생크림	½컵
설탕	1큰술

1 딸기는 흐르는 물에 깨끗이 씻어 물기를 뺀 다음 칼로 꼭지를 반듯하게 잘라 낸다.

2 볼에 생크림과 설탕을 넣고 크림이 단단해지도록 거품기로 힘차게 친다.

3 식빵은 가장자리를 잘라 내고 밀대로 얇게 민다.

4 식빵에 ②의 크림을 바르고 딸기를 올려 김밥 말듯이 돌돌 만다.

5 먹기 좋게 반 잘라 그릇에 담는다.

Tip 모양을 예쁘게 유지하고 싶다면 식빵으로 딸기를 돌돌 만 다음 쿠킹 랩으로 단단히 감싸서 1시간 정도 냉장 보관하세요. 바로 먹어야 할 때는 잠시 냉동실에 두면 신선하고 시원한 맛이 잘 살아나지요.

딸기 크레이프

크레이프를 구울 때 불이 세면 뻣뻣해져요. 크레이프는 약한 불에 천천히 구워야 얇고 부드러우며 촉촉해요. 그래야 만들 때 쉽게 찢어지지 않고 먹을 때도 맛있어요. 크레이프 반죽 만드는 게 번거롭다면 시판 핫케이크 가루를 사용해보세요. 반죽할 때 물 대신 우유를 넣은 다음 버터를 녹여 약한 불에서 구우면 됩니다.

10 Crepes

딸기	10개
달걀	3개
우유	1½컵
중력분	1컵
생크림	½컵
무염 버터	3큰술
설탕	2큰술
소금	¼작은술
버터·메이플 시럽	적당량씩

1 딸기는 흐르는 물에 가볍게 씻어 물기를 제거한 뒤 꼭지를 떼고 도톰하게 썬다.

2 중력분과 설탕 1큰술, 소금을 섞어 고운 체에 한 번 내린다.

3 무염 버터는 중탕으로 녹인다.

4 큰 볼에 우유와 달걀을 넣어 골고루 섞고 ②를 넣어 가루가 보이지 않게 잘 섞은 다음 녹인 무염 버터를 섞어 크레이프 반죽을 완성한다.

5 중약불로 달군 팬에 버터를 약간만 넣어 녹이고 크레이프 반죽을 한 국자 얹은 뒤 둥글고 얇게 펴 굽는다.

6 크레이프 가장자리가 말려 올라가기 시작하면 뒤집어 30초간 더 구워낸다.

7 볼에 생크림과 설탕 1큰술을 넣어 핸드믹서로 부드러운 크림 상태가 될 때까지 휘핑한다.

8 크레이프 위에 절반만 ⑦의 휘핑크림을 바르고 딸기를 얹어 반 접은 뒤 다시 반 접어 그릇에 담는다.

9 메이플 시럽을 뿌리거나 곁들여 낸다.

Tip 크레이프 반죽은 한 번 구울 때 여러 장 넉넉히 구워 층층이 쌓아 랩으로 싸서 실온에 보관하세요. 반죽에 버터가 들어가기 때문에 서로 붙지 않고 오히려 촉촉해져요. 이틀 정도는 두고 먹을 수 있습니다.

딸기 티라미수

신선한 딸기나 산딸기를 티라미수와 곁들이면 아주 잘 어울립니다. 입안에서 사르르 녹는 티라미수는 차게 즐겨야 제 맛이니 마스카포네 크림은 미리 만들어 냉장실에 차게 보관하는 게 좋습니다. 코코아 가루 대신 녹차 가루를 뿌리면 색감도 새롭고, 맛도 완전히 달라져요. 녹차의 쌉싸래한 맛과 향이 다른 달콤한 재료와 아주 잘 어울려 매력 만점 디저트가 되어요.

2 Plates

딸기	10개
레이디 핑거 쿠키	4개
마스카포네 치즈	120g
생크림	80㎖
설탕	25g
코코아 가루	적당량

커피 시럽
뜨거운 물 80㎖, 설탕 30g,
인스턴트 커피 15g

1 딸기는 깨끗이 씻어 꼭지를 뗀 뒤 큰 것만 반으로 썬다.

2 생크림과 설탕을 볼에 넣고 휘핑기로 섞어 70% 정도 거품을 낸다.

3 마스카포네 치즈는 숟가락으로 부드럽게 풀고 ②의 크림을 ⅓ 정도 넣어 가볍게 섞는다.

4 ③에 ②의 나머지 크림을 넣어 골고루 섞어 마스카포네 크림을 완성하여 냉장실에 차갑게 둔다.

5 분량의 뜨거운 물에 인스턴트 커피와 설탕을 녹여 커피 시럽을 만든다.

6 접시에 레이디 핑거 쿠키 2개를 올리고 위에 커피 시럽을 꼼꼼히 바른다.

7 핑거 쿠키 위에 ④의 마스카포네 크림을 소복하게 얹고 딸기를 올린 다음 코코아 가루를 뿌린다.

Tip 인스턴트 커피 대신 에스프레소를 사용하면 커피 풍미가 더욱 좋아요. 핑거 쿠키가 없다면 카스텔라를 2cm 두께로 잘라 커피 시럽을 바르세요.

딸기 바닐라 구이

딸기를 구워 먹는 게 좀 생소할까요? 향긋한 딸기와 바닐라를 함께 구우면 굉장히 부드럽고 매력적인 풍미가 납니다. 레몬 껍질을 넣어 약간의 신맛을 주는 것이 맛의 포인트에요. 뮤즐리를 곁들이면 씹는 맛을 더할 수 있고, 요거트나 아이스크림을 곁들이면 나른한 봄날의 간식으로 최고지요.

1 Pan

딸기	20개
레몬·바닐라 빈	½개씩
그릭 요거트	170㎖
뮤즐리	1컵
설탕	1큰술

1 딸기는 깨끗이 씻어 꼭지를 떼고 반으로 썬다.

2 레몬은 껍질을 문질러 씻어 껍질의 노란 부분만 얇게 벗겨 따로 두고, 과육은 1큰술 정도 즙을 낸다.

3 바닐라 빈은 반 갈라 칼 끝으로 씨를 긁어 낸다.

4 볼에 딸기와 바닐라 빈, 설탕, 레몬즙, 레몬 껍질을 넣어 버무린다.

5 오븐 팬에 ④를 담고 180℃로 예열한 오븐에서 8분간 굽는다.

6 ⑤를 그릇에 옮겨 담고 그릭 요거트와 뮤즐리를 올려 먹는다.

딸기 발사믹 조림

딸기와 발사믹 식초는 향긋하고 새콤달콤한 맛이 닮았죠. 이 두 가지 재료를 함께 조리면 각각의 개성이 살아나며 입맛 돋우는 과일 조림이 완성! 따뜻한 빵에 딸기 발사믹 조림을 올려 바삭한 베이컨과 함께 즐기면 브런치 메뉴로 손색없습니다.

300ml

딸기	500g
발사믹 식초	4큰술
설탕	1½큰술

1 딸기는 깨끗이 씻어 꼭지를 떼고 반 썰어 오븐 용기에 담고 발사믹 식초와 설탕을 넣어 잘 섞는다.

2 180℃로 예열한 오븐에 넣고 발사믹 식초가 졸아들어 시럽처럼 끈적해질 때까지 약 35분 정도 굽는다. 중간에 한 번 뒤섞는다.

3 딸기 발사믹 조림을 한 김 식힌 뒤 유리병에 담아 냉장 보관한다.

7 Pieces

시판 파운드케이크	7쪽
딸기 콤포트(p.87)	5~8큰술
메이플 시럽	1큰술
아몬드 슬라이스·코코넛 가루	적당량씩

1 시판 파운드케이크는 2㎝ 두께로 썰어 7쪽을 준비한다.

2 그라탱 용기에 파운드케이크 1쪽을 세워 담고 그 위에 딸기 콤포트 1큰술을 얹는다.

3 ②의 과정을 반복해 그라탱 용기에 파운드케이크와 딸기 콤포트를 모두 담는다.

4 ③에 메이플 시럽을 뿌리고 아몬드 슬라이스와 코코넛 가루를 골고루 얹는다.

5 180℃로 예열한 오븐에 넣어 8분간 굽고 기호에 따라 슈가파우더를 뿌린다.

딸기 파운드케이크 그라탱

요기도 되고 간식도 되는 파운드케이크는 자주 만드는 편이에요. 여러 가지 맛을 만들어 먹다 보면 조각조각 남아도는 파운드케이크가 생기곤 하지요. 오래되어 퍽퍽해진 파운드케이크를 그라탱으로 활용하면 맛있게 즐길 수 있어요. 구워서 따뜻할 때 바로 그릇에 담고 아이스크림이나 그릭 요거트와 함께 곁들여 맛보세요. 여기에 신선한 과일까지 몇 조각 곁들이면 훌륭한 간식이 됩니다.

딸기 생크림 케이크

딸기와 생크림의 조합은 두말할 필요 없이 완벽한 궁합을 이루지요. 케이크 시트만 있으면 생크림 케이크 만드는 것이 어려운 일은 아니에요. 시트에는 시럽을 충분히 묻혀야 먹는 내내 촉촉하고 부드럽다는 것을 잊지 마세요. 시트를 직접 구워 준비하면 좋지만 자신이 없다면 시판용 케이크 시트를 구입해 사용하세요.

1 Whole

딸기	15~20개
생크림	1컵
설탕	20g

케이크 시트(지름 18~20cm 제누아즈 틀 1개)
달걀 330g(약 7개), 박력분·설탕 170g씩, 무염 버터 40g, 우유·카놀라유 38g씩, 물엿 20g, 럼 7g, 베이킹파우더 1g

시럽
설탕·물 2큰술씩

1 물기가 없는 볼에 달걀을 넣어 핸드믹서로 곱게 푼다.

2 거품이 나기 시작하면 설탕과 물엿을 넣고 거품이 몽글몽글 올라오도록 핸드믹서를 고속으로 두고 섞는다.

3 거품이 충분히 올라오면 저속으로 내려 거품을 부드럽게 한다. 들어 올렸을 때 지그재그를 그리며 떨어지는 농도로 만든다.

4 박력분과 베이킹파우더를 섞어 체에 내리고 ③에 넣어 가볍게 섞는다. 볼을 돌려가며 주걱으로 위아래를 섞어 반죽한다.

5 다른 볼에 버터, 우유, 카놀라유, 럼을 넣고 중탕으로 미지근하게 데운 뒤 ④의 반죽에 조금씩 흘려가며 섞는다.

6 제누아즈 틀 안쪽에 유산지를 까는데, 가장자리는 틀보다 조금 높게 자른다.

7 틀의 80% 만큼 반죽을 붓고 틀을 바닥에 가볍게 서너 번 내리쳐서 반죽을 평평하게 하며 공기를 뺀다.

8 170~180℃로 예열한 오븐에 넣어 30~35분 정도 굽는다.

9 젓가락으로 케이크 시트 가운데를 찔러 반죽이 묻어나지 않으면 꺼내 식힘망 위에 올려 식혀 케이크 시트를 완성한다.

10 냄비에 시럽 재료를 넣고 약한 불로 설탕이 녹을 때까지 끓여 한 김 식힌다.

11 딸기는 깨끗이 씻어 물기를 제거한 뒤 5~6개만 남기고 꼭지를 떼어 반으로 썬다.

12 생크림은 차갑게 준비해 볼에 담고 설탕을 넣어 거품기로 힘있게 쳐서 거품을 올린다. 거품은 볼을 거꾸로 들었을 때 흐르지 않을 정도로 단단하게 올린다.

13 케이크 시트 위에 붓으로 시럽을 꼼꼼히 바른 뒤 생크림을 듬뿍 올린다.

14 생크림 위에 딸기를 보기 좋게 올려 장식한다.

산딸기 모히토

산딸기	1컵
라임	1개
애플민트	6줄기
얼음·탄산수	2컵씩
럼	½컵
설탕	3큰술

1 산딸기는 흐르는 물에 깨끗이 씻고 체에 밭쳐 물기를 뺀다.

2 라임은 반 잘라 즙을 짜고 남은 과육은 숟가락으로 긁어 낸다.

3 유리컵에 라임즙을 붓고 애플민트와 설탕을 넣은 후 긴 막대로 민트를 빻듯이 짓이긴다.

4 ③의 컵에 산딸기를 넣고 얼음과 럼, 탄산수를 넣어 잘 섞는다.

딸기와 산딸기는 여러 재료와 두루 잘 어울리는 과일이라 음료를 만들기에도 참 좋아요. 게다가 손질이 쉽고 과육이 부드러워 굳이 갈지 않아도 되니 편리하고 과일을 그대로 건져 먹는 맛도 좋고요. 딸기는 새콤하고 달콤한 맛이 동시에 나기 때문에 섞는 재료나 과일에 따라 설탕이나 시럽 양은 입맛에 맞게 조절하는 게 좋아요.

산딸기 스무디

2 Glasses

산딸기	2컵
우유·얼음	1컵씩
시럽(또는 꿀)	2큰술

1 산딸기는 흐르는 물에 씻고 체에 밭쳐 물기를 뺀다.

2 믹서에 산딸기, 우유, 얼음, 시럽을 넣고 곱게 갈아 컵에 담는다.

딸기 바나나 주스

2 Glasses

딸기	20개
바나나	2개
물	1컵
시럽(또는 꿀)	1큰술

1 딸기는 깨끗이 씻어 꼭지를 떼고 물기를 제거한다.

2 바나나는 껍질을 벗겨 3~4등분한다.

3 믹서에 모든 재료를 넣어 곱게 갈아 컵에 담는다.

베리 에이드

2 Glasses

딸기	6개
산딸기	10개
얼음·탄산수	2컵씩
애플민트	1줄기
시럽(또는 꿀)	적당량

1 딸기와 산딸기는 깨끗이 씻어 물기를 제거한다.

2 딸기는 꼭지를 떼고 얇게 썬다.

3 컵에 얼음을 반 정도 채우고 산딸기와 딸기를 넣고 탄산수를 붓는다.

4 애플민트를 올리고 시럽을 넣어 섞는다.

딸기 청

과일을 설탕에 재어 청으로 담가두면 과일 특유의 맛과 향을 오래 즐길 수 있죠. 특히 계절을 많이 타는 딸기나 산딸기, 블루베리, 포도와 같은 과일은 청으로 담가두고 음료 등으로 만들어 먹으면 맛과 향이 그윽하게 살아나 색다른 매력을 느낄 수 있답니다. 딸기 청은 담가서 숙성 없이 바로 먹을 수 있지만 2주일 내로 다 먹는 것이 좋아요. 혹시 남게 된다면 끓여서 콤포트를 만드세요. 딸기 청에 우유를 섞으면 유행하는 딸기 우유가 된답니다.

700ml

딸기	500g
설탕	350g

1 딸기는 깨끗이 씻어 꼭지를 떼고 물기를 없앤다.

2 볼에 딸기와 설탕을 넣어 가볍게 버무린다.

3 설탕이 녹아 물이 생기면 열탕 소독한 병에 담고 냉장 보관한다.

딸기 라테

1 Cup

딸기 청(p.82)	4큰술
에스프레소	2잔
우유	1컵

1. 우유는 따뜻하게 데우고 전동 거품기를 이용해서 거품을 낸다.
2. 유리 컵에 딸기 청을 담고 따뜻하게 데운 우유를 3㎝ 높이로 부은 뒤 에스프레소를 가만히 붓는다.
3. 우유를 다시 살살 부은 다음 맨 위에 우유 거품을 얹는다.

Tip 에스프레소 대신 인스턴트 커피를 진하게 타서 넣어도 됩니다.

딸기 레몬 차

1 Cup

딸기 청(p.82)	3~4큰술
레몬 슬라이스	1쪽
뜨거운 물	적당량

1 잔에 딸기 청을 넣고 뜨거운 물
을 원하는 만큼 붓는다.
2 레몬을 띄워 낸다.

딸기 레모네이드

1 Glass

딸기 청(p.82)	¼ 컵
레몬 슬라이스	2쪽
민트	5줄기
탄산수	1컵
얼음	적당량

1 준비한 유리컵에 얼음을 반 정도 채운다.

2 딸기 청, 레몬, 민트를 넣은 다음 탄산수를 붓는다.

Tip 먹기 전에 한 번 뒤섞고 작은 막대로 레몬과 민트를 살짝 으깨면 한결 향긋하다.

딸기 잼

과일로 잼을 만들 때 최대한 설탕을 적게 넣어 단맛보다는 과일 본연의 맛을 살려 보세요. 단맛이 많은 과일은 과육 무게의 20%, 단맛이 적은 과일은 과육 무게의 40% 정도의 설탕만 넣어도 충분히 맛있어요. 그리고 마지막에 신선한 레몬즙을 넣으면 새콤한 맛이 더해지며 단맛의 여운이 더욱 진해집니다.

300ml

딸기	400g
설탕	160g(과육 무게의 약 40%)
레몬즙	1큰술

Tip 잼을 차가운 물에 떨어뜨렸을 때 퍼지지 않는 정도로 농도를 맞추세요. 잼은 식으면서 농도가 더 되직해지므로 자칫 오래 졸이면 단단해질 수 있으니 주의하세요.

1 딸기는 흐르는 물에 깨끗이 씻어 꼭지를 뗀 뒤 체에 받쳐 물기를 뺀다.

2 냄비에 딸기와 설탕을 넣고 주걱으로 딸기를 으깨가며 중불에서 10분간 끓인다.

3 약한 불로 줄여 중간중간 저어가며 15분 정도 끓여 걸쭉해지면 불을 끄고 레몬즙을 섞어 잼을 완성한다.

4 한 김 식으면 열탕 소독한 유리병에 딸기 잼을 담고 뚜껑을 닫은 뒤 뒤집어서 식히고 냉장 보관한다.

<u>1</u> 딸기는 깨끗이 씻어 꼭지를 떼고 물기를 제거한 뒤 작은 것은 그대로, 중간 크기는 세로로 2등분, 큰 것은 열십자(+)로 4등분 한다. <u>2</u> 볼에 딸기와 설탕을 넣고 버무려 1시간 정도 재운다. <u>3</u> ②에 어느 정도 물기가 생기면 ⅔ 분량만 냄비에 담아 중불에서 으깨가며 10분 정도 끓인다.

딸기 콤포트

콤포트(compote)는 과일을 설탕에 조려 차게 보관하는 절임 종류라 잼에 비해 과일의 형태가 잘 살아 있고 잼에 비해 농도가 묽어요. 달콤하게 절인 과일을 요거트나 아이스크림과 곁들이면 근사한 디저트를 뚝딱 만들 수 있어요. 콤포트에 탄산수와 얼음을 넣어 에이드로 즐겨도 좋고 따뜻하게 끓인 물을 부어 차로 마셔도 맛있고요. 과일의 당도에 따라 설탕의 양을 조절하세요.

200ml

딸기	250g
설탕	100g(과육 무게의 40%)
레몬즙	1큰술
바닐라 에센스	1~2방울
레몬 제스트	1작은술

<u>4</u> 중간중간 표면에 생기는 거품을 걷어가며 딸기의 붉은 색이 살짝 빠지고 겉이 투명한 느낌이 날 때까지 끓인다. <u>5</u> 나머지 ⅓ 분량의 딸기를 마저 넣고 주걱으로 들어올려 주루룩 흐르는 정도가 될 때까지 끓인다. <u>6</u> 레몬즙과 레몬 제스트를 넣은 뒤 불을 약하게 줄여 저으면서 15분 정도 더 끓인다. <u>7</u> 걸쭉한 농도가 되면 불을 끄고 바닐라 에센스를 떨어뜨려 섞는다. <u>8</u> 한 김 식힌 뒤 열탕 소독한 유리병에 담고 뚜껑을 닫은 뒤 뒤집어서 식으면 냉장 보관한다.

딸기 콤포트 심플 레시피

콤포트는 잼만큼 달콤하지만 과육의 덩어리가 살아 있
어 과일 본연의 맛이 훨씬 진하게 느껴집니다. 과일 특
유의 향도 진하게 풍기며 부드럽지만 과일의 식감도 느
낄 수 있죠. 콤포트의 원료로 사용된 과일의 개성을 살
려 빵, 채소나 육류 요리, 디저트 등에 잘 곁들이면 다양
한 맛으로 즐길 수 있어요.

심플 브런치

곡물 혹은 견과 식빵이나 바게트를 준비해서
앞뒤로 노릇하고 바삭바삭하게 구워 접시에
담고 딸기 콤포트와 함께 냅니다. 여기에 따뜻한
허브 티를 곁들이면 간단하게 먹을 수 있는
브런치로 그만이에요.

딸기 콤포트 아이스크림

오목한 그릇에 딸기 콤포트를 3큰술 담습니다.
그 위에 바닐라 혹은 딸기 아이스크림을 한 스쿱
올리고 신선한 딸기나 블루베리를 몇 개 올려
완성! 만들기 어렵지 않지만 손님 초대 요리의
마무리로 내 놓으면 어깨가 으쓱해질 만큼
맛있고 보기 좋은 디저트랍니다.

딸기 크림 컵케이크

딸기 콤포트로 프로스팅을 만들어 시판 머핀을
장식해보세요. 플레인 머핀에 딸기 프로스팅을
듬뿍 짜 올리고 그 위에 딸기로 장식하면 맛과
모양은 물론 향긋함까지 선사하는 맛있는
컵케이크가 완성됩니다. 티 타임 간식으로도
좋고 누군가에게 선물하기에도 더없이 멋진
아이템이지요.

Strawberry cream cupcake

Strawberry compote icecream

딸기 프로스팅

슈가파우더 120g, 크림치즈 80g, 딸기 콤포트·버터 50g씩

1. 크림치즈와 버터는 실온에 두어 부드럽게 한 뒤
   볼에 담아 거품기로 섞으면서 잘 푼다.
2. ①에 슈가파우더를 넣어 가루가 보이지 않을 정도로
   잘 섞은 뒤 딸기 콤포트를 넣고 골고루 섞어 딸기
   프로스팅을 만든다.
3. 여름에는 냉장 보관하여 단단한 크림 상태가 되었을
   때 사용한다.

Tomato

토 마 토 는 사실 채소지만 늘 과일과 함께 분류되죠. 수분이 많고 새콤달콤한 맛은 과일과 같지만 토마토를 활용한 다양한 요리는 셀 수 없이 많고 매력적이죠. 게다가 우리 입에 잘 맞는 이탈리아 요리에 빠질 수 없는 재료이기도 하고요. 조리하지 않고 샐러드, 샌드위치, 주스, 디저트 등으로 두루두루 다양하게 먹을 수 있고요. 토마토에 풍부한 리코펜은 항암작용을 돕는데 가열하거나 기름과 함께 먹으면 체내 흡수량이 높아진답니다. 방울토마토, 대추토마토, 줄기토마토, 그린토마토, 찰토마토, 흑토마토, 대저토마토 등 종류에 따라 맛과 모양도 참 다채로워요. 제철 맞아 곱게 물이 오른 토마토의 매력에 흠뻑 빠져보아요.

토마토 바질 샐러드

바질의 달큰한 내음과 토마토의 신선한 향이 아주 잘 어울리는 샐러드에요. 식전에 입맛을 돋우는 용으로도 좋고, 빵을 한 쪽 곁들이면 한끼 식사로도 든든합니다. 파르미지아노 치즈 대신 그라나파다노 치즈를 갈아 넣어도 잘 어울려요. 프레시 모차렐라 치즈를 도톰하게 썰어 곁들이면 카프레제 샐러드가 되고요.

1 Plate

완숙 토마토·그린 토마토	1개씩
바질 잎	6장
파르미지아노 레지아노 치즈	약간

바질 오일 드레싱
바질 잎 15장, 올리브유 3큰술,
잣·화이트 와인 비니거 1큰술씩,
다진 마늘 1작은술, 소금·후춧가루 약간씩

1 토마토는 모두 깨끗이 씻어 물기를 제거하고 꼭지를 뗀 뒤 둥근 모양을 살려 1㎝ 두께로 자른다.

2 드레싱 재료의 바질 잎은 곱게 다져 2큰술 정도 준비하고, 잣도 키친 타월 위에 올려 아주 곱게 다진다.

3 다진 바질과 잣, 나머지 재료를 섞어 바질 오일 드레싱을 만든다.

4 파르미지아노 치즈는 필러로 얇게 저민다.

5 접시에 토마토와 그린 토마토를 섞어 층층이 담고 드레싱을 뿌린 뒤 바질 잎과 치즈를 군데군데 올려낸다.

토마토 참깨 샐러드

고소한 맛과 향이 절로 군침을 돌게 하는 참깨 드레싱에 싱싱한 토마토를 버무려 보세요. 개운한 샐러드가 될 뿐 아니라 입맛 돋우는 건강 반찬으로도 손색이 없답니다. 토마토로 샐러드를 만들 때는 무른 것보다 단단한 토마토를 사용해야 향도 신선하고 껍질째 아삭아삭하게 씹는 맛도 즐길 수 있어요.

1 Plate

토마토	3개
로메인	60g

참깨 드레싱
참깨 2큰술, 물 1½큰술, 다진 양파·
땅콩버터·마요네즈·설탕·참기름 1큰술씩,
간장·식초 1작은술씩, 후춧가루 약간

1 토마토는 깨끗이 씻어 꼭지를 떼고 웨지 모양이 되게 세로로 6등분 하여 다시 반으로 썬다.

2 로메인은 흐르는 물에 씻고 찬물에 담가 싱싱하게 한 뒤 물기를 제거하고 큰 잎은 먹기 좋은 크기로 썬다.

3 참깨는 곱게 갈고 나머지 재료와 섞어 드레싱을 만든다.

4 볼에 토마토를 담고 드레싱의 절반 분량만 넣어 살살 버무린다.

5 오목한 접시에 ④의 토마토를 담고 로메인을 얹은 뒤 나머지 드레싱을 뿌린다.

토마토 쑥갓 샐러드

시원한 맛의 토마토는 쌉싸래한 쑥갓과 의외로 잘 어울려요. 여기에 간장을 베이스로 만든 새콤한 드레싱을 더하면 어른 아이 모두 맛있게 먹을 수 있는 건강 샐러드가 됩니다. 붉은 색 토마토, 초록의 쑥갓을 시원한 파란 그릇에 담았어요. 저마다의 컬러가 살아나며 한층 신선하고 맛있어 보이지 않나요. 봄날의 산뜻한 식탁을 차릴 때 그릇의 컬러를 과감하게 선택해보세요. 기분 전환하기에 그만이랍니다.

1 Plate

토마토	3개
쑥갓	40g

새콤 간장 드레싱
간장·식초 2큰술씩,
설탕·참기름 1큰술씩,
다진 마늘 1작은술,
후춧가루 약간

1 토마토는 깨끗이 씻어 꼭지를 떼고 웨지 모양이 되게 세로로 8등분 한다.

2 쑥갓은 흐르는 물에 씻어 찬물에 담가 싱싱하게 한 뒤 물기를 제거하고 길이에 따라 2~3등분 한다.

3 드레싱 재료는 모두 한데 담아 고루 섞는다.

4 볼에 토마토를 담고 드레싱의 절반 분량만 넣어 살살 버무린다.

5 오목한 접시에 ④의 토마토를 담고 쑥갓을 얹은 뒤 나머지 드레싱을 뿌린다.

방울토마토 치즈 샐러드

방울토마토를 여러 가지 색으로 준비해 귀여운 한입 크기의 치즈와 섞어 샐러드를 만들었어요. 통통 튀는 신선한 색감이 보는 즐거움부터 선사하죠. 샐러드를 만들 때는 드레싱과 재료를 미리 손질해 냉장실에 차게 두었다가 버무려 내면 먹을 때 훨씬 개운하고 상큼해요. 새콤달콤한 맛을 더하고 싶다면 먹기 직전에 발사믹 글레이즈를 약간 뿌려 보세요.

1 Plate

방울토마토(여러 가지 색)	20개
모차렐라 치즈 볼(보코치니)	10개
바질 잎	5장
소금·후춧가루	약간씩

바질 드레싱
발사믹 식초·올리브유·
다진 바질 2큰술씩,
다진 양파·설탕 1큰술씩,
소금 ⅓작은술

1 방울토마토는 꼭지를 떼고 깨끗이 씻어 물기를 제거한 뒤 반으로 썬다.

2 바질드레싱 재료를 모두 볼에 담아 고루 섞는다.

3 접시에 방울토마토와 프레시 모차렐라 치즈를 보기 좋게 담고 바질 잎을 위에 올린 뒤 바질 드레싱을 뿌린다.

Tip 한입 크기의 모차렐라 치즈인 보코치니 (bococcini)가 없다면 큼직한 프레시 모차렐라치즈 150g을 준비해 한입 크기로 썰어 준비하세요.

Tomato cheese salad
Tomato omelet

토마토 오믈렛

토마토는 열을 가해 익히거나 기름을 더하면 생으로 먹을 때보다 항산화 물질과 지용성 비타민의 흡수율을 높일 수 있습니다. 조금 번거롭더라도 끓는 물에 토마토를 살짝 익혀 껍질을 벗긴 후 올리브유를 뿌려 먹으면 생으로 먹는 것보다 훨씬 건강한 섭취 방법이죠. 달걀과 곁들여 오믈렛을 만들거나 볶음을 하면 영양뿐 아니라 소화도 잘 된답니다.

1 Plate

토마토	½개
달걀	3개
베이컨	1줄
양파	⅛개
우유	3큰술
파르메산 치즈 가루	2큰술
올리브유	1큰술
소금·후춧가루·드라이 파슬리	약간씩

1. 토마토는 사방 3㎝ 크기로 썰고, 양파는 사방 1㎝ 크기로 썬다.
2. 베이컨은 1㎝ 폭으로 썬다.
3. 볼에 달걀을 깨뜨려 넣고 우유, 파르메산 치즈 가루, 소금을 약간 넣어 곱게 푼다.
4. 달군 팬에 올리브유 ½큰술을 두르고 토마토와 양파, 베이컨을 넣어 중불에서 볶다가 양파가 익어 투명해지면 소금과 후춧가루로 간한다.
5. 다른 팬을 달궈 올리브유 ½큰술을 두르고 중불에서 ③의 달걀물을 붓고 평평하고 넓게 편다.
6. 달걀 표면을 젓가락으로 살살 저으며 바닥이 어느 정도 익으면 뒤집지 말고 약한 불로 줄여 마저 익힌다.
7. 달걀 위에 ④를 얹고 달걀을 ⅓정도 접어 접시에 담은 뒤 드라이 파슬리를 뿌린다.

토마토 카나페

재료만 쓱쓱 잘라 만드는 간단한 핑거 푸드입니다. 빵은 집에 있는 것은 무엇이든 사용하면 되고, 원하는 모양으로 바꿔도 됩니다. 아보카도와 토마토는 색, 맛, 향, 식감이 완전히 다르지만 아주 잘 어울리는 재료에요.

16 Pieces

식빵	4장
토마토(작은 것)	4개
아보카도	½개
리코타 치즈(p.28)	8큰술
엑스트라 버진 올리브유·	
발사믹 글레이즈	2큰술씩
꿀	1½큰술
소금·후춧가루	약간씩

1 식빵은 지름 4㎝짜리 둥근 커터로 찍어 마른 팬에 앞뒤로 노릇하게 굽는다.

2 토마토는 껍질째 깨끗이 씻어 꼭지를 뗀 뒤 반 잘라 도톰하게 반달 모양으로 썬다.

3 아보카도는 씨를 제거하고 껍질을 벗긴 후 토마토와 비슷한 크기로 납작하게 썬다.

4 볼에 리코타 치즈와 꿀을 넣어 섞으면서 부드럽게 푼다.

5 구운 식빵에 리코타 치즈를 바르고 아보카도와 토마토 순으로 올린다.

6 올리브유와 발사믹 글레이즈를 뿌린 다음 소금, 후춧가루 약간 뿌린다.

Tip 조리하지 않고 그대로 토마토를 먹을 때 단맛이 부족하면 설탕 대신 소금을 약간 넣으세요. 신기하게도 토마토의 단맛을 끌어올려 줍니다. 원형 커터가 없다면 유리컵으로 모양을 찍거나 사각형으로 잘라 만들면 됩니다.

토마토 살사

청양고추를 넣어 매콤하고 상큼하게 만든 토마토 살사는 짭짤한 칩이나 바삭한 빵을 곁들여 내면 손쉬운 맥주 안주로 그만이죠. 채소는 미리 썰어서 냉장실에 두었다가 먹기 직전에 올리브유, 라임즙, 소금, 후춧가루에 버무려야 더 맛있어요. 토마토 살사의 단짝인 시판 나초는 많이 기름지고 짠 것 같아 손수 만드는 방법을 알려드릴게요. 토마토 살사는 나초 외에 퀘사디아나 화지타를 먹을 때 곁들여도 맛있지요.

2 Cups

토마토	2개
청양고추	1개
고수	1줄기
붉은 파프리카·청 피망	½개씩
적양파	⅓개
라임즙(또는 레몬즙)	2큰술
엑스트라 버진 올리브유	1½큰술
소금·후춧가루	약간씩

1 토마토는 윗부분에 열십자(+)로 칼집을 넣고 끓는 물에 약 10초간 데친 후 찬물에 담가 껍질을 벗긴다.

2 데친 토마토는 반 잘라 씨를 제거하고 사방 1㎝ 크기의 주사위 모양으로 썬다.

3 청양고추는 둥근 모양으로 가늘게 썰고, 고수는 줄기까지 잘게 다진다.

4 파프리카, 피망, 적양파는 사방 0.7㎝ 크기로 썬다.

5 볼에 손질한 토마토와 채소, 올리브유, 라임즙, 소금, 후춧가루를 넣어 고루 섞는다.

Tip 단맛을 더하고 싶다면 아가베 시럽이나 올리고당을 약간 넣으세요.

MINI RECIPE
홈메이드 나초

25-30 Pieces

토르티야(지름 15㎝)	4장
파르메산 치즈 가루	3큰술
올리브유	1큰술
소금	약간

1 토르티야는 삼각형 모양으로 6~8등분 한다.

2 오븐 팬에 토르티야를 놓고 올리브유, 파르메산 치즈 가루, 소금을 뿌린다.

3 180℃로 예열한 오븐에서 8분간 바삭바삭하게 굽는다.

Tip 파르메산 치즈 가루가 없다면 올리브유와 소금, 후춧가루만 뿌려도 되고, 파프리카 시즈닝이 있다면 함께 뿌려서 구워도 맛있습니다.

Homemade Nacho
Tomato salsa

토마토 소스

토마토 소스만 있으면 파스타, 그라탱, 피자, 스튜, 커리 등 참 다양한 요리를 쉽게 만들 수 있죠. 요즘에는 여러 가지 종류의 시판 토마토 소스가 많지만 아무래도 싱싱한 토마토로 바로 만들어 먹는 풍미는 따라올 수가 없겠죠. 토마토 소스 만들기는 조금 번거로울 수는 있지만 절대로 어렵지 않으니 한 번 도전해보세요. 완성한 토마토 소스는 한 번 사용할 분량만큼 유리병에 나눠 담고 올리브유를 가득 부어 공기와 차단한 채로 보관하세요. 김치냉장고에 두면 한 달 정도 두고 먹을 수 있어요. 냉장 보관하면 올리브유가 하얗게 굳는데 실온에 미리 꺼내두거나 요리하기 직전에 전자레인지에 살짝 녹이세요. 요리할 때는 오일을 따라내도 좋고 함께 팬에 부어 센 불에서 볶은 다음 요리해도 됩니다. 개봉한 다음에는 일주일 내에 먹는 것이 좋아요.

약 800g

완숙 토마토	3개
양파	1개
통조림 홀토마토	1캔(400g)
태국 고추	3개(또는 청양고추 1개)
바질 잎	10장
월계수 잎	1장
올리브유	3큰술
다진 마늘 · 물엿	1큰술씩
치킨 스톡(큐브)	1개
드라이 오레가노	½작은술
소금·후춧가루	약간씩

1 토마토는 꼭지를 떼고 위쪽에 열십자(+)로 칼집을 낸다. **2** 토마토를 끓는 물에 넣어 20초간 데친 뒤 찬물에 담갔다가 꺼내 껍질을 모두 벗긴다.

3 토마토를 가로로 반 잘라 작은 숟가락으로 씨를 모두 **뺀다.**

4 말끔히 씨를 뺀 토마토는 잘게 썬다. **5** 양파는 껍질을 벗겨 채 썬 뒤 잘게 썬다.

6 달군 냄비에 올리브유를 두르고 다진 마늘을 넣어 볶는다. 7 기름에 마늘 향이 배면 양파를 넣어 갈색이 될 때까지 볶는다. 8 잘게 썬 토마토를 넣고 중간중간 저으면서 중불에서 볶는다.

9 토마토에서 물이 나와 보글보글 끓으면 홀토마토를 넣고 으깨가며 10분 정도 끓인다. 10 드라이 오레가노와 월계수 잎, 태국 고추를 부수어 넣고 저어가며 끓인다. 11 걸쭉해지면 불을 약하게 줄이고 물엿, 치킨 스톡, 바질 잎을 채 썰어 넣고 주걱으로 저으면서 끓인다.

Tip 번거롭더라도 토마토 껍질을 벗기고 씨를 제거해야 소스의 식감이나 맛이 훨씬 부드럽고 좋아요. 아이가 먹을 소스라면 태국 고추와 오레가노를 빼고 끓인 다음 반 정도 덜어 매운 고추와 오레가노를 넣고 살짝 끓여 두 가지 맛으로 만드세요. 치킨 스톡 대신 쇠고기 육수를 넣어도 맛있어요.

12 소스의 농도가 걸쭉해지면 소금과 후춧가루로 간을 하고 불을 끈다. 13 완성된 토마토 소스는 한 김 식혀 열탕 소독한 병에 담아 냉장 보관한다.

토마토 파스타

쇼트 파스타는 국수 모양의 길쭉한 파스타보다 쫄깃쫄깃하게 씹는 맛이 좋아요. 굴곡진 모양이라 길쭉한 파스타 면에 비해 소스도 훨씬 많이 묻기 때문에 토마토 소스와 요리하면 당연히 맛있지요. 매콤하게 먹고 싶다면 소스를 끓일 때 청양고추 1개를 다져 넣거나 태국 고추나 페페론치노를 잘게 부수어 넣으세요.

2 Plates

쇼트 파스타(펜네, 푸실리 등)	160g
마늘	3쪽
바질 잎	4장
토마토 소스(p.107)	1½컵
올리브유	1½큰술
소금·후춧가루	약간씩
파르미지아노 레지아노 치즈	적당량

1 냄비에 물을 넉넉히 붓고 끓으면 소금 약간과 파스타를 넣어 10분간 삶는다.

2 파스타가 쫄깃하게 삶아지면 체에 건져 물기를 털고 볼에 담은 뒤 올리브유 ½큰술을 넣어 버무린다.

3 달군 팬에 올리브유 1큰술을 두르고 마늘을 편으로 썰어 넣어 볶는다.

4 마늘이 익으면 토마토 소스를 넣는다.

5 소스가 바글바글 끓으면 삶아 둔 파스타를 넣고 소스와 잘 어우러지도록 볶아 소금과 후춧가루로 간한다.

6 파스타를 그릇에 담고 파르미지아노 레지아노 치즈를 갈아 얹은 뒤 바질 잎을 올린다.

Tip 길이가 짧은 쇼트 파스타는 스파게티나 링귀니 등의 국수 모양 파스타보다 두꺼우므로 좀 더 오래 삶아야 해요.

토마토 미트볼 그라탱

어른 아이 할 것 없이 모두 좋아할 만한 메뉴가 바로 미트볼이죠. 토마토 소스와 치즈를 듬뿍 얹어 함께 먹는 미트볼의 촉촉하고 구수한 맛은 생각만해도 군침이 돌지 않나요. 미트볼 반죽은 넉넉하게 준비해 동그랗게 미트볼도 빚고, 납작하게 햄버거 패티처럼 빚어 두면 다른 요리에도 활용할 수 있어요.

1 Bowl

토마토 소스(p.107)	1컵
바질 잎 2~3장(또는 드라이 파슬리 약간)	
슈레드 모차렐라 치즈	⅓컵
물	2큰술
올리브유	1큰술
소금·후춧가루	약간씩

미트볼

다진 쇠고기 150g, 다진 양파 ⅓개 분량,
달걀노른자 1개 분량,
빵가루·우유 2큰술씩, 올리브유 1큰술,
다진 마늘 1작은술, 소금 ½작은술,
후춧가루 약간

1 볼에 미트볼 재료를 모두 넣어 고루 섞은 뒤 끈기가 생길 때까지 계속 치대어 반죽을 만든다.

2 반죽을 떼어 지름 3㎝ 크기의 완자 모양으로 동그랗게 빚어 미트볼을 만든다.

3 달군 팬에 올리브유를 두르고 미트볼을 넣어 중불에서 굴려가며 표면이 골고루 노릇해지도록 굽는다.

4 오목한 팬에 토마토 소스와 분량의 물을 넣고 바글바글 끓으면 미트볼을 넣어 자작하게 졸인 다음 소금과 후춧가루로 간한다.

5 ④를 그라탱 그릇에 옮겨 담고 위에 슈레드 모차렐라 치즈를 올린 뒤 180℃로 예열한 오븐에서 8분간 굽는다.

6 먹기 전에 바질 잎을 채 썰어 올린다.

Tip 다진 쇠고기는 기름기가 거의 없으므로 반죽할 때 충분히 치대지 않으면 먹을 때 퍽퍽할 수 있어요. 미트볼을 부드럽고 촉촉하게 요리하려면 팬에서 반쯤 익히고 토마토 소스에 넣어 조리할 때 마저 익히면 됩니다.

쫄깃하고 맛있는 도우에 토마토 소스랑 치즈
만 올려 구워 먹어도 맛있는 메뉴가 되지요.
토핑은 고기, 채소, 과일, 해산물 등 때때로
마음에 드는 것은 무엇이든 올릴 수 있어요.
게다가 도우의 크기와 두께 등도 마음대로 조
절할 수 있으니 여러 가지 모양의 피
자도 만들 수 있고요. 간식,
한끼 식사, 술안주, 도시
락 메뉴까지 두루 활용할
수 있는 피자를 손에 익
혀보세요. 풍성한 식탁
차리기가 한결 쉬워집니다.

토마토 살라미 피자

1 Pizza

피자 도우	1개
슬라이스 살라미	10장
블랙 올리브	6개
슈레드 모차렐라 치즈	⅔컵
토마토 소스(p.107)	½컵

1 피자 도우는 밀대를 사용해 두께 1㎝, 지름 30㎝ 크기로 민다.

2 오븐 팬에 종이 포일을 깔고 피자 도우를 올린 뒤 반죽 가장자리 2㎝를 남기고 토마토 소스를 꼼꼼히 바른다.

3 슈레드 모차렐라 치즈를 골고루 올린다.

4 블랙 올리브를 도톰하게 썰어 살라미와 함께 골고루 올린다.

5 200℃로 예열한 오븐에서 10분간 굽는다.

토마토 치즈 피자

1 Pizza

피자 도우	1개
프레시 모차렐라 치즈	1개(125g)
바질 잎	10장
토마토 소스(p.107)	½컵
올리브유	1작은술

1 프레시 모차렐라 치즈는 0.7㎝ 두께의 둥근 모양으로 썬다.

2 피자 도우는 밀대를 사용해 두께 1㎝, 지름 30㎝ 크기로 민다.

3 오븐 팬에 종이 포일을 깔고 피자 도우를 올린 뒤 반죽 가장자리 2㎝를 남기고 토마토 소스를 꼼꼼히 바른다.

4 모차렐라 치즈를 군데군데 올리고 올리브유와 바질 잎 5장을 얹는다.

5 200℃로 예열한 오븐에서 10분간 굽고 꺼내서 나머지 바질 잎 5장을 올려 마무리한다.

MINI RECIPE
피자 도우

1 Pizza

강력분	250g
드라이 이스트	7g
올리브유	1큰술
설탕	½큰술
소금	1작은술
미지근한 물	170㎖
밀가루(덧가루용)	약간

1 강력분은 덩어리가 없도록 체에 내려 볼에 담고 드라이 이스트, 설탕, 소금을 서로 닿지 않게 넣은 뒤 가볍게 손으로 섞는다.

2 ①에 올리브유를 넣어 섞고 미지근한 물을 부어 반죽한다.

3 반죽이 한 덩어리가 되게 뭉치고 끈기가 생기도록 많이 치댄다. 탁 소리가 나도록 바닥에 내리치는 동작을 10~15분간 반복한다.

4 반죽을 볼에 담고 랩을 씌워 따뜻한 곳(약 28℃)에서 1시간 정도 발효한다.

5 반죽이 2배로 부풀면 볼에서 꺼내 손바닥으로 눌러 가스를 뺀다.

6 바닥과 반죽에 밀가루를 뿌려가며 밀대로 반죽을 밀어 둥글 납작하게 모양을 잡은 다음 젖은 행주로 덮어 20분간 2차 발효해 피자 도우를 완성한다.

토마토 소스는 파스타나 피자 외에도 사용할 수 있는 요리가 꽤 많아요. 커리에 조금 넣으면 색다른 맛을 낼 수 있고 스튜나 수프를 끓일 때 약간씩 넣어도 되지요. 풍성한 맛의 소스를 만들고 싶을 때 채소, 고기, 해산물을 잘게 썰어 넣고 한소끔 끓여 활용하면 됩니다.

토마토 비프 커리

3 Bowls

쇠고기(안심)	140g
감자	2개
양파	1개
물	1¾컵
토마토 소스(p.107)	1컵
고형 카레	3조각(90g)
플레인 요거트	1½큰술
올리브유	1큰술
소금·후춧가루	약간씩

1 쇠고기는 사방 3㎝ 크기로 깍둑 썰어 소금, 후춧가루로 밑간 한다.

2 감자는 깨끗이 씻어 껍질을 벗기고 사방 2.5㎝ 크기로 깍둑 썰고, 양파는 껍질을 벗겨 감자와 같은 크기로 썬다.

3 냄비에 올리브유를 두르고 중불에서 감자를 볶다가 표면이 투명해지면 양파를 넣어 볶는다.

4 양파에 기름이 배면 쇠고기를 넣어 볶는다.

5 고기의 표면이 익으면 토마토 소스를 넣고 저어가며 1분 동안 볶는다.

6 ⑤에 물을 붓고 카레를 넣어 약간 센 불로 끓이다가 보글보글 끓으면 중불로 줄여 감자가 익을 때까지 끓인다.

7 감자가 다 익으면 플레인 요거트를 넣고 10분 정도 약불로 끓인 후 소금과 후춧가루로 간하다.

Tip 물의 양은 농도에 따라 조절하세요. 마지막에 간을 할 때 소금 대신 우스터 소스를 넣으면 풍미가 한결 좋아집니다.

토마토 치킨 스테이크

1 Plate

닭 가슴살	2쪽
양파	½개
양송이버섯	6개
토마토 소스(p.107)	1½컵
청주·올리브유	2큰술씩
엑스트라 버진 올리브유	1큰술
소금·후춧가루	약간씩

1 닭 가슴살은 칼집을 두세 군데 넣고 청주, 소금, 후춧가루를 뿌려 냉장실에서 30분~1시간 정도 재운다.

2 양파는 채 썰고, 양송이버섯은 껍질을 벗기고 모양대로 납작하게 썬다.

3 달군 팬에 올리브유 1큰술을 두르고 양파를 볶다가 양파에 기름이 돌면 양송이버섯을 넣어 볶는다.

4 양송이버섯이 부드럽게 익으면 토마토 소스를 넣어 1분 동안 볶다가 소금과 후춧가루로 간을 맞춘다.

5 다른 팬을 달궈 올리브유 1큰술을 두르고 닭 가슴살을 얹어 중약불로 뒤집어가며 굽는다.

6 닭 가슴살이 노릇하게 구워지고 속까지 충분히 익으면 꺼내서 도톰하게 어슷 썬다.

7 오목한 접시에 ④의 토마토 소스를 따뜻하게 데워 담고 구운 닭 가슴살을 올린 뒤 엑스트라 버진 올리브유와 후춧가루 뿌린다.

Tip 닭 가슴살에 빵가루를 입혀 튀겨 내도 맛있어요. 닭 가슴살 대신 돈가스를 올려도 잘 어울리고요.

구운 고기와 채소는 잘 어울리는 한 쌍이죠. 토마토는 구우면 맛이 구수해지고 수분이 촉촉하게 배어 나와 고기 요리와 곁들이기 무척 좋죠. 가지, 파프리카, 주키니, 버섯 등도 함께 구워 내면 더욱 풍성하고요. 스테이크와 함께 먹기 좋은 구운 토마토 샐러드도 소개할게요. 고기나 해산물 같은 메인 요리 외에 볶음밥이나 빵 몇 조각을 곁들여 한 끼 식사로 준비해도 됩니다. 혹시 다이어트 중에 한끼를 해결하고 싶다면 토마토를 올리브유에 구워 소금, 후춧가루로 간하여 드세요. 푸짐하게 먹어도 열량이 높지 않고 포만감도 든든하게 얻을 수 있습니다.

스테이크와 구운 채소

1 Plate

쇠고기(스테이크용)	300g
토마토(여러 가지 색)	10개
가지	1개
로즈메리	1줄기
소금·후춧가루	약간씩
올리브유	적당량

바비큐 소스
황설탕 ¼컵, 토마토케첩·
스테이크 소스·우스터 소스 ⅓컵씩,
핫소스·머스터드 2작은술씩,
후춧가루 ½작은술, 월계수 잎 1장

1 쇠고기는 소금, 후춧가루를 뿌리고 로즈메리를 뜯어 군데군데 올린다.

2 ①의 쇠고기에 올리브유 2큰술을 골고루 묻혀 마리네이드 한다.

3 토마토는 껍질째 깨끗이 씻어 가로로 반 자르고, 가지는 꼭지를 자르고 길이로 반 자른다.

4 바비큐 소스 재료를 작은 냄비에 넣고 한소끔 끓여 소스를 완성한다.

5 그릴 팬을 뜨겁게 달궈 올리브유를 바르고 쇠고기를 얹어 그릴 자국이 날 때까지 구워 뒤집은 다음 고기 속이 익을 때까지 구워 낸다.

6 ⑤의 팬에 올리브유를 바르고 가지와 토마토를 올린 뒤 소금과 후춧가루로 간을 하여 굽는다.

7 접시에 쇠고기 스테이크와 구운 채소를 함께 담고 바비큐 소스를 따로 낸다.

Tip 그릴 팬은 충분히 달군 후 오일을 바르고 구워야 고기가 팬에 달라붙지 않아요. 그릴 팬이 없을 때는 일반 프라이팬이나 180℃의 오븐에서 약 30분 동안 구우세요.

구운 토마토 샐러드

1 Plate

줄기 토마토	1팩
아스파라거스	6대
올리브유	2큰술
소금·후춧가루	약간씩

1 줄기 토마토는 줄기째 깨끗이 씻어 물기를 뺀다.

2 아스파라거스는 굵은 것으로 준비해 질긴 밑동은 필러로 껍질을 벗긴 다음 소금을 뿌려 밑간 한다.

3 오븐 팬에 종이 포일을 깔고 줄기 토마토와 아스파라거스를 올린 뒤 올리브유, 소금, 후춧가루를 뿌려 180℃로 예열한 오븐에서 10분간 굽는다.

토마토는 차게 요리하면 시원하고 개운한 맛이 정말 좋죠. 소화가 잘돼 배탈이 날 염려도 적은 식재료이고요. 토마토로 만들 수 있는 차가운 수프 두 가지를 알려드릴게요. 나른한 봄날 혹은 이르게 찾아온 더위에 주스처럼 훌훌 마시면 몸도 마음도 가뿐해질 휴식 같은 음식이에요. 스페인의 유명한 차가운 수프 가스파초(gazpacho)는 만들기 쉽고 불을 사용하지 않기 때문에 재료의 신선한 맛과 향을 고스란히 느낄 수 있는 음식입니다. 개운하고 청량한 맛의 토마토 가스파초는 초여름 더위를 물리고 입맛을 되찾아줄테니 꼭 한 번 만들어 먹어보길 권합니다. 기호에 따라 핫소스를 조금 넣으면 매콤하고 깔끔한 맛이 더욱 살아납니다.

토마토 가스파초

2 Bowls

토마토	2개
셀러리 줄기	15cm
오이·붉은 파프리카	½개씩
양파	¼개
마늘	½쪽
레몬즙·엑스트라 버진 올리브유	1큰술씩
소금·후춧가루	약간씩

1 토마토, 셀러리, 오이, 파프리카, 양파, 마늘은 깨끗이 씻어 각각 한입 크기로 듬성듬성 썬다. 이때 셀러리의 어린 잎은 1~2장 따로 떼어 둔다.

2 믹서에 손질한 채소와 레몬즙, 소금, 후춧가루를 넣어 곱게 간다.

3 그릇에 담고 올리브유를 뿌린 후 따로 둔 셀러리 잎을 올려 장식한다.

Tip 더욱 차게 먹고 싶다면 토마토를 미리 얼리거나 얼음을 넣어 함께 갈면 됩니다. 거친 입자가 싫다면 체에 한 번 걸러 주세요.

토마토 자두 냉 수프

2 Bowls

자두	4개
토마토	1개
셀러리 줄기	15cm
붉은 파프리카	½개
양파	¼개
마늘	½쪽
플레인 요거트	2큰술
레몬즙·꿀	1큰술씩
소금·후춧가루	약간씩

1 토마토, 자두, 셀러리, 파프리카, 양파, 마늘은 깨끗이 씻어 각각 한입 크기로 듬성듬성 썬다.

2 믹서에 손질한 채소와 레몬즙, 꿀, 소금, 후춧가루를 넣어 곱게 간다.

3 그릇에 담고 가운데에 플레인 요거트를 올린다.

Tip 준비한 모든 재료는 미리 냉장고에 넣어 차갑게 두었다가 요리하면 한층 시원하고 상큼해요.

Tomato gazpacho
Tomato plum colded soup

토마토 해물탕

토마토가 들어간 해물탕이 생소할 수 있지만 한 번 맛보면 그 시원함과 감칠맛에 반하게 될 거에요. 감칠맛의 비결은 토마토에 풍부한 글루탐산이라는 천연 조미료 덕분이죠. 토마토 해물탕을 끓일 때는 잘 익은 빨강 토마토를 사용해야 맛이 좋습니다. 고춧가루와 청양고추로 칼칼한 맛을 더한 토마토 해물탕은 가족이 함께 즐기기 좋은 음식이니 토마토가 한창인 계절에 저녁 메뉴로 만들어보세요.

1 Pot

완숙 토마토	3~4개
오징어	1마리
대하	5마리
모시조개(또는 바지락)	1팩
양파	½개
청양고추	2개
대파	5㎝
다진 마늘·올리브유	1큰술씩
다시마 멸치 국물	4컵
소금·후춧가루	약간씩

양념장
고춧가루 2큰술,
고추장·다진 마늘·청주 1큰술씩,
간장 ½큰술

1 토마토는 씻어서 꼭지를 제거하고 반 잘라 씨를 뺀 뒤 한 입 크기로 썬다.

2 양파는 채 썰고 대파와 청양고추는 어슷썬다.

3 오징어는 다리를 잡아당겨 내장을 빼내어 잘라버리고 몸통은 굵은 소금으로 문질러 껍질을 벗긴 후 1.5㎝ 두께의 링 모양으로 썬다. 다리는 2개씩 자른다.

4 새우는 흐르는 물에 씻어 물기를 빼고, 모시조개는 옅은 소금물에 해감하여 맑은 물에 헹군다.

5 양념장 재료를 골고루 섞는다.

6 냄비에 올리브유를 두르고 다진 마늘과 양파, 손질한 토마토의 ⅓ 분량을 넣어 볶는다.

7 양파가 투명해지면 오징어, 새우, 모시조개를 넣어 볶다가 조개가 입을 벌리면 다시마 멸치 국물을 부어 끓인다.

8 국물이 보글보글 끓기 시작하면 양념장을 넣어 골고루 풀어 끓인다. 국물 표면에 뜨는 거품은 중간중간 걷어낸다.

9 한소끔 끓으면 남은 토마토와 대파, 청양고추를 넣고 소금으로 간을 맞춘 뒤 후춧가루를 뿌리고 한소끔 더 끓인다.

Tip 새송이버섯과 표고버섯 등 좋아하는 버섯을 넣어도 맛있어요. 단, 버섯은 해물이 익은 다음에 넣어 주세요.

MINI RECIPE
다시마 멸치 국물

다시마(10X10㎝) 1장,
국물용 멸치 8마리, 물 5컵

1 냄비에 물을 붓고 다시마를 담가 20분 정도 둔다.
2 멸치는 머리와 내장을 제거하고 마른 팬에 볶아 비린내를 날린다.
3 다시마를 담가 둔 냄비에 멸치를 넣고 센 불에서 끓인다.
4 끓기 직전에 다시마를 건지고 5분 정도 끓인다.
5 고운 체에 거른다.

Tip
멸치는 오래 끓이면
쓴맛이 우러나
국물 맛이 텁텁해져요.

대저 토마토 피클

피클은 담가서 바로 먹는 게 아니라 2~3일 정도 숙성 후 먹기 때문에 과육이 단단한 토마토를 고르는 것이 좋아요.
또한 일정한 크기로 토마토를 손질해야 피클 국물의 맛이 균일하게 배입니다. 피클 국물이 뜨거울 때 바로 부어야
아삭한 식감을 살릴 수 있고 간도 잘 배어요. 반면 국물을 한 김 식혀 부으면 아삭함은 덜하지만 재료 본연의 색감은
살릴 수 있습니다.

750ml

대저 토마토	14개

맑은 피클 국물
월계수 잎 1장, 물·식초 1½컵씩,
설탕 ½컵, 피클링 스파이스·
드라이 바질·소금 1작은술씩

간장 피클 국물
페페론치노 2개, 월계수 잎 1장,
물·식초 1컵씩, 간장·설탕 ¾컵씩,
피클링 스파이스 1큰술

1 대저 토마토는 깨끗이 씻은 후 꼭지를 떼고 위쪽에 열십자(+)로 칼
  집을 낸다.

2 끓는 물에 토마토를 넣어 20초간 데친 후 찬물에 담가 껍질을 벗긴다.

3 토마토는 웨지 모양으로 6등분 해서 열탕 소독한 병 2개에 나누어
  담는데, 2㎝ 정도 남기고 담는다.

4 냄비 2개를 준비해서 맑은 피클 국물 재료와 간장 피클 국물 재료를
  각각 넣고 중불에서 끓인다.

5 국물이 끓으면 불을 끄고 바로 각각의 병에 부은 뒤 뚜껑을 닫고 뒤
  집어서 한 김 식힌 후 냉장 보관한다.

6 2~3일 숙성 후 먹는다.

 >  > 

대저 토마토 물김치

토마토가 굉장히 좋은 반찬 재료라는 것을 아는 사람은 별로 없죠. 피클과는 또 다른 매력의 시원한 토마토 반찬을 만들어 보세요. 수분이 많고 개운한 맛이 좋아 입맛을 돋우며 짜지 않아 큼직하게 썰어 듬뿍듬뿍 먹어도 부담이 없답니다. 물김치, 장아찌, 겉절이 등으로 만들어 보세요.

1L

대저 토마토(초록색)	300g
부추	30g
배	½개
양파	⅓개
물	2컵
매실 청	1½큰술
현미 찹쌀가루(또는 찹쌀가루)·굵은 소금	1큰술씩
다진 생강	1작은술
소금	약간

1 토마토는 깨끗이 씻어 꼭지를 떼고 한입 크기로 썬 뒤 굵은 소금을 뿌려 살짝 절였다가 물기를 뺀다.

2 부추는 깨끗이 손질한 뒤 3㎝ 길이로 썬다.

3 배와 양파는 껍질을 벗겨 듬성듬성 썬다.

4 믹서에 배, 양파, 물 1½컵을 부어 곱게 갈아 고운 체에 밭쳐 국물만 받는다.

5 냄비에 남은 물 ½컵을 붓고 현미 찹쌀가루를 풀어 저어가며 걸쭉하게 풀을 쑨 뒤 식힌다.

6 ④에 찹쌀풀을 넣고 잘 풀어 김칫국물을 만든다.

7 토마토와 부추를 볼에 담고 김칫국물과 매실 청, 다진 생강을 넣어 섞은 뒤 소금으로 간을 하고 냉장 보관한다.

8 차가워지면 바로 먹는다.

방울토마토 피클

방울토마토로 피클을 담그면 한입에 쏙쏙
먹기에 좋죠. 색색의 방울토마토를 섞어 피
클을 담가 예쁜 병에 담아 포장하면 선물하
기에 아주 좋은 아이템이 되고요.

1.2L

방울토마토(여러 가지 색)	50개
맑은 피클 국물(p.124)	2½컵

1 방울토마토는 깨끗이 씻어 꼭지를 떼고
  위쪽에 열십자(+)로 칼집을 낸다.

2 끓는 물에 토마토를 넣어 10초간 데친
  후 얼음물에 담가 껍질을 벗긴 뒤 물기
  를 뺀다.

3 토마토는 열탕 소독한 병에 2㎝ 정도 남
  기고 담는다.

4 냄비에 피클 국물을 끓여 뜨거울 때 토마
  토에 붓고 뚜껑을 닫아 뒤집어서 한 김 식
  힌 후 냉장 보관한다.

5 2~3일 숙성 후 먹는다.

Tomato detox juice
Tomato celery juice
Tomato paprika juice
BUT first, JUICE

토마토에 열을 가하면 라이코펜이라는 성분이 증가하고 섬유질이 파괴돼 체내 흡수율이 좋아집니다. 라이코펜은 빨간색 카로티노이드 색소로 토마토와 수박에 풍부한 피토케미컬 성분이에요. 강력한 항산화 작용을 하며 해독과 항암작용에 도움이 됩니다. 또한 익혀서 주스를 만들면 단맛이 살아나 설탕 양을 줄일 수 있어요. 주스에 올리브유를 넣는 이유는 토마토와 기름을 함께 먹으면 라이코펜의 체내 흡수율이 5배나 증가하기 때문이죠.

토마토 파프리카 주스

2 Glasses

토마토(작은 것)	2개
파프리카	1개
얼음·물	1컵씩
올리브유	1작은술
소금	약간

1 토마토는 씻어서 꼭지 떼고 위쪽에 열십자(+)로 칼집을 낸 뒤 끓는 물에 20초간 데치고 찬물에 담가 껍질을 벗긴 다음 듬성듬성 썬다.

2 파프리카는 깨끗이 씻어 반 잘라 꼭지를 떼고 씨를 제거한 뒤 듬성듬성 썬다.

3 믹서에 토마토, 파프리카, 얼음, 물, 올리브유, 소금을 넣어 곱게 간다.

토마토 셀러리 주스

2 Glasses

토마토(작은 것)	2개
셀러리	1줄기
얼음·물	1컵씩
올리브유	1작은술
소금	약간

1 토마토는 씻어서 꼭지 떼고 위쪽에 열십자(+)로 칼집을 낸 뒤 끓는 물에 20초간 데치고 찬물에 담가 껍질을 벗긴 다음 듬성듬성 썬다.

2 셀러리는 깨끗이 씻어 듬성듬성 썬다.

3 믹서에 토마토, 셀러리, 얼음, 물, 올리브유, 소금을 넣어 곱게 간다.

토마토 디톡스 주스

2 Glasses

토마토(작은 것)	2개
사과	½개
양배추 잎	2장
얼음·물	1컵씩

1 토마토는 씻어서 꼭지 떼고 위쪽에 열십자(+)로 칼집을 낸 뒤 끓는 물에 20초간 데치고 찬물에 담가 껍질을 벗긴 다음 듬성듬성 썬다.

2 사과는 껍질째 깨끗이 씻어 가운데 씨를 제거한 뒤 듬성듬성 썬다.

3 양배추는 한입 크기로 썬다.

4 믹서에 토마토, 사과, 양배추, 얼음, 물을 넣어 곱게 간다.

Japanese Apricot

매실은 생으로 먹기 힘든 과일이지만 건강에 여러 모로 도움을 주죠. 매실이 한창인 봄이면 청이나 장아찌를 담그는 일이 연중행사인 집도 많아요. 무더위가 시작되기 전인 6월 초나 중순에 매실을 구입해 설탕과 1:1 비율로 버무려 둡니다. 씨를 빼고 담근 경우는 60일, 통째로 담근 경우는 100일을 숙성시킨 뒤 걸러내면 간단하게 청을 만들 수 있답니다. 100일이 지나면 씨에서 쓴맛이 우러날 뿐 아니라 과육의 유익한 성분이 이미 모두 빠져 나왔기 때문에 더 이상 재워둘 필요가 없어요. 매실 청은 이물질이 들어가지 않게 잘 보관하면 5년까지 두고 먹을 수 있어요. 익지 않은 풋매실을 청매실이라 하며, 익어서 노란빛을 띄는 것을 황매실이라고 하는데 황매실이 청매실보다 구연산 등 유기산의 함량이 높아요. 청매실로 담근 청은 맛이 깔끔하고, 황매실로 담근 청은 향이 깊고 맛이 진해요. 매실의 구연산은 무더위에 지친 몸에 활력을 주고 피로를 풀어 줍니다. 살균 효과 덕에 식중독을 예방하고 여름철 찬 음식으로 인한 배앓이, 소화불량에도 탁월한 효과가 있죠. 디톡스 효과도 뛰어나 식습관 탓으로 산성화된 몸을 알칼리성으로 바꿔주기도 하고요. 계절이 돌아올 때마다 매실 청과 장아찌 담그는 일은 우리 삶에 건강한 맛과 음식을 선사할 뿐 아니라 제철을 느끼며 행복을 나누는 작고 소중한 축제라고 생각되어요.

매실 청

초여름 매실 청 담그는 일은 저에게 아주 중요한 행사입니다. 조림이나 무침처럼 요리할 때는 물론이며 김치를 담글 때에도 설탕 대신 매실 청을 넣습니다. 감미로운 향의 매실 청은 설탕과 달리 요리에 깊은 맛과 윤기를 주기 때문에 음식이 한결 맛있어집니다. 또 속이 더부룩하거나 소화가 안 될 때, 체했을 때 천연 소화제인 매실 청을 따뜻한 물에 타 마십니다. 더위가 시작되면 시원한 에이드로 만들어 여름 내내 건강하게 즐기지요. 매실 청은 상큼한 맛이 좋은 청매실(풋매실)로 담가도 되고, 농익은 향이 풍기는 황매실로 담가도 됩니다.

약 3kg

매실	5kg
백설탕	3kg
황설탕	2kg

1 매실은 옅은 식촛물에 담가 흔들어 씻은 후 흐르는 물에 헹구고 체에 밭쳐 물기를 제거한다.

2 바람이 잘 드는 곳에 면포를 깔고 매실을 올려 잠시 두어 표면의 물기를 완전히 제거한다. **3** 꼬치로 매실 꼭지를 뗀 뒤 과육 4~5군데를 콕콕 찌른다. **4** 설탕은 매실과 동량을 준비하는데, 백설탕과 황설탕을 3:2 비율로 준비해서 섞는다.

<u>5</u> 저장 용기에 매실과 설탕을 ¼ 분량씩 넣어가며 켜켜이 쌓는다. <u>6</u> 마지막에 매실이 보이지 않도록 설탕으로 덮어 마무리한 뒤 뚜껑을 닫아 바람이 잘 통하는 그늘에 보관한다.

<u>7</u> 일주일 정도 지나 설탕이 녹으면서 밑에 가라 앉으면 나무 주걱으로 저어서 설탕을 녹인다. 설탕이 녹으면 냉장 보관한다. <u>8</u> 담근지 100일이 지난 후 연한 갈색 빛이 돌며 매실 청이 완성되면 건더기는 체에 건져 따로 두고 매실 액은 사용하기 좋은 병에 담아 보관한다.

매실 주

매실 청을 거르고 난 매실은 그냥 버리지 말고 매실 주를 만들면 좋아요. 소주만 부어 숙성하면 되니 만들기도 간단하고요. 은은한 매실 향이 매력적인 매실 주는 단맛이 있어 술을 좋아하지 않는 사람도 얼음 동동 띄워 시원하게 한 잔 마시기에도 부담이 없습니다. 이뿐 아니라 요리할 때 청주 대신 사용해도 좋지요.

<table>
<tr><td colspan="2">2L</td></tr>
<tr><td>매실 청 거르고 난 매실</td><td>4컵</td></tr>
<tr><td>과실주용 소주</td><td>적당량</td></tr>
</table>

1 매실 청을 거르고 난 매실을 큼직한 저장병에 담는다.
2 과실주용 소주를 붓고 3개월 정도 실온에서 숙성시킨 뒤 먹는다.

ADVICE
매실 주 즐기기

소주 잔처럼 작은 잔에 따라 진한 맛을
조금씩 음미한다.
유리 잔에 매실주를 반 정도 따르고 얼음을
가득 채워 녹이면서 시원하게 마신다.
유리 잔에 매실 주와 탄산수를 동량으로
넣고 얼음을 1~2개 넣어 녹이면서 마신다.

<u>1</u> 매실은 옅은 식촛물에 담가 흔들어 씻은 후 흐르는 물에 헹구고 체에 받쳐 물기를 제거한다. <u>2</u> 바람이 잘 드는 곳에 면포를 깔고 매실을 올려 잠시 두어 표면의 물기를 완전히 제거한다. <u>3</u> 매실은 꼬치로 꼭지를 뗀 뒤 가운데 씨를 중심으로 우물 정(井)자로 썰어 과육을 도려낸다.

매실 장아찌

매실 장아찌는 씨를 제거하고 과육으로만 만들어 청에 비해 설탕이 쉽게 녹기 때문에 설탕의 양을 줄여도 됩니다. 또한 매실의 맛과 향도 훨씬 잘 우러나고요. 단, 설탕을 녹인 후 바로 냉장실에 보관해야 매실의 향과 꼬들꼬들하게 씹는 맛을 오래 즐길 수 있어요. 매실에서 우러난 물을 먹기 위한 매실 청은 100일 정도의 숙성 기간이 필요하지만 과육을 즐기기 위한 장아찌는 60일 정도의 숙성 기간이면 충분합니다. 또한 매실 장아찌를 숙성시키며 생긴 매실 액은 향과 맛도 훨씬 좋고 부드럽습니다.

<u>1L</u>

매실	1kg
백설탕	500g
황설탕	500g

<u>Tip</u> 꼬들꼬들하게 씹는 맛이 좋은 장아찌를 만들고 싶다면 옅은 소금물(약 10%)에 꼭지를 뗀 매실을 담가두었다가 장아찌를 담그세요. 이때는 설탕의 양을 매실 과육 무게의 50%정도로 줄이세요.

<u>4</u> 저장 용기에 매실 과육과 설탕을 켜켜이 쌓고 마지막에 매실이 보이지 않도록 설탕으로 덮고 뚜껑을 닫는다. <u>5</u> 바람이 잘 드는 서늘한 곳에 보관하고 일주일 정도 지나 설탕이 녹으면서 밑에 가라 앉으면 저어서 설탕을 모두 녹인다. <u>6</u> 설탕이 다 녹으면 냉장 보관하고 2달 정도 지나면 매실 장아찌가 완성된다.

ADVICE
매실 장아찌 즐기기
☑ 매실 장아찌를 건져 채반에 넣어 하루 정도 수분을 말린다.
☑ 매실 장아찌에 고추장, 참기름을 넣어 무쳐 반찬으로 먹는다.
☑ 매실 장아찌를 잘게 다져 주먹밥 재료로 활용하면 달콤한 맛이 좋고
밥이 쉬지 않으며 소화도 잘 된다.

Summer

개성 있는 맛으로 복더위에도 힘을 주는 여름 과일

아기 엉덩이처럼 탱탱하고 귀여운 살구가 시장에 보이기 시작하면 여름이 왔구나 싶지요. 새콤달콤하고 특별한 향을 가진 살구가 한창 무르익을 때쯤에는 보기만 해도 입에 침이 고이는 자두가 시장마다 바구니를 가득 채워요. 그리고 보송보송한 솜털이 가득한 여러 종류의 복숭아를 시작으로 참외, 수박, 포도 등이 나오면서 한창 여름으로 접어들게 되죠. 푹푹 찌는 한여름 더위가 지속될 때는 시원한 것만 찾게 되는데, 이때 수분 많은 여름 과일 한 입, 과일과 음료가 만나 상큼하고 청량하게 거듭나는 과일 화채 한 그릇이면 땀이 쏙 들어가지요. 가만히 있어도 땀이 주르륵 주르륵 흐르는 날에는 얼음 음료 한 잔보다 과일 화채 한 그릇이 훨씬 힘을 줍니다. 게다가 여름 과일은 입맛을 돋우는 맛깔스러운 음식을 만들기에도 정말 좋은 재료입니다. 제 각각의 맛과 향을 자랑하는 여러 가지 여름 과일로 지친 몸과 마음에 비타민을 채우세요.

복숭아는 천도가 가장 먼저 나와요. 붉고 단단한 과육에 새콤달콤한 맛이 아주 좋아요. 물이 많고 달콤한 백도와 황도는 과육의 색으로 구분해요. 껍질 색으로 보면 뽀얀 크림 컬러, 핑크빛, 짙은 주황색까지 여러 가지 색을 갖고 있죠. 품종 역시 대월, 마키아, 대홍, 대명, 금적 등으로 다양하답니다. 복숭아는 면역력을 높이고 피부에 탄력을 주며 피로 회복에 도움이 되기 때문에 간절기에 챙겨 먹으면 좋은 과일이죠.

복숭아 카프레제

카프레제(caprese)는 토마토, 모차렐라 치즈, 바질로 만든 이탈리아식 애피타이저에요. 재료가 단순해 만들기 쉬우며 신선한 맛이 좋아 우리나라 사람들도 즐겨 먹는 메뉴죠. 복숭아가 한창인 여름에는 토마토 대신 복숭아로 카프레제를 만들어 보세요. 복숭아의 단맛과 고소한 모차렐라 치즈의 조화는 또 다른 즐거움을 선사할 겁니다.

1 Plate

백도	1개
프레시 모차렐라 치즈	1팩(125g)
바질 잎	10장
레몬즙·엑스트라 버진 올리브유	1작은술
소금·후춧가루	약간씩

1 복숭아는 껍질째 깨끗이 씻어 둥근 모양 그대로 0.8㎝ 폭으로 썬다.

2 모차렐라 치즈도 둥근 모양 그대로 0.6㎝ 폭으로 썬다.

3 접시에 복숭아와 모차렐라 치즈를 번갈아 담고 사이사이 바질 잎을 끼운 다음 소금, 후춧가루, 레몬즙, 올리브유를 뿌린다.

Tip 새콤달콤하게 자극적인 맛을 더하고 싶다면 발사믹 글레이즈를 뿌리면 됩니다.

복숭아 병아리콩 샐러드

복숭아는 까슬까슬한 껍질을 잘 닦아야 해요. 복숭아가 잠길 정도의 물에 베이킹 소다를 약간 풀어 녹인 다음 복숭아를 담가 부드러운 수세미로 문질러 씻고 맑은 물에 헹궈요. 단, 재빨리 씻지 않으면 복숭아에 물이 스며들어 맛이 싱거워질 수 있어요.

병아리콩에는 우유와 맞먹을 정도로 칼슘이 많이 들어있을 뿐 아니라 비타민과 철분이 풍부해서 빈혈에도 도움이 되는 식품이에요. 게다가 칼로리가 낮고 단백질 함량이 높으며 콜레스테롤 수치를 낮추기 때문에 넉넉하게 먹어도 걱정이 없는 다이어트 재료에요. 여름에 영양 보충과 몸매 관리를 위해 여러모로 챙겨먹을 만하죠.

1 Plate

백도	1개
황도 · 오이	½개씩
병아리콩	½컵
페타 치즈	60g
엑스트라 버진 올리브유	1작은술
소금 · 후춧가루	약간씩

드레싱
올리브유 · 레몬즙 2큰술씩, 꿀 4작은술,
디종 머스터드 2작은술, 씨겨자 1작은술

1 병아리콩은 반나절 이상 찬물에 담가 불린다.

2 불린 병아리콩을 냄비에 담고 콩 양의 3배 정도의 물을 부어 한소끔 끓인 뒤 중약불로 줄여 20분 정도 더 삶는다.

3 병아리콩이 익으면 찬물에 헹궈 체에 밭쳐 물기를 뺀다.

4 삶은 콩은 올리브유, 소금, 후춧가루를 뿌려 간한다.

5 복숭아는 껍질째 깨끗이 씻어 한입 크기로 썬다.

6 오이는 깨끗이 씻어 사방 2cm 크기로 깍둑썬다.

7 드레싱 재료는 한데 담아 잘 섞는다.

8 접시에 복숭아와 오이를 섞어 담고 병아리콩과 페타 치즈를 군데군데 올린 뒤 드레싱을 뿌린다.

Tip 병아리콩은 물에 담가 하루 전날 냉장고에 넣어서 충분히 불리면 더욱 부드러워요.

복숭아 닭고기 샐러드

새콤달콤한 복숭아와 담백한 닭고기는 의외로 맛뿐 아니라 식감도 잘 어울리는 식재료지요. 닭고기를 삶을 때 대파, 양파, 후추 등의 향신 재료를 함께 넣고 삶으면 닭고기 특유의 비린내를 없앨 수 있어요. 삶을 때 데리야키 소스를 약간 넣으면 간이 배면서 색다른 매력이 더해집니다.

1 Plate

닭 가슴살	1쪽
복숭아	1개
오이	¼개
붉은 양파	⅛개
샐러리	10cm
샐러드 채소	60g
소금·후춧가루	약간씩

닭고기 삶는 재료
대파 4cm, 양파 ⅛개, 통후추 10개,
청주 1큰술, 소금 약간

레몬 비니거 드레싱
올리브유 2큰술,
레몬즙·화이트 와인 비니거 1큰술씩,
설탕·씨겨자 1작은술씩,
소금·후춧가루 약간씩

1 냄비에 닭고기 삶는 재료를 모두 넣고 끓으면 닭 가슴살을 넣어 속까지 충분히 익힌 다음 꺼내 한 김 식힌다.

2 삶은 닭 가슴살은 먹기 좋게 얇게 썬다.

3 복숭아는 껍질째 깨끗이 씻어 반달 모양으로 도톰하게 썬다.

4 붉은 양파는 얇게 채 썰어 찬물에 담가 매운 맛을 뺀 뒤 물기를 제거한다.

5 오이는 사방 1cm 크기로 깍둑 썰고, 셀러리는 도톰하게 송송 썰거나 어슷하게 썬다.

6 샐러드 채소는 흐르는 물에 씻어 물기를 뺀 뒤 한입 크기로 뜯는다.

7 레몬 비니거 드레싱 재료는 한데 담아 고루 섞는다.

8 접시에 닭고기, 복숭아, 채소를 보기 좋게 섞어 담고 드레싱을 뿌린다.

Tip 삶은 닭 가슴살은 손으로 잘게 찢으면 먹을 때 쫄깃한 맛이 더욱 좋아요.

복숭아 파스타 샐러드

파스타로 샐러드를 만들 때는 가는 면이나 쇼트 파스타를 사용
해야 잘 어울려요. 파스타를 삶아 차갑게 식혀 먹기 때문에 속까
지 탄력 있게 잘 삶아야 합니다.

2 Bowls

스파게티	180g	**스위트 칠리 드레싱**
황도 · 자두	1개씩	발사믹 식초 · 올리브유 2큰술씩,
사과	¼개	스위트 칠리 소스 · 간장 1큰술씩,
양상추 잎	5~6장	토마토케첩 ½큰술, 다진 마늘 1작은술,
게맛살	3개	소금 · 후춧가루 약간씩
엑스트라 버진 올리브유	1작은술	
바질	10잎	
파르메산 치즈 가루	약간	

1 끓는 물에 소금을 약간 넣고 스파게티를 넣어 10분 정도 삶은 뒤
체에 밭쳐 물기를 빼고 올리브유를 뿌려 버무린다.

2 복숭아와 자두는 껍질째 깨끗이 씻어 먹기 좋은 크기로 썬다.

3 사과는 껍질째 깨끗이 씻어 가늘게 채 썬다.

4 양상추는 얼음물에 담가 아삭하게 하고 물기를 제거한 뒤 2㎝ 폭
으로 채 썬다.

5 게맛살은 길게 손으로 찢는다.

6 스위트 칠리 드레싱 재료를 한데 담아 골고루 섞는다.

7 볼에 스타게티와 손질한 재료를 모두 담고 스위트 칠리 드레싱
을 넣고 버무려 그릇에 담는다.

8 바질 잎을 올리고 파르메산 치즈 가루를 뿌린다.

Tip 게맛살 대신 킹크랩살을 사용하면 더욱 맛있고, 로메인을 넣어도 잘 어울려요.

복숭아 해물 누들 샐러드

멍빈 누들은 녹두 가루로 만든 가느다란 당면이에요. 태국 요리에서 많이 사용하며 해산물이 듬뿍 들어간 샐러드인 '얌운센'으로 우리에게 익숙하죠. 멍빈 누들은 차게 먹으면 식감이 쫄깃쫄깃하고 열량도 낮으며 아주 맛있어요.

2 Bowls

멍빈 누들	200g	**칠리 드레싱**
대하	4마리	홍고추 1½개, 라임즙 3큰술,
주꾸미	2마리	설탕·레몬즙·피시 소스·
피자두	1개	스리라차 소스 2큰술씩,
백도·황도	½개씩	다진 마늘 2작은술,
양파	¼개	소금·후춧가루 약간씩
파인애플(링 슬라이스)	1쪽	
민트 잎	10장	
소금	약간	

1 멍빈 누들은 1시간 정도 찬물에 담가 불린 다음 끓는 물에 부드러워질 정도로 삶아 찬물에 헹구고 체에 밭쳐 물기를 뺀다.

2 대하는 옅은 소금물에 씻어 끓는 물에 삶은 뒤 머리와 껍질을 제거한다.

3 주꾸미는 소금을 넣어 주물러 씻고 맑은 물에 헹군 뒤 끓는 물에 데치고 머리와 다리를 한입 크기로 썬다.

4 복숭아와 자두는 껍질째 깨끗이 씻어 납작하고 먹기좋은 크기로 썬다.

5 양파는 채 썰어 찬물에 담가 매운 맛을 뺀 다음 체에 밭쳐 물기를 뺀다.

6 파인애플은 한입 크기로 썬다.

7 칠리 드레싱 재료 중 홍고추는 곱게 다져 나머지 재료와 섞어 드레싱을 완성한다.

8 볼에 멍빈 누들, 대하, 주꾸미를 담고 칠리 드레싱을 뿌려 버무린다.

9 ⑧에 손질한 과일과 양파를 넣어 가볍게 버무린 뒤 그릇에 담고 민트 잎을 올린다.

Tip 기호에 따라 새콤함을 더하고 싶을 때는 먹기 직전에 라임이나 레몬을 짜 넣어도 되고, 고수를 곁들여도 맛있어요.

복숭아 비빔국수

매콤한 양념에 버무린 소면에 아삭한 복숭아와 새콤한 자두를
곁들여 한입 가득 맛을 보세요. 더위는 물리치고 없던 입맛은
금세 되돌아옵니다. 오이는 소금에 살짝 절여 물기를 꽉 짜서
넣어야 아작아작 씹는 맛이 좋아요.

2 Bowls

소면	200g
복숭아	⅔개
천도	¼개
오이	½개
소금	약간

비빔 양념
복숭아 ⅓개, 고추장·고춧가루·
매실 청 2큰술씩, 다진 마늘·
참기름 2작은술씩, 통깨 1작은술, 소금 약간

1 복숭아와 천도는 껍질째 깨끗이 씻어
복숭아는 도톰하게 채 썰고 천도는 얇
게 반달모양으로 썬다.

2 오이는 둥근 모양으로 얇게 썬 뒤 소
금을 약간 뿌려 절였다가 물기를 꼭
짠다.

3 냄비에 넉넉하게 물을 부어 끓으면 소
면을 넣고 다시 끓어오르면 찬물 붓기
를 두 번 정도 해서 쫄깃하게 삶아 건
진다.

4 삶은 소면은 찬물에 비벼가며 씻고 체
에 밭쳐 물기를 뺀다.

5 비빔 양념 재료 중 복숭아는 갈거나 곱
게 다져 나머지 재료와 고루 섞는다.

6 소면을 비빔 양념에 버무린 뒤 그릇
에 담고 복숭아, 천도, 절인 오이를
올린다.

복숭아 오픈 샌드위치

오픈 샌드위치는 맛과 더불어 보기 좋게 만드는 것도 중요해요. 서로 색이 다른 과일을 얇게 슬라이스해서 켜켜이 쌓아 빵에 올리면 보기 좋은 오픈 샌드위치를 간단하게 완성할 수 있습니다. 크림치즈와 과일로 맛을 낸 이 메뉴는 간식 뿐 아니라 디저트나 안주로 준비해도 잘 어울려요.

4 Pieces

호밀빵 슬라이스	4장
복숭아	1개
사과(아오리)	½개
호두 살	2개 분량
크림치즈	6큰술
꿀	2큰술
레몬즙	약간

1. 복숭아와 사과는 각각 껍질째 깨끗이 씻어 0.4~0.5㎝ 두께의 반달 모양으로 썬 뒤 레몬즙을 뿌려 둔다.
2. 호두는 키친타월 위에 올려 굵직하게 다진다.
3. 크림치즈는 실온에 두어 부드럽게 한 뒤 꿀 1큰술을 넣어 고루 섞고 다진 호두를 반만 넣어 잘 섞는다.
4. 호밀빵 위에 ③의 크림치즈를 바르고 복숭아와 사과를 번갈아 올린 뒤 남은 꿀과 호두를 골고루 뿌린다.

복숭아 베이컨 말이

달콤한 복숭아에 짭조름한 베이컨을 더하면 맥주나 와인 안주로 아주 잘 어울려요. 베이컨만 익으면 되기 때문에 요리를 준비하는 시간도 굉장히 짧아 언제든지 뚝딱 만들 수 있는 메뉴에요. 안주로 먹을 때는 허니 머스터드에 찍어 먹으면 더욱 맛있어요.

8 Rolls

복숭아	1개
베이컨	4줄
바질 잎	8장
후춧가루	약간

1. 복숭아는 껍질째 깨끗이 씻은 후 웨지모양으로 8등분 한다.
2. 베이컨은 반 자른다.
3. 복숭아 1조각에 바질 잎 1장을 올리고 베이컨 1줄로 돌돌 만다.
4. 달군 팬에 복숭아 베이컨 말이를 올리고 후춧가루를 뿌려 중불에서 굴려가며 베이컨이 익도록 노릇하게 굽는다.

복숭아 월남쌈

보통 월남쌈에 파인애플을 사용하는데 그 대신 제철 복숭아를 넣었어요. 여러 가지 채소를 한꺼번에 먹을 수 있는 월남쌈을 아이들과 함께 준비해보세요. 손수 만들어 보면 채소를 싫어하는 아이들도 망설임 없이 한두 입 채소가 든 월남쌈을 먹게 됩니다.

10 Rolls

라이스페이퍼	10장
칵테일 새우	5마리
복숭아	1개
적채	50g
어린잎 채소	40g

땅콩 소스
땅콩버터 3큰술, 레몬즙 2큰술,
꿀 1½큰술, 마요네즈 · 간장 1큰술씩,
머스터드 · 다진 마늘 1작은술씩

1 칵테일 새우는 끓는 물에 살짝 데친
   뒤 반으로 납작하게 저며 썬다.
2 복숭아는 껍질째 깨끗이 씻어 반 잘라
   납작납작하게 썰고, 적채는 가늘게 채
   썬다.
3 어린잎 채소는 물에 씻고 체에 밭쳐
   물기를 뺀다.
4 땅콩 소스 재료는 모두 한데 담아 골
   고루 섞는다.
5 라이스페이퍼는 따뜻한 물에 넣어 투명
   하고 부드러운 상태가 되도록 불린다.
6 라이스페이퍼 1장을 펼치고 위에 복숭
   아, 적채, 어린잎 채소, 새우를 올린
   뒤 재료를 감싸 돌돌 만다. 나머지도
   같은 방법으로 만든 다음 접시에 담고
   땅콩 소스와 곁들여 낸다.

복숭아 치킨 타코

맛있게 잘 익은 복숭아의 단맛은 매운맛과 아주 잘 어울립니다. 매운 맛은 청양고추의 양으로 조절하고 매운 것을 잘
먹지 못하면 풋고추나 오이고추를 활용해 덜 맵게 준비해도 됩니다. 닭 가슴살 대신 새우로 요리해도 맛있고 기호에
따라 고수를 곁들이면 무척 잘 어울립니다.

2 Tacos

토르티야(지름 20㎝)	2장
닭 가슴살	1쪽
복숭아 · 라임(또는 레몬)	½개씩
적채	40g
청양고추	1개
카놀라유	1작은술

닭고기 양념

청양고추 1개,
고춧가루·고추장·매실청·청주 1큰술씩,
다진 마늘·간장 1작은술씩,
소금·후춧가루 약간씩

허니 머스터드 스프레드

마요네즈 2큰술, 머스터드·꿀 1큰술씩,
씨겨자 1작은술

1 닭고기 양념 재료 중 청양고추는 반 잘라 씨를 빼고 곱게 다진 뒤 나머지 재료와 고루 섞어 소스를 완성한다.

2 닭 가슴살은 1㎝ 두께로 썰어 닭고기 양념에 버무려 둔다.

3 복숭아는 껍질째 깨끗이 씻어 채 썰거나 반달 모양으로 얇게 썬다.

4 적채는 채 썰고, 청양고추는 가늘게 송송 썬다.

5 달군 팬에 카놀라유를 두르고 닭 가슴살을 볶아낸다.

6 마른 팬에 토르티야를 앞뒤로 노릇하게 구워낸다.

7 허니 머스터드 스프레드 재료는 한데 담아 고루 섞는다.

8 구운 토르티야 위에 허니 머스터드 스프레드를 바르고 복숭아, 닭고기, 적채, 청양고추를 올리고 라임을 꾹 짜서 즙을 뿌린 뒤 돌돌 만다.

복숭아 생채와 돼지 수육

기름기 없이 부드럽게 잘 삶은 돼지고기 수육은 언제 먹어도 반가운 보양식입니다. 주로 김장김치나 갓김치, 장아찌 등과 곁들여 먹지만 여름에는 아삭한 맛이 좋은 복숭아로 생채를 만들어 곁들여 보세요. 물이 많고 시원한 맛이 좋은 복숭아가 부드러운 고기와 정말 잘 어울린답니다.

1 Plate

통삼겹	1.2kg
황도	1개
적양파	⅓개
부추	40g
새우젓	3큰술

고기 삶는 물
대파(초록 부분) 1대, 양파 ½개,
생강·마늘 2쪽씩, 청주·된장 1큰술씩,
통후추 10개, 물 5컵

생채 양념
고춧가루 1½큰술, 멸치 액젓 1큰술,
설탕·다진 마늘·참기름·통깨 1작은술씩

1 통삼겹은 흐르는 물에 가볍게 씻어 끓는 물에 살짝 데친다.

2 냄비에 고기 삶는 물 재료를 모두 넣어 한소끔 끓으면 ①의 돼지고기를 넣고 다시 끓어오르면 중불로 줄여 1시간 정도 푹 삶는다.

3 복숭아는 단단한 것으로 준비해 껍질째 깨끗이 씻어 0.5㎝ 폭으로 채 썰고, 적양파도 채 썬다.

4 부추는 흙이 없도록 깨끗이 씻어 4㎝ 길이로 썬다.

5 돼지고기를 젓가락으로 찔러봐서 부드럽게 들어갈 정도로 푹 삶아지면 꺼내서 한 김 식힌 다음 0.7㎝ 두께로 썬다.

6 큰 볼에 생채 양념 재료를 모두 넣어 고루 섞은 다음 손질한 복숭아, 양파, 부추를 넣어 가볍게 버무린다.

7 돼지 수육과 복숭아 생채를 각각 접시에 담고 새우젓을 곁들여 낸다.

복숭아 불고기

불고기 양념에 복숭아를 갈아 넣으면 복숭아의 맛과 향이 은은하게 고기를 감싸 감칠맛이 훨씬 좋아집니다. 불고기는 센 불에서 재빨리 볶아야 육즙이 빠져 나오지 않아 부드럽고 맛있어요. 채 썬 복숭아는 무르지 않게 마지막에 넣어야 씹는 맛을 즐길 수 있어요. 복숭아는 황도 중에도 단단한 것을 활용하세요.

1 Plate

쇠고기(불고깃감)	200g
황도·양파	½개씩
카놀라유	1작은술
드라이 파슬리	약간

불고기 양념
곱게 간 복숭아 3큰술, 간장 2큰술,
다진 파·다진 마늘·맛술·물 1큰술씩,
설탕·매실청 ½큰술씩, 참기름 1작은술,
소금·후춧가루 약간씩

1 쇠고기는 3등분 한다.

2 불고기 양념 재료는 한데 고루 섞는다.

3 쇠고기에 불고기 양념을 절반 분량만 넣고 버무려 잰다.

4 황도는 껍질을 벗기고 0.5㎝ 두께의 반달 모양으로 썰고, 양파는 채 썬다.

5 달군 팬에 카놀라유를 두르고 센 불에서 쇠고기를 넣어 달달 볶는다.

6 고기가 거의 익으면 나머지 불고기 양념과 황도, 양파를 넣고 양파가 익을 정도로 볶은 다음 드라이 파슬리를 뿌려 완성한다.

복숭아 마가리타

초록이 가득한 풍경을 바라보고 있노
라면 시원한 맥주 한 잔 생각이 들 때
가 있지 않나요. 이럴 때 맛있는 복숭
아를 활용해 근사한 마가리타를 만들
어 즐기세요. 색다른 맛과 가벼운 알코
올의 효과로 한낮의 특별한 휴가를 즐
기는 기분이 든답니다.

2 Glasses

황도	1개
데킬라	⅔컵
라임 주스	2큰술
얼음	6~8조각
시럽	적당량

장식
달걀흰자 1개 분량, 소금 약간

1 평평한 그릇을 2개 준비해 각각 달걀
　흰자와 소금 담는다.
2 마가리타 잔을 뒤집어 입술이 닿는 부
　분에 달걀흰자를 묻힌 다음 소금을 묻
　히고 다시 뒤집어 말린다.
3 황도는 껍질째 깨끗이 씻고 듬성듬성
　썬 뒤 믹서에 곱게 갈아 복숭아 퓌레를
　만든다.
4 마가리타 잔에 얼음과 복숭아 퓌레를
　넣는다.
5 데킬라를 붓고 라임 주스를 넣은 뒤 잘
　젓는다. 기호에 따라 시럽을 곁들인다.

과일을 믹서에 갈아 주스로 마셔도 되지만 은은하게 우러난 향을 느끼려면 아무래도 물이나 탄산수에 섞어 맑고 시원하게 즐기는 것이 좋죠. 게다가 무더운 여름에는 벌컥벌컥 들이켜는 개운함도 있어야 하니까요. 그러기 위해서는 과일을 설탕에 절여 준비하세요. 과일에 좋아하는 향신료나 허브를 섞어 절이면 저마다 개성 있는 절임을 만들 수 있겠죠. 절인 과일은 보름 정도 두고 먹을 수 있답니다.

복숭아 아이스 티

2 Glasses

복숭아 절임	½컵
홍차 티백	2개
따뜻한 물	2컵
얼음	8조각

1 홍차 티백은 따뜻한 물에 담가 우린 뒤 차게 식힌다.

2 컵에 얼음을 담고 복숭아 절임을 넣는다.

3 홍차를 부어 골고루 섞는다.

<u>MINI RECIPE</u>
복숭아 절임

350ml

복숭아	2개
설탕	과육 무게의 30%

1 복숭아는 껍질째 깨끗이 씻어 과육만 웨지 모양으로 잘라 볼에 담고 설탕을 넣어 가볍게 버무린다.

2 과일즙이 우러나면 뒤섞고 설탕이 다 녹으면 병에 담아 냉장 보관한다.

복숭아 진저 워터

2 Glasses

복숭아 생강 절임	1컵(120g)
물	2컵
얼음	1컵

1 컵에 복숭아 생강 절임을 넣는다.
2 얼음을 반 정도 채운 다음 물을 부어 골고루 섞는다.

me Enjoy you
Would
having
Have a
Have a goo
ind having
Would you
k! Make your

복숭아 에이드

신선한 과일을 잘라 그대로 에이드를 만들어도 좋지만 과일 절임을 만들어 음료에 활용하면 훨씬 진한 맛과
향을 느낄 수 있어요. 에이드를 만들 때 따로 시럽을 타지 않는 대신 단맛의 정도는 과일 절임의 양으로 조절
하면 됩니다. 음료를 마시며 중간중간 과일을 건져 먹는 맛도 좋지요.

복숭아 자두 절임	⅔컵(120g)
애플민트	4줄기
탄산수	2컵
레몬즙	2큰술
얼음	적당량

복숭아·천도	1개씩
자두	3개
설탕	과육 무게의 30%

1 자두와 복숭아는 모두 껍질째 깨끗이 씻어 반 잘라 가운데 씨를 빼고 0.3cm 두께로 얇게 썬다.
2 볼에 자두, 복숭아, 설탕을 켜켜이 담고 1시간 정도 둔다.
3 과일즙이 우러나면 뒤섞고 설탕이 다 녹으면 병에 담아 냉장 보관한다.

1 유리컵에 복숭아 자두 절임을 담는다.

2 얼음을 반 정도 채우고 레몬즙과 탄산수를 부어 젓는다.

3 복숭아 에이드 위에 애플민트를 올려 향을 더한다.

1 복숭아는 껍질째 깨끗이 씻은 후 윗부분에 열십자(+)로 칼집을 낸다. **2** 냄비에 복숭아가 잠길 정도로 넉넉하게 물을 붓고 물이 끓으면 복숭아를 넣어 20초 정도 데친 후 꺼내서 찬물에 잠시 담갔다가 껍질을 벗긴다. **3** 껍질을 벗긴 복숭아는 반으로 자르고 다시 3등분 하여 웨지 모양으로 도톰하게 썬다.

복숭아 조림

시판 복숭아 통조림보다 집에서 만든 복숭아 조림은 한결 은은하고 향긋하며 무엇보다 건강하죠. 조림용 복숭아는 단단한 것이 좋아요. 단맛이 적어도 되니 맛이 좀 싱거운 복숭아를 구입했다면 조림으로 만들어 보세요. 복숭아 조림은 그냥 먹어도 맛있지만 아이스크림이나 바삭하게 구운 토스트, 요거트에 곁들여 먹거나 음료, 샐러드에 활용해도 좋아요.

1.6L

복숭아	1.2kg(약 6개)
바닐라 빈	1개
설탕	480g
물	3컵
레몬즙	2큰술

4 바닐라 빈은 길게 반으로 갈라 칼등으로 씨를 긁어낸다. **5** 냄비에 물, 설탕, 바닐라 빈과 씨, 레몬즙을 넣고 중불로 끓인다. **6** 설탕이 녹으면 복숭아를 넣어 한소끔 끓인 뒤 중약불로 줄이고 저어가며 과육이 투명해질 때까지 끓여 완성한다. **7** 한 김 식혀 열탕 소독한 유리병에 담아 냉장 보관한다.

Tip 물 대신 화이트 와인을 넣으면 조금 더 오래 보관할 수 있으며 맛과 향도 감미로워져요.
바닐라 빈 대신 레몬이나 오렌지 껍질의 노란 부분만 얇게 저며 넣으면 시트러스의 상큼한 향을 낼 수 있고요.

복숭아 푸딩

빛깔도 곱고 정갈하며 먹을 때도 부드러워 기분이 좋아지는 푸딩입니다. 보기에 근사한 디저트이지만 젤라틴만 있으면 누구나 쉽게 집에서 만들 수 있어요. 한 번 배워두면 다른 과일로도 가능하며 모양도 틀에 따라 여러 가지로 만들 수 있으니 과감하게 도전해보세요.

4 Puddings

복숭아 조림(p.170) 과육	150g
복숭아 조림(p.170) 국물	¼컵
물	1컵
설탕	40g
판 젤라틴	2장(4g)
복숭아	¼개

푸딩 속 재료
복숭아 조림(p.170) 과육 4쪽

1 판 젤라틴은 찬물에 담가 10분 이상 불린다.
2 냄비에 복숭아 조림, 물, 설탕을 넣고 설탕이 녹을 정도로 끓인 뒤 불린 판 젤라틴을 넣고 저어가며 완전히 녹인다.
3 ②를 믹서에 넣어 곱게 간다.
4 푸딩 틀에 푸딩 속 재료의 복숭아 조림을 1쪽씩 넣고 ③을 부은 뒤 냉장실에서 2시간 이상 충분히 굳혀 완성한다.
5 복숭아를 얇게 썰어 푸딩 위에 올려 낸다.

Tip 복숭아 조림이 없다면 말랑말랑한 상태의 복숭아로 푸딩을 만들고 설탕은 입맛에 맞게 넣으면 됩니다. 푸딩은 먹기 전에 꺼내서 푸딩 틀째 따뜻한 물에 잠시 담갔다가 틀을 뒤집어 접시 위에 올리거나 뜨거운 물을 적신 행주로 푸딩 틀을 감싸서 뒤집어 꺼내면 됩니다.

복숭아 화이트 와인 조림

입이 심심할 때 달콤하게 한입 먹는 간식, 프렌치 토스트에 얹으면 브런치, 와플이나 팬케이크에 얹거나, 아이스크림이나 플레인 요거트에 섞어 먹을 수 있는 다재다능한 과일 조림이에요. 물 대신 화이트 와인을 넣어 조림을 만들면 알코올 덕에 설탕의 양을 줄여도 오래 보관할 수 있고, 와인의 감미로운 향이 복숭아에 더해져 한층 맛이 좋아집니다.

1.5L

복숭아	4~5개
시나몬 스틱	2개
화이트 와인	4컵
설탕	2⅔컵

1 복숭아는 껍질째 깨끗이 씻은 후 껍질을 벗겨 웨지 모양으로 도톰하게 썬다.

2 냄비에 화이트 와인과 설탕을 넣고 설탕이 녹을 때까지 저으면서 중불에서 끓인다.

3 중약불로 줄인 뒤 복숭아와 시나몬 스틱을 넣고 15분간 더 끓인다.

4 복숭아가 속까지 익어 약간 투명해지면 시나몬 스틱을 건져내고 불을 끈 뒤 한 김 식힌다.

5 열탕 소독한 병에 복숭아 화이트 와인 조림을 넣고 냉장 보관한다.

Tip 조림으로 만들 복숭아는 종류에 상관 없이 과육이 단단한 것으로 준비하세요.

복숭아 오렌지향 조림

달콤한 복숭아에 오렌지 향을 더해 상큼함을 살렸어요. 오렌지 껍질의 노란 부분만 얇게 깎아 함께 조리면 돼요. 복숭아 조림은 많이 만들어 두고 간식, 디저트, 토핑 등으로 두루 활용하면 좋아요. 복숭아 1박스를 구입해 ⅔는 일반 복숭아 조림을, ⅓은 오렌지 향 복숭아 조림을 만들어 보세요.

800ml

복숭아	3개(600g)
오렌지	1개
레몬 슬라이스	2장
설탕	240g
화이트 와인	1컵
레몬즙	1큰술

1. 복숭아는 껍질을 벗기고 웨지 모양으로 8등분 한 뒤 레몬즙을 뿌려 살살 버무린다.
2. 오렌지는 껍질째 베이킹소다로 문질러 씻어 흐르는 물에 헹군 뒤 물기를 닦고 칼로 껍질의 노란 부분만 얇게 벗겨낸다.
3. 냄비에 설탕과 화이트 와인을 넣고 중불에서 끓인다.
4. 설탕이 녹으면 오렌지 껍질과 복숭아를 넣어 복숭아가 투명해질 때까지 약 10분 정도 조리고 불을 끈다.
5. 한 김 식혀 열탕 소독한 병에 넣어 냉장 보관한다.

집에서 만드는 아이스크림은 설탕이 덜 들어가고 신선한 과일을 넣으니 시중에서 판매하는 제품과 비교할 수 없죠.
아이스크림 만드는 과정이 조금은 번거롭지만 가족을 위해 한 번쯤 만들어 보는 건 어떨까요. 더불어 '스피드 복숭아
아이스크림' 만드는 방법도 소개할테니 따라해 보세요. 복숭아 외에 딸기, 체리, 망고, 블루베리 등으로도 아이스크
림을 만들면 맛있어요.

복숭아 스피드 아이스크림

8 Bowls

복숭아	3개
우유	90㎖
플레인 요거트	90g
생크림	120㎖
아가베 시럽·레몬즙	4큰술씩

1 복숭아는 씻어서 껍질을 벗긴 뒤 과육만 썰어 지퍼백에 넣고 얼린다.

2 복숭아가 단단하게 얼면 꺼내서 믹서에 나머지 재료와 함께 넣고 곱게 간다.

3 납작한 직사각 용기에 부어 뚜껑을 덮고 냉동실에서 얼린다.

4 1시간 뒤 꺼내 포크로 긁어 위아래를 뒤섞고 다시 얼리는 과정을 3번 반복해 완성한다.

복숭아 요거트 아이스크림

10 Bowls

복숭아	2개
다진 호두	2큰술
달걀노른자	2개 분량
우유 · 플레인 요거트 · 생크림	1컵씩
설탕	50g
올리고당	10g

1 복숭아는 껍질째 깨끗이 씻어 과육만 준비한다. 2 ½개 분량의 과육만 남기고 나머지는 작게 썰어 믹서에 곱게 간다.

3 남겨둔 복숭아 ½개는 잘게 썬다. 4 냄비에 ②와 우유를 넣어 거품이 생길 정도로 끓기 시작하면 불을 끄고 한 김 식혀 냄비째 얼음물에 담가 차게 식힌다.

5 볼에 달걀노른자, 설탕, 올리고당을 넣고 거품기로 노란색 크림이 될 때까지 충분히 젓는다.

6 ⑤에 ④를 조금씩 부어가며 거품기로 잘 섞고, 플레인 요거트를 부어 골고루 섞는다.

7 생크림을 거품기로 힘있게 쳐서 단단하게 거품을 올린 뒤 ⑥에 넣어 고루 섞는다. 8 납작한 사각 바트에 부어 윗면을 평평하게 고른 뒤 잘게 썰어 둔 복숭아와 다진 호두를 위에 올린 다음 용기 뚜껑을 덮어 냉동실에 넣어 얼린다.

9 1시간 뒤 꺼내서 포크로 긁어 위아래를 섞고 다시 냉동한다. 10 1시간마다 꺼내서 포크로 긁어 섞는 과정을 3번 더 반복하면 아이스크림이 완성된다.

커스터드 복숭아 구이

입맛 없을 때, 더위에 지칠 때, 스트레스 쌓일 때면 달콤한 음식 생각이 간절합니다. 과일이나 초콜릿 등으로 채워
지지 않는 풍성하고 풍미 좋은 달콤함이 이 한 그릇에 담겨 있답니다. 후식으로도 좋고 여름 오후의 나른함을 깨우
는 짜릿한 간식으로 먹으면 그만이지요. 남은 복숭아 구이는 냉장고에 차게 두었다가 아이스크림과 함께 먹어도 좋
아요. 넉넉하게 만들어 그라탱 용기에 담아 내면 근사한 파티용 디저트가 되고요.

1 Plate

복숭아 조림(p.170)	6쪽
자두	1개
커스터드 크림(p.184)	4큰술
메이플 시럽	1큰술
계핏가루	약간
오트밀 아몬드 크럼블(p.183)	적당량

1 자두는 껍질째 깨끗이 씻어 한입 크기로 썬다.

2 볼에 자두와 복숭아 조림을 담고 메이플 시럽과 계
핏가루를 뿌려 골고루 섞는다.

3 그라탱 용기에 ②를 담고 커스터드 크림을
얹어 200℃로 예열한 오븐에서 7분간 굽는다.

4 오븐에서 꺼내 오트밀 아몬드 크럼블을 뿌려 낸다.

오트밀 아몬드 크럼블

500ml

박력분 · 버터	100g씩
황설탕	70g
아몬드 가루	50g
오트밀	30g
소금	1g

1 버터는 미리 실온에 둬서 부드럽게 준비한다. 2 넓은 바트나 쟁반에 박력분, 황설탕, 아몬드 가루, 소금을 섞어 펼쳐 놓고 버터를 숟가락이나 포크로 떠서 군데군데 올린다.

3 포크로 섞어가며 반죽하고 버터와 가루 재료가 어느 정도 섞이면 오트밀을 골고루 뿌린다. 4 반죽에 오트밀을 고루 섞은 다음 손으로 움켜쥐어 뭉쳐지면 손으로 쥐었다가 펴서 소보로 형태의 작은 덩어리를 만들고 유산지를 깐 오븐 팬에 펼쳐 올린다.

5 170℃로 예열한 오븐에 넣고 6분 정도 굽고 오븐 팬의 앞뒤를 바꿔 넣은 뒤 갈색이 될 때까지 5분 정도 더 굽는다. 6 유산지째 식힘망 위에 올려 완전히 식히고 밀폐용기에 담아 보관한다.

커스터드 크림

500ml

달걀노른자	6개 분량
바닐라 빈	½개
우유	2½컵
설탕	100g
박력분	30g
옥수수 전분	10g

1 박력분과 옥수수 전분은 섞어서 체에 두 번 내린다. **2** 바닐라 빈은 칼로 반을 갈라 칼등으로 씨를 긁어낸다.

3 볼에 달걀노른자와 설탕을 넣어 거품기로 약 3분간 저어 설탕을 약간 녹인 뒤 ①의 가루를 넣어 섞는다. **4** 냄비에 우유를 붓고 바닐라 빈과 씨를 넣어 끓이다가 가장자리가 보글보글 끓기 시작하면 불을 끈다.

5 ③에 ④의 우유를 3회에 나누어 부으면서 거품기로 고루 섞는다.

6 ⑤를 다시 냄비에 붓고 중약불로 끓이다가 거품이 보글보글 생기면 멍울이 생기지 않게 거품기로 저어가며 끓인다. 7 반죽을 들어봤을 때 되직하여 주르륵 흐르는 농도가 되면 불을 끈다.

8 ⑦을 냄비째 얼음물 위에 올려 충분히 식힌다.

9 커스터드 크림은 물기 없는 밀폐용기에 붓고 공기와 닿지 않게 윗면에 랩을 덮은 다음 뚜껑을 닫아 냉장 보관한다.

복숭아 치즈 크럼블

부드럽고 고소한 치즈 무스, 바삭한 오트밀 아몬드 크럼블, 달콤한 복숭아가 어우러진 맛있는 디저트에요. 복숭아 조림이 없으면 달콤한 맛이 좋고 과육이 부드러운 복숭아로 대신하면 됩니다. 오트밀 아몬드 크럼블이 없다면 다진 견과, 시리얼, 곡물 과자(다이제스티브) 등을 부수어 넣으세요. 치즈 무스는 그릭 요거트로 대체하면 보다 간단하게 만들 수 있어요.

1 plate

복숭아 조림(p.170)	6쪽
오트밀 아몬드 크럼블(p.183)	적당량

치즈 무스
생크림 100g, 크림치즈 90g,
설탕 12g, 아가베 시럽 6g,
레몬즙·판 젤라틴 4g씩

1 판 젤라틴은 찬물에 담가 불리고, 생크림은 볼에 담아 거품기로 힘 있게 쳐서 단단하게 거품을 올린다.

2 볼에 크림치즈를 넣고 거품기로 부드럽게 푼 다음 설탕을 넣어 잘 섞는다.

3 ②에 아가베 시럽을 넣어 골고루 잘 섞은 다음 레몬즙을 섞는다.

4 물에 불린 판 젤라틴은 전자레인지나 중탕으로 녹여 ③에 넣어 잘 섞는다.

5 ④에 ①의 생크림을 넣고 가볍게 섞어 치즈 무스를 완성한다.

6 유리컵에 복숭아 조림을 담고 치즈 무스를 얹은 다음 오트밀 아몬드 크럼블을 올려낸다.

7 먹을 때는 여러 가지 재료를 함께 떠서 먹는다.

Apricot
& Plum

살구와 자두는 제철이 아니면 맛보기 힘든 과일이에요. 살구는 껍질째 씹어 먹는 맛이 아주 매력적이죠. 자두는 손가락 사이로 달콤한 과즙을 줄줄 흘리며 정신 없이 맛있게 먹게 되는 과일이고요. 두 가지 모두 개성만점의 맛과 향, 식감을 가지고 있어요. 풍성하게 맛볼 수 있는 여름에 잘 챙겨 먹고, 잼, 콤포트, 청 등으로 만들어 저장하면 계절의 맛을 조금 더 붙잡아 둘 수 있죠.

살구 퀴노•아 샐러드

톡톡 터지는 식감의 퀴노아는 쌀의 ⅓ 크기의 곡물로 단백질과 비타민, 미네랄이 다량 함유되어 있는 수퍼푸드 중 하나입니다. 요리할 때마다 삶기가 귀찮다면 일주일 분량을 한꺼번에 삶아 물기를 뺀 다음 올리브유를 넣어 버무린 뒤 밀폐용기에 담아두고 필요할 때마다 다양하게 활용하세요.

1 Plate

살구	3개
토마토	1개
적양파	¼개
블랙 올리브	4개
물	2컵
퀴노아	1컵
레몬즙	2큰술
엑스트라 버진 올리브유	1½큰술
소금·후춧가루	약간씩

1 냄비에 퀴노아와 분량의 물을 붓고 소금을 약간 넣어 물이 끓기 시작하면 뚜껑을 덮고 중약불로 15분간 끓인다.

2 체에 밭쳐 퀴노아의 물기를 빼고 올리브유를 뿌려 버무린다.

3 살구는 깨끗이 씻어 반 잘라 씨를 제거하고 사방 1㎝ 크기로 깍둑 썬다.

4 토마토는 반 잘라 가운데 씨를 긁어내고 살구와 같은 크기로 썬다.

5 적양파는 사방 0.5㎝ 크기로 썰고 블랙 올리브도 같은 크기로 썬다.

6 볼에 퀴노아와 손질한 모든 재료를 넣고 레몬즙과 소금, 후춧가루를 뿌려 간한다.

살구 자두 샐러드

살구와 자두는 같은 계절에 나오지만 완전히 다른 맛이 나죠. 여기에 복숭아까지 더해 개성 넘치는 초여름 과일 샐러드를 만들었어요. 신선한 과일 위에 요거트 드레싱만 올려 내도 금세 싱싱하고 풍성한 요리 한 접시가 뚝딱 완성됩니다.

1 Plate

살구·자두·복숭아	1개씩
아몬드	4개
피칸	2개

복숭아 요거트 드레싱
크림치즈 100g, 플레인 요거트 4큰술,
다진 복숭아 2큰술, 레몬즙 1큰술,
꿀 1작은술, 드라이 파슬리 ½작은술

1 자두와 살구, 복숭아는 각각 껍질째 깨끗이 씻어 한입 크기로 썬다.

2 아몬드와 피칸은 굵직하게 다진다.

3 복숭아 요거트 드레싱 재료는 모두 볼에 담아 골고루 섞는다.

4 접시에 살구, 자두, 복숭아를 보기 좋게 섞어 담는다.

5 드레싱을 올리고 아몬드와 피칸을 뿌린다.

Apricot quinoa salad

Apricot plum salad

살구 새우 구이

새우가 통통하게 물이 올라 맛이 꽉 들어차는 계절은 살구도 맛있게 익는 계절입니다. 이 계절에 새우는 구이로 많이 먹는데, 이때 살구를 함께 구워 곁들여 보세요. 살구의 은은하면서 달콤한 향이 감칠맛을 더해줘요. 혹시 캠핑을 떠난다면 적극 추천하고 싶은 메뉴입니다. 손도 많이 가지 않고 식어도 맛있기 때문이죠. 로메인에 살구, 새우, 크림치즈를 올려 한입 가득 맛보세요.

1 Plate

대하	8마리
살구	4개
로메인(또는 양상추)	50g
버터 · 크림치즈	3큰술씩
다진 마늘·꿀	1큰술씩
다진 파슬리	1작은술

레몬 발사믹 드레싱
올리브유 2큰술, 레몬즙 2작은술,
발사믹 식초 ½작은술,
소금·후춧가루 약간씩

1 대하는 소금물에 흔들어 씻어 물에 헹군 뒤 수염을 자르고 이쑤시개로 등쪽의 내장을 뺀 다음 꼬치에 두세 개씩 꽂는다.

2 살구는 껍질째 깨끗이 씻어 반 잘라 씨를 제거한다.

3 로메인은 흐르는 물에 씻어 물기를 제거한다.

4 레몬 발사믹 드레싱 재료는 모두 한데 넣어 고루 섞는다.

5 팬에 버터 1큰술을 넣어 녹인 뒤 살구를 얹어 센 불에서 재빠르게 구워낸다.

6 작은 볼에 버터 2큰술과 다진 마늘, 다진 파슬리를 넣어 섞는다.

7 달군 팬에 ⑥을 넣고 새우를 얹어 약불에서 노릇하게 구워 낸다.

8 접시에 구운 살구와 새우를 담고 크림치즈에 꿀을 섞어 함께 얹는다.

9 마지막으로 로메인을 담고 레몬 발사믹 드레싱을 뿌린다.

살구 복숭아 주스

살구와 복숭아는 모두 여름 과일이
지만 서로 다른 맛과 향을 가지고 있
죠. 두 가지를 섞어 주스를 만들면
서로 다른 매력의 향긋함이 어우러
져 상쾌한 한 잔이 완성 됩니다. 복
숭아나 살구 과육을 얇게 썰어 두었
다가 한두 조각 올려 내는 센스도 잊
지 마세요.

2 Glasses

살구	2개
복숭아	1개
우유	1컵
플레인 요거트	¾컵
얼음	1컵
아가베 시럽	2큰술

1 복숭아와 살구는 껍질째 깨끗이
 씻고 반 잘라 가운데 씨를 뺀 뒤
 듬성듬성 썬다.

2 믹서에 준비한 모든 재료를 넣
 어 곱게 간다.

자두 복숭아 소르베

피자두는 껍질뿐 아니라 과육까지 붉은 색인 자두를 말합니다. 과육이 노란색인 일반 자두보다 새콤달콤한 맛이 진하고 요리를 해 놓으면 색도 훨씬 곱죠. 단맛을 책임지는 자두와 새콤한 향과 맛을 선사하는 천도를 섞어 소르베를 만들었어요. 입안에서 사각사각 녹으며 새콤달콤하게 기분 전환을 해줍니다. 점점 무더워지는 여름을 대비해 꼭 만들어 보세요.

2 Bowls

피자두	3개
천도	1개
물	½컵
레몬즙·아가베 시럽	2큰술씩

1 피자두와 천도는 껍질째 깨끗이 씻어 과육만 발라낸다.

2 믹서에 자두, 복숭아, 물, 레몬즙, 아가베 시럽을 모두 넣고 곱게 간다.

3 납작한 용기에 ②를 부어 냉동실에 1시간 정도 얼렸다가 꺼내 포크로 긁어가며 위아래를 섞어 다시 얼린다.

4 포크로 긁고 얼리는 과정을 3번 정도 반복해 소르베를 완성한다.

5 그릇에 담을 때도 긁어서 담는다.

Plum peach jam
Apricot orange jam

여름에 잠시 나왔다가 들어가는 살구와 자두는 새콤달콤한 맛과 향이 좋아 잼으로 만들어 먹기에 아주 좋은 과일이에요. 게다가 제철이 아니면 맛볼 수 없으니 잼으로 만들어 좀 더 오래 즐기는 것도 좋지요. 살구에 오렌지의 새콤함과 감미로운 향을 더하면 한층 매력적인 잼이 됩니다. 수분이 많은 자두는 잼으로 만들면 부드럽고 새콤한 향이 진해 입맛을 돋우죠. 자두는 복숭아의 달콤함과 잘 어울려 두 가지를 섞어 잼을 만들어도 좋아요. 자두로 잼을 만들 때는 껍질까지 모두 넣어야 붉은 색이 곱고 예뻐요.

살구 오렌지 잼

450ml

살구	5개
오렌지	2개
레몬즙	1큰술
설탕	과육 무게의 40%

1 살구는 껍질째 깨끗이 씻어 과육만 잘라 낸다.

2 오렌지는 속껍질까지 벗겨 과육만 준비한다.

3 손질한 살구와 오렌지를 믹서에 넣어 굵직하게 간다.

4 냄비에 ③과 설탕을 넣어 잘 섞은 다음 중불에서 보글보글 끓으면 불을 약하게 줄이고 저어가며 끓인다.

5 농도가 걸쭉해지면 레몬즙을 넣고 2분 정도 더 끓인 다음 불을 끄고 한 김 식힌 뒤 열탕 소독한 병에 담아 냉장 보관한다.

자두 복숭아 잼

400ml

자두	4개
복숭아	2개
레몬즙	1큰술
설탕	과육 무게의 40%

1 자두와 복숭아는 각각 껍질째 깨끗이 씻어 과육만 잘라낸 뒤 믹서에 굵직하게 간다.

2 냄비에 ①과 설탕을 넣어 잘 섞은 다음 중불에서 보글보글 끓으면 불을 약하게 줄이고 저어가며 끓인다.

3 농도가 걸쭉해지면 레몬즙을 넣고 2분 정도 더 끓인 다음 불을 끄고 한 김 식힌 뒤 열탕 소독한 병에 담아 냉장 보관한다.

살구 • 아몬드 타르트

과일을 넣어 타르트를 굽는 일은 언제나 즐겁습니다. 특히 살구나 자두처럼 제철에만 맛볼 수 있는 과일이라면 더욱 그렇죠. 새콤달콤한 맛과 향이 좋아 그냥 먹어도 매력적인 살구는 살짝 구우면 본연의 맛이 더욱 진해지죠. 게다가 살구와 함께 고소한 아몬드 크림이 버터 향 가득한 타르트에 함께 올라간다니 얼마나 맛있겠어요.

1 Tart(10×25cm)

살구	5개	
복숭아 미루아	1큰술	
아몬드 크림 필링	1½컵	

타르트 반죽

박력분 180g, 무염 버터 90g,
찬물 2큰술, 소금 1작은술

미루아

케이크 코팅제나 광택제로 사용하며 '나바쥬'라고도 해요.
제과제빵 재료상에서 쉽게 구할 수 있습니다. 구입하지
못했을 때는 살구 잼 5큰술에 물과 물엿을 1큰술씩 섞고,
농도가 되직하면 물을 더 넣어 미루아 대신 사용하세요.

1 분량의 재료로 31페이지를 참고하여 타르트 반죽을 만들어 10×25㎝ 크기의 타르트 틀에 얹어 굽는다. **2** 살구는 깨끗이 씻어 물기를 제거하고 반 잘라 씨를 뺀다. **3** 타르트 틀 위에 아몬드 크림 필링을 얹어 평평하게 편다.

4 아몬드 크림 위에 살구를 얹는다. **5** 170℃로 예열한 오븐에서 30~35분간 구워 식힘 망 위에 올려 식힌다. **6** 아몬드 타르트가 다 식으면 틀에서 꺼낸 후 살구 위에 복숭아 미루아를 바른다.

MINI RECIPE
아몬드 크림 필링

220ml

달걀		1개
아몬드 가루 · 버터 · 슈가파우더		80g씩
중력분		10g

1 중력분과 아몬드 가루는 섞어서 체에 두 번 내린다.
2 볼에 버터를 넣고 거품기로 풀어 부드럽게 한 뒤 슈가파우더를 넣어 고루 섞은 다음 달걀을 넣고 잘 섞는다.
3 ②에 ①의 가루를 넣고 고무 주걱으로 골고루 섞는다.

자두 요거트 타르트

제철에 반짝 나오는 자두를 다양하게 먹기 위해 만든 디저트에요. 자두 타르트는 미리 만들어 냉장실에 차게 두었다가 먹으면 더욱 맛있는 여름 디저트지요. 자두는 크기가 크고 껍질의 색이 짙으며 달콤한 것으로 만들어야 보기도 좋고 만들기도 수월해요.

1 Tart(지름 21cm)

완숙 자두	7~10개
요거트 치즈 필링	1½컵
애플민트	5줄기
설탕	1작은술
토치	

타르트 반죽
중력분 400g, 버터 200g, 달걀 2개,
우유 2큰술, 설탕 1큰술, 소금 1작은술

1 분량의 재료로 31페이지를 참고하여 타르트 반죽을 완성한 뒤 위생 팩에 넣어 1시간 정도 휴지시킨다.

2 타르트 반죽을 밀대로 0.5㎝ 두께로 밀고 타르트 틀에 얹어 틀에 맞춰 자른 다음 바닥을 포크로 콕콕 찍어 구멍을 낸다.

3 반죽 위에 기름 종이를 깔고 누름 돌을 올린다.

4 180℃로 예열한 오븐에 넣어 7분 동안 구운 다음 꺼내 기름 종이와 누름 돌을 제거한 다음 다시 5분 동안 굽고 식힘망에 올려 식힌다.

5 자두는 깨끗이 씻어 2㎝ 폭의 웨지 모양으로 썬다.

6 타르트 위에 요거트 치즈 필링을 평평하게 얹는다.

7 필링 위에 자두를 나선형으로 빙 둘러 촘촘히 올린다.

8 자두 위에 설탕을 골고루 솔솔 뿌리고 토치로 설탕을 녹인 다음 애플민트를 올려 장식한다.

Tip 누름 돌이 없다면 검은 콩을 가득 올려 구우면 됩니다. 토치가 없을 때는 180℃로 예열한 오븐에서 7분간 구워 식힌 다음 반나절 정도 냉장 보관하세요.

MINI RECIPE
요거트 치즈 필링

320ml

플레인 요거트	160g
크림치즈	140g씩
판 젤라틴	2장(4g)
아가베 시럽	2큰술
바닐라 에센스	2~3방울

1 판 젤라틴은 찬물에 담가 30분 정도 불린다.

2 크림치즈는 실온에 둬 부드럽게 한다.

3 플레인 요거트, 크림치즈, 아가베 시럽, 바닐라 에센스를 휘핑기로 멍울 없이 잘 섞는다.

4 판 젤라틴은 전자레인지(또는 중탕)에 녹여 ③에 넣고 골고루 섞어 요거트 치즈 필링을 완성한다.

Oriental Melon

참외는 이른 여름부터 나오지만 더워지면서 사람들이 더욱 많이 먹는 과일이죠. 단맛이 좋으면서 오이처럼 시원한 과육이 매력적이라 그런 것 같아요. 참외는 그냥 먹어도 맛있지만 샐러드, 냉국, 국수 등으로 간단하게 요리를 해 먹을 수 있기에 오이 부럽지 않은 식재료라고 할 수 있죠. 참외에 소금 간을 약간 하면 특유의 시원한 맛이 더욱 개운하게 잘 살아나요.

참외 샐러드

참외는 아삭아삭한 맛이 좋은 과일이라 샐러드에 활용하면 아주 잘 어울려요. 샐러드에 참외 씨가 들어가면 식감이 안 좋고 보기에도 깔끔하지 않아 속은 긁어 냈어요. 대신 긁어낸 속을 잘 걸러 즙만 드레싱에 활용해 참외의 맛과 향을 고스란히 살렸답니다.

1 Plate

참외	1개
빨강·노랑 파프리카·양파	¼개씩
게살	3줄

흑임자 드레싱
엑스트라 버진 올리브유·
화이트 와인 비네거 2큰술씩,
레몬즙·설탕·연겨자 1큰술씩,
흑임자·레몬즙·다진 마늘 1작은술씩

1. 참외는 껍질을 벗기고 반 잘라 속을 긁어내 체에 걸러 즙만 받는다.
2. 참외 과육은 다시 길이로 반 잘라 납작납작하게 썬다.
3. 파프리카는 안쪽의 씨와 심을 제거한 뒤 참외와 비슷한 길이로 굵직하게 채 썬다.
4. 양파는 채 썰어 찬물에 담가 매운맛을 뺀 뒤 물기를 제거하고, 게살은 결대로 손으로 찢는다.
5. 분량의 드레싱 재료를 한데 담고 ①의 참외 속즙을 넣어 잘 섞는다.
6. 볼에 손질한 참외, 파프리카, 양파, 게살을 담고 드레싱을 뿌려 가볍게 버무린 뒤 접시에 담는다.

Oriental Melon

참외 피클

피클은 주로 오이, 무, 양배추 등으로 만들지만 여기에 참외도 한 번 섞어 보세요. 참외는 개운하고 시원한 향에 달콤한 맛, 기분 좋은 식감까지 겸비한 멋진 피클 재료예요.

500ml

참외·오이	1개씩
소금	약간

피클 국물
물·식초 1컵씩, 설탕 ⅓컵,
월계수 잎 1장, 피클링 스파이스 1큰술,
소금 1작은술

1 참외는 조금 단단한 것으로 골라 껍질을 벗기고 세로로 반 잘라 씨를 깨끗이 긁어 낸 뒤 다시 세로로 반 잘라 도톰하게 썬다.

2 오이는 소금으로 문질러 씻고 반 갈라 가운데 씨를 긁어낸 뒤 참외와 비슷한 두께로 썬다.

3 냄비에 피클 국물 재료를 모두 넣어 한소끔 끓인다.

4 열탕 소독한 유리병에 손질한 참외와 오이를 담고 피클 국물을 부은 뒤 한 김 식혀 냉장 보관한다.

Tip 매콤하게 먹고 싶다면 피클 국물에 태국고추 3개를 부수어 넣고 끓이세요.

참외 냉국

참외와 오이는 수분이 많은 재료이니 소금에 살짝 절여 물기를 빼야 아삭아삭하게 씹는 맛도 살아나고 간도 살짝 배어 훨씬 맛있어요. 냉국 만들기 전에 참외와 오이를 무침 양념에 미리 버무리는 이유도 재료에 간이 잘 배도록 하기 위해서랍니다.

2 Bowls

참외	½개
오이	⅓개
실파	2줄기
소금·설탕	약간씩
얼음	적당량

무침 양념
다진 홍고추·다진 마늘·
고춧가루 ½작은술씩, 간장 ¼작은술,
참기름 약간

냉 국물
물 2컵, 매실 청 1½큰술, 식초 1큰술,
간장 ½큰술, 소금 1작은술

1 볼에 분량의 냉 국물 재료를 섞어 냉장실에 차게 둔다.

2 참외는 껍질째 깨끗이 씻어 세로로 반 잘라 속을 긁어 낸 뒤 다시 세로로 반 잘라 납작납작하게 썬다.

3 참외에 소금과 설탕을 약간씩 뿌려 절인다.

4 오이는 껍질째 소금으로 문질러 씻어 헹군 뒤 참외와 비슷한 두께로 둥글게 썰어 소금을 약간 뿌려 절인다.

5 실파는 깨끗이 손질해서 3㎝ 길이로 썬다.

6 절인 참외와 오이는 키친타월 위에 올려 물기를 제거하고 분량의 무침 양념을 넣어 버무린 뒤 실파를 섞는다.

7 그릇에 ⑥을 담고 냉 국물을 부은 다음 얼음을 넣는다.

참외 간장 비빔국수

입맛 없는 여름에는 국수를 즐겨 먹게 되죠. 비빔장에 고추장 대신 간장을 넣고 매운 음식을 먹지 못하는 아이들도 먹기 좋은 국수 요리에요. 비빔장을 넉넉하게 만들어두면 출출할 때 국수만 삶아 금세 비벼 후루룩 먹을 수 있어요.

2 Bowls

소면	200g
쇠고기(우둔살)	120g
표고버섯	2개
홍고추	1개
참외·오이	½개씩
당근	¼개
카놀라유	약간
소금	적당량

비빔장
간장 3큰술,
깨소금·매실 청·참기름 2큰술씩,
다진 마늘·설탕 1작은술씩,
다진 파 1큰술

1 분량의 비빔장 재료를 한데 담아 잘 섞는다.

2 쇠고기는 채 썰어 비빔장을 1큰술 정도 넣고 밑간 한다.

3 표고버섯은 기둥을 떼고 납작납작하게 썬다.

4 홍고추는 반 잘라 씨를 뺀 뒤 곱게 채 썰고, 당근도 곱게 채 썬다.

5 참외는 껍질을 벗기고 반 잘라 씨를 긁어낸 뒤 반달 모양으로 얇게 썬다.

6 오이는 소금으로 문질러 씻어 둥근 모양으로 얇게 썬다.

7 참외와 오이는 각각 소금에 살짝 절였다가 물기를 꼭 짠다.

8 표고버섯, 당근, 절인 참외와 오이는 달군 팬에 카놀라유를 살짝 둘러 각각 볶아 식힌다.

9 쇠고기도 달군 팬에 카놀라유를 살짝 둘러 볶아 식힌다.

10 소면은 끓는 물에 쫄깃하게 삶은 뒤 찬물에 여러 번 헹궈 물기를 뺀 다음 비빔장을 넣어 버무린다.

11 소면을 그릇에 담고 쇠고기, 버섯, 참외, 오이, 당근, 홍고추를 고명으로 올려 낸다.

참외 볶음 쌀국수

참외는 채소와 같은 매력을 지니고 있는 과일이죠. 그대로 먹으면 달콤하고 시원하지만 양념을 해서 먹으면 한껏 개운하고 상큼한 맛을 뽐내요. 게다가 살짝 익으면 수분이 약간 빠지면서 씹는 맛이 더욱 좋아지죠. 참외 하나 더 했을 뿐인데 색다른 매력을 가진 볶음 쌀국수가 완성됩니다.

2 Plates

쌀국수	200g
대하	8마리
참외	½개
숙주나물	80g
홍고추·달걀	1개씩
양파	¼개
대파	½대
고수	2줄기
볶은 땅콩·다진 마늘	2큰술씩
굴소스	1큰술
간장	½큰술
소금·후춧가루	약간씩
카놀라유	적당량

1 쌀국수는 따뜻한 물에 30분 정도 불려 부드럽게 한 뒤 체에 밭쳐 물기를 뺀다.

2 대하는 머리를 떼고 껍질을 벗긴 뒤 흐르는 물에 씻는다.

3 참외는 껍질째 깨끗이 씻어 반 잘라 가운데 씨를 긁어낸 뒤 반달 모양으로 얇게 썬다.

4 숙주나물은 꼬리를 떼고 흐르는 물에 씻어 물기를 빼고, 홍고추는 반 갈라 씨를 빼고 곱게 채 썰어 찬물에 담가둔다.

5 양파는 채 썰고, 대파는 어슷하게 썬다. 고수는 잘게 썬다.

6 달걀은 작은 볼에 넣어 잘 푼다.

7 땅콩은 키친타월 위에 올려 굵직하게 다진다.

8 팬에 카놀라유를 둘러 달군 뒤 달걀을 넣고 잘 저으며 볶아 덜어낸다.

9 팬에 카놀라유를 두르고 다진 마늘을 볶다가 양파, 대파, 쌀국수, 새우, 숙주, 참외 순으로 넣어 볶는다.

10 새우가 익어 분홍빛을 띠면 굴소스와 간장을 넣어 골고루 섞으며 볶는다.

11 ⑩에 볶은 달걀을 넣고 살짝 더 볶는다.

12 마지막에 소금, 후춧가루로 간해 그릇에 담고 다진 땅콩, 채 썬 홍고추, 고수를 올려 낸다.

Tip 홍고추는 채 썰어 찬물이나 얼음물에 담가 두면 둥글게 돌돌 말려요.

Oriental Melon

Melon

멜론은　부드러운 과육에 달콤한 과즙이 한가득 들어 있어 얼마든지 먹을 수 있을 것 같은 과일이죠. 어른 아이 가릴 것 없이 누구나 좋아하고 한 개만 있어도 가족이 푸짐하게 먹을 수 있죠. 게다가 껍질과 씨만 발라내면 되기 때문에 손질도 간단해요. 멜론은 얼려서 소르베를 만들어도 맛있고 햄이나 고기 요리에 조금씩 곁들여도 잘 어울려요. 멜론에 풍부한 비타민은 면역력을 높이고 피로를 회복하니 무더운 여름에 꼭 필요하겠죠.

멜론 한입 꼬치

한입에 쏙쏙 들어가는 멜론 꼬치는 샐러드 대신 먹을 수 있고 와인이나 맥주 안주로도 잘 어울려요. 스쿱으로 뜨고 남은 멜론은 지퍼백에 넣어 얼려두었다가 생과일 주스로 만들어 시원하게 즐기세요.

5 Skewers

멜론	¼개
방울토마토(여러 가지 색)·	
모차렐라 치즈 볼(보코치니)	10개씩
바질 잎	10장
프로슈토	5장
꼬치	5개

바질 오일 드레싱
바질 5g, 올리브유 3큰술, 소금·후춧가루 약간씩

1 멜론은 과육만 작은 스쿱으로 동그랗게 떠낸다.
2 방울토마토는 윗부분에 열십자(+)로 칼집을 내서 끓는 물에 살짝 데친 뒤 찬물에 넣고 껍질을 벗긴다.
3 바질 오일 드레싱의 바질은 곱게 다진 다음 나머지 재료와 섞어 드레싱을 만든다.
4 꼬치에 멜론, 방울토마토, 프로슈토, 모차렐라 치즈, 바질 잎을 번갈아 끼운다.
5 꼬치를 그릇에 담고 드레싱과 곁들여 낸다.

Tip 모차렐라 치즈 볼이 없을 때는 프레시 모차렐라 치즈를 작은 스쿱으로 동그랗게 떠내면 됩니다. 스쿱이 없다면 주사위 모양으로 자르면 되고요.

멜론 그린 샐러드

다양한 빛깔과 맛, 향을 가진 초록 식재료를 모아 싱그러운 샐러드 한 접시를 만들어 봤어요. 드레싱도 새콤달콤한 맛을 내는 키위로 만들어 온통 '그린그린' 하죠. 그만큼 맛도 상큼하고 개운해 여름의 무더위를 잊기에 딱 좋은, 아주 가벼운 음식이에요.

1 Plate

멜론	⅛개
셀러리	1줄기
어린 상추	6장
양상추 잎	3장
리코타 치즈(p.28)	70g
아몬드 슬라이스	1큰술

키위 드레싱
키위 1개,
올리브유·꿀·화이트 와인 비니거 1큰술씩,
소금·후춧가루 약간씩

1 멜론은 껍질을 벗겨 한입 크기로 썰고, 셀러리는 2㎝ 폭으로 송송 썬다.

2 상추와 양상추는 찬물에 담가 싱싱하게 살린 뒤 물기를 빼고 한입 크기로 뜯는다.

3 아몬드 슬라이스는 달군 팬에 노릇하게 볶아 식힌다.

4 키위 드레싱 재료의 키위는 껍질을 벗기고 듬성듬성 썰어 나머지 재료와 함께 믹서에 넣어 곱게 간다.

5 접시에 멜론, 셀러리, 상추, 양상추를 보기 좋게 담고 리코타 치즈를 군데군데 올린 뒤 아몬드를 뿌리고 드레싱을 곁들여 낸다.

멜론 프로슈토 샐러드

프로슈토(prosciutto)는 돼지 뒷다리로 만든 이탈리아식 생햄이에요. 독특한 향과 짭짤하면서 기분 좋게 기름진 맛이 조화로워 좋아하는 사람들이 많죠. 물이 많고 달콤하게 잘 익은 멜론과 함께 먹으면 아주 색다른 맛의 궁합을 경험할 수 있어요. 마지막에 발사믹 글레이즈를 뿌리거나 빵 몇 쪽 곁들여 먹어도 맛있어요.

1 Plate

멜론	300g(약 ⅕개)
로메인	50g
루콜라	30g
적양파	¼개
프로슈토	4장

양파 발사믹 드레싱
올리브유 2큰술, 발사믹 식초 1½큰술,
레몬즙·다진 양파 1큰술씩, 꿀 1작은술,
소금·후춧가루 약간씩

1 멜론은 반 잘라 씨를 긁어낸 뒤 껍질을 벗기고 한입 크기로 썬다.

2 로메인과 루콜라는 찬물에 씻어 물기를 제거한다.

3 적양파는 곱게 채 썰어 찬물에 담가 매운맛을 뺀 뒤 물기를 제거한다.

4 분량의 드레싱 재료는 한데 섞는다.

5 접시에 손질한 채소와 멜론을 먹음직스럽게 담고 프로슈토를 손으로 찢어 올린 뒤 드레싱을 뿌려 낸다.

Melon pineapple smoothie
Melon green juice

달콤한 맛이 좋은 멜론은 주스 재료로 최고지요. 쉽게 갈리고 여러 가지 다른 재료를 곁들여도 웬만하면 다 맛있거든요. 채소를 넣어 상큼하게 갈아 마시면 몸에 에너지를 듬뿍 충전할 수 있고, 얼음을 넣고 갈아 마시면 가슴까지 얼얼한 한 잔의 피서가 되어 주죠. 멜론 씨는 굵어서 믹서에 넣어도 쉽게 갈리지 않으니 될 수 있으면 제거하고 과육만 가는 게 부드럽고 좋아요.

멜론 파인애플 스무디

2 Glasses

얼린 멜론	200g
파인애플 슬라이스	1쪽
꿀	1큰술
물	1컵
얼음	½컵

1 얼린 멜론은 한입 크기로 썬다.
2 파인애플도 한입 크기로 썬다.
3 믹서에 준비한 모든 재료를 넣어 곱게 간다.

멜론 그린 주스

2 Glasses

얼린 멜론	250g
오이	⅓개
애플민트	2~4줄기
레몬즙	2큰술
꿀	1큰술
물	½컵

1 얼린 멜론과 오이는 한입 크기로 썰고, 애플민트는 흐르는 물에 헹군다.
2 믹서에 준비한 모든 재료를 넣어 곱게 간다.

Tip 멜론을 얼릴 때는 껍질을 벗기고 씨를 긁어낸 뒤 듬성듬성 썰어서 지퍼백에 담아 얼리면 돼요. 스쿱으로 동그랗게 떠내고 남은 자투리 멜론은 얼려 두었다가 주스나 스무디로 만들어 먹어요. 얼린 멜론이 없다면 싱싱한 멜론과 얼음 3~4 조각을 함께 넣어서 갈아요.

멜론 소르베

멜론은 얼려도 수분이 많이 빠지지 않고 색이 변하지 않아 좋아요. 게다가 과육이 물러 믹서에 쉽게 갈리고 단맛과 향이 좋아 시럽을 많이 넣을 필요가 없지요. 멜론 소르베는 입맛이 없을 때 한 입 먹으면 기분이 좋아지고, 식후에는 달달하게 입가심 하기에 딱 좋은 메뉴에요. 멜론은 스쿱으로 동그랗게 떠서 먹는 경우가 많은데 이때 남은 멜론 과육을 얼렸다가 소르베, 스무디, 주스에 활용하면 됩니다.

4 Bowls

멜론	500g(약 ¼개)
아가베 시럽·레몬즙	1큰술씩
로즈메리	1줄기

1 멜론은 반 잘라 씨를 긁어내고 껍질을 벗긴 후 한입 크기로 납작하게 썰어 지퍼백에 담아 얼린다.

2 믹서에 얼린 멜론과 아가베 시럽, 레몬즙을 넣어 곱게 갈아 사각형 그릇에 담고 뚜껑을 덮어 얼린다.

3 1시간 후 꺼내 포크로 긁어 그릇에 담고 로즈메리 잎을 뜯어 올린다.

Watermelon

수박 아이스바

더운 여름에는 단맛 나는 음료보다 시
원한 수박 한입이 갈증 해소에 더욱 효
과적이에요. 수박은 1개당 5~10kg으로
재배되는데 가족 수가 적은 집에서 한
통 모두 맛있게 먹기는 힘들죠. 이럴 때
는 수박 아이스바를 만들어 보세요. 수
박 ⅛통 정도를 아이스바로 만들어 지퍼
백에 넣어 얼려 두면 달콤하고 건강한
여름 간식으로 그만이랍니다.

4~5 Sticks

수박	⅛통(과육 400g)
냉동 라즈베리	⅓컵
꿀·레몬즙	1큰술씩

1 수박은 2㎝ 두께로 납작하게 썰어 씨를
모두 빼고 믹서에 넣은 뒤 라즈베리와
꿀, 레몬즙을 함께 넣어 곱게 간다.

2 아이스바 용기에 ①을 반 정도 채우고
냉동실에 넣어 2시간 정도 얼린다.

3 ②를 꺼내 막대를 꽂고 나머지 분량의
①을 아이스바 용기에 채우고 냉동실에
넣어 2시간 이상 얼린다.

Tip 수박은 보통 1통에 5~8kg 정도 됩니다.
이 책에서 사용한 수박은 5kg 정도로 작은 편이니
요리할 때 참고하세요.

수박 샐러드

커민 씨 특유의 알싸한 향과 맛이 수박의 시원함과 만나 특별함을 선사하는 샐러드예요. 커민 씨가 없을 때는 올리브유에 발사믹 식초만 섞어 버무려 먹어도 맛있습니다. 바질 잎을 찢어 올려도 좋고요. 수박 샐러드는 수박이 아주 시원해야 맛이 좋아요. 수박은 김치 냉장고에 미리 넣어두세요.

1 Plate

수박	⅛통(과육 200~300g)
셀러리	⅓대
블랙 올리브	5개
화이트 와인 비니거	1½큰술
마른 크랜베리	1큰술
커민 씨	1작은술
소금·후춧가루	약간씩

1 수박은 사방 3cm 크기로 깍둑 썰어 냉장실에 차게 보관한다.

2 셀러리는 얇게 송송 썰고, 블랙 올리브는 둥글게 3쪽으로 썬다.

3 크랜베리는 미지근한 물에 30초 정도 불린 뒤 물기를 뺀다.

4 볼에 손질한 모든 재료를 담고 커민 씨, 화이트 와인 비니거, 소금, 후춧가루를 넣어 섞는다.

수박 오이 샐러드

수박은 큼직하게 잘라 그대로 우적우적 먹으면 무엇보다 시원하고 맛있는 여름 과일이죠. 하지만 때로는 수박도 손에 단물 묻히지 않고 먹을 수 있다면 좋겠다는 생각이 들어요. 이왕이면 보기에도 예쁘면 더욱 좋고요. 과일이지만 샐러드처럼 먹을 수 있는 레시피를 소개합니다. 모든 재료는 미리 냉장실에 넣어 차게 보관해야 먹을 때 맛있겠죠. 될 수 있으면 레몬도 신선한 것으로 직접 즙을 짜 사용해야 신선함도 업그레이드 됩니다.

1 Plate

수박	⅒통(과육 200g)
멜론	⅒개(과육 100g)
오이	1개
소금	약간

드레싱
올리브유·화이트 와인 비니거 2큰술씩,
설탕 1½큰술, 레몬즙 1큰술,
소금·후춧가루 약간씩

1 수박과 멜론은 껍질을 벗기고 과육을 한입 크기로 납작하게 썰어 냉장고에 시원하게 둔다.

2 오이는 껍질째 소금으로 문질러 씻어 헹군 뒤 필러를 이용해서 길게 깎고 얼음물에 넣었다가 먹기 전에 물기를 뺀다.

3 분량의 드레싱 재료를 한데 잘 섞는다.

4 접시에 수박, 멜론, 오이를 보기 좋게 담고 드레싱을 뿌린다.

수박 우유 화채

수박 화채는 여름에 빠질 수 없는 메뉴죠. 만들기는 조금 번거로울
수 있지만 함께 나눠 먹는 기쁨을 상상하며 준비해보세요. 식구가
적은 집은 수박이 남아돌 수 있는데 이럴 때 화채로 만들어 여럿이
나눠 먹으면 좋지요. 화채는 넉넉하게 만들어서 커다란 볼에 그득하
게 담아내야 먹음직스럽죠. 화채를 만들기 전에 모든 재료는 미리
냉장고에 넣어 차게 두는 게 좋습니다. 재료가 시원하지 않을 때는
얼음을 넣으면 되는데, 얼음이 녹으면서 국물이 싱거워지니 레몬즙
과 시럽으로 맛을 더하세요.

4 Bowls

수박	⅛통(과육 300g)
멜론	⅛개
참외	½개
우유	2컵
탄산수	1컵
포도 시럽(p.246)	2큰술
연유	1큰술

1 수박은 1㎝ 두께로 썰어 원하는
  모양의 깍지로 찍어 낸다.

2 멜론과 참외는 각각 작은 스쿱
  으로 동그랗게 떠 낸다.

3 우유에 연유와 포도 시럽을 섞
  은 다음 수박, 멜론, 참외를 넣
  어 냉장실에 차게 둔다.

4 화채를 그릇에 담고 탄산수를
  섞어 낸다.

MINI RECIPE

오미자 주스

1.2L

마른 오미자	1컵
물	6컵
꿀(또는 시럽)	적당량

1 오미자는 티를 골라내고 깨끗이 씻은 뒤 체에 밭쳐 물기를 뺀 다음 찬물에 담가 하룻밤 정도 둔다.
2 오미자 물이 진하게 우러나면 면포에 걸러 맑은 물만 받는다.
3 ②에 원하는 만큼 꿀을 섞어 냉장 보관한다.

수박 오미자 화채

1 Big bowl

수박	½통(과육 1.5kg)
참외	1개
멜론	¼개
오미자 주스	4컵
애플민트	적당량

1 수박은 1㎝ 두께로 썰어 원하는 모양의 깍지로 찍어 낸다.
2 수박의 자투리 과육은 믹서에 곱게 간 뒤 고운 체에 걸러 즙만 받는다.
3 참외와 멜론은 각각 작은 스쿱으로 동그랗게 떠낸다.
4 오미자 주스에 수박 즙을 섞고 손질한 수박, 멜론, 참외를 섞어 냉장 보관한다.
5 먹기 직전에 수박 오미자 화채를 꺼내 그릇에 담고 애플민트 잎을 띄워 낸다.

수박, 멜론 등 수분이 많은 과일은 주스를 만들기 아주 좋죠. 잘 익은 과일은 굳이 시럽을 넣지 않아도 과일이 갖고 있는 당도만으로도 충분해요. 당도가 적은 과일은 시럽과 레몬즙을 조금 넣으면 단맛을 살릴 수 있습니다. 여름 대표 과일인 수박은 다른 과일 없이 온전히 수박만 갈아 주스를 만들어도 시원한 맛이 일품이죠. 수박에 파인애플, 바나나, 베리 종류를 넣어 갈면 달콤한 맛에 여러 가지 향을 더할 수 있어 좋습니다. 수박이나 멜론처럼 수분이 많은 과일은 얼려서 믹서에 갈면 진한 과일 맛과 함께 한결 시원하게 마실 수 있다는 것을 기억하세요.

수박 멜론 펀치

2 Glasses

수박	⅛통(과육 300g)
멜론	⅒개(과육 100g)
드라이 진	70㎖
레몬즙	1큰술
민트	4줄기

1 수박은 씨를 제거하고, 멜론은 껍질을 벗겨 각각 한입 크기로 썬다.
2 수박과 멜론을 믹서에 곱게 간 뒤 고운 체에 밭쳐 즙만 냉장실에 차게 보관한다.
3 과일 즙이 시원해지면 드라이 진과 레몬즙을 섞어 컵에 담고 민트를 넣는다.

멜론 망고 주스

2 Glasses

망고	1개
멜론	⅒개(과육 100g)
로즈메리	1줄기
물	1컵
꿀(또는 아가베 시럽)	1큰술

1 망고와 멜론은 각각 껍질을 벗기고 과육만 썰어낸 뒤 한입 크기로 잘라 냉동실에 얼린다.
2 믹서에 얼린 망고와 멜론, 꿀, 물을 넣어 곱게 간다.
3 컵에 담고 로즈메리를 꽂는다.

수박 베리 주스

2 Glasses

수박	⅛통(과육 400g)
산딸기	¼컵
체리	5개

1 수박은 씨를 빼고 한입 크기로 썰어 냉동실에 얼린다.
2 산딸기는 흐르는 물에 씻어 물기를 빼고, 체리는 씨를 뺀다.
3 얼린 수박과 산딸기, 체리를 믹서에 넣어 곱게 간다.

수박 주스

1 Glass

수박	⅙통(과육 200g)
꿀(또는 아가베 시럽)	1큰술

1 수박은 2㎝ 두께로 썰어 씨를
  뺀 뒤 분량의 반은 냉동실에 얼
  리고, 반은 냉장 보관한다.
2 냉동실에 넣은 수박이 얼면 꺼
  내서 냉장실에 차게 두었던 수
  박, 꿀과 함께 믹서에 넣어 곱게
  간다.

Tip 수박을 미리 얼리지 못했다면
얼음을 넣고 꿀과 레몬즙을 추가하세요.

Watermelon cold noodles

수박 물냉면

시판 냉면 육수에 수박을 갈아 넣으면 전혀 색다른 맛으로 즐길 수 있어요. 달콤하고 시원한 맛이 더해지며 색도 고와 무더위를 쫓는 기분 전환 음식으로 딱 좋죠. 수박 껍질의 흰 부분도 얇게 썰어 함께 넣으면 아삭아삭 씹는 맛이 좋아 다른 채소 없이도 맛있게 먹을 수 있어요.

2 Bowls

수박	⅛통(과육 300g)
냉면	200g
쇠고기(사태)	100g
시판 냉면 육수	2봉지
달걀	1개
오이	½개
대파	1대
마늘	2쪽
소금	약간

1. 수박은 1㎝ 두께로 썰어 별 모양 깍지로 4~6개 정도 찍어낸다.
2. 자투리 수박 과육은 믹서에 넣고 냉면 육수를 부어 곱게 간 다음 30분 정도 냉동 보관한다.
3. 쇠고기는 덩어리째 흐르는 물에 한 번 헹궈 끓는 물에 대파, 마늘과 함께 넣어 끓이다가 무르게 삶아지면 건져서 편으로 썬다.
4. 달걀은 완숙으로 삶아 찬물에 담갔다가 껍질을 벗기고 반으로 썬다.
5. 오이는 둥근 모양으로 얇게 썬 뒤 소금을 약간 뿌려 절였다가 물기를 꼭 짠다.
6. 냄비에 물을 넉넉하게 붓고 끓으면 냉면을 넣어 쫄깃하게 삶은 뒤 찬물에 여러 번 문질러 씻고 체에 밭쳐 물기를 뺀다.
7. 그릇에 삶은 냉면을 사리지어 담고 위에 별 모양 수박, 삶은 사태, 오이, 달걀을 올린 뒤 ②의 수박 냉면 육수를 부어낸다.

Grape

포 도 는 깨끗이 씻으면 특별한 손질 없이 먹을 수 있는 간편한 과일이죠. 게다가 얼마나 맛있나요. 청포도, 캠벨, 거봉, 머루 포도를 비롯해 킹델라, 머스카트, 홍부사 같은 독특한 종류까지 매우 다양해요. 이름과 모양 뿐 아니라 달콤함, 새콤함, 과육의 크기 등도 모두 달라 입맛대로 즐겁게 맛볼 수 있답니다. 포도에 풍부한 비타민은 피로 회복에 좋지만 열량이 높고 많이 먹게 되면 설사를 할 수도 있으니 주의하세요.

포도 샐러드

아삭하고 향긋한 셀러리와 오이, 고소한 호두, 시원한 배를 포도와 함께 준비해 요거트 드레싱에 상큼하게 버무렸어요. 피자나 파스타, 고기 요리 등을 먹을 때 곁들이면 아주 잘 어울려요. 포도의 색과 크기를 다양하게 하여 작은 그릇에 나눠 담는 컵 샐러드로 내놓아도 예쁘죠. 포도는 껍질째 먹기 좋은 것으로 준비하면 식감이 더욱 좋아지겠죠.

1 Plate

포도(여러 종류)	200g
셀러리	½대
오이	½개
배	¼개
다진 피칸(또는 다진 호두)	1큰술
소금	약간

메이플 요거트 드레싱
레몬 제스트 1개 분량,
플레인 요거트 5큰술,
화이트 와인 비니거·홀그레인 머스터드·
메이플 시럽 1큰술씩, 레몬즙 1작은술,
다진 호두·소금· 후춧가루 약간씩

1 포도는 알알이 떼서 깨끗이 씻고 물기를 제거한 뒤 반 자른다.

2 셀러리는 굵은 부분은 필러로 껍질을 살짝 벗긴 다음 가는 부분은 2㎝, 굵은 부분은 1.5㎝ 폭으로 썬다.

3 오이는 소금으로 문질러 씻어 깨끗이 헹군 뒤 반 갈라 가운데 씨를 숟가락으로 긁어내고 1㎝ 폭의 반달 모양으로 썬다.

4 배는 껍질을 벗겨 3㎝ 길이로 채 썬다.

5 준비한 모든 재료는 냉장실에 차게 둔다.

6 메이플 요거트 드레싱 재료는 한데 담아 잘 섞는다.

7 ⑤의 손질한 재료를 꺼내 커다란 볼에 담고 드레싱에 버무려 그릇에 담는다.

8 샐러드 위에 다진 피칸을 뿌려 낸다.

포도 무화과 요거트

요즘에는 여름 끝물에 무화과를 맛 볼 수 있어요. 달고 말랑말랑한 무화과와 탱탱하고 새콤달콤한 포도는 함께 먹으면 굉장히 잘 어울린답니다. 치아시드는 라틴아메리카에서 주로 자라는 허브의 씨앗이에요. 오메가-3 지방산, 철분, 칼슘, 식이섬유 등이 풍부해 건강 식품으로 주목 받는 재료지요. 그냥 먹으면 무미에 가깝기 때문에 플레인 요거트, 잼, 주스 등에 섞어 먹으면 맛있어요.

2 Cups

포도	16알
무화과	1개
그릭 요거트	1개(95g)
포도 체리 잼(p.255)	5큰술
미지근한 물	2큰술
치아시드	1큰술
호두 살	1개 분량

1 포도와 무화과는 각각 깨끗이 씻어 물기를 뺀 뒤 무화과만 2~4등분한다.

2 치아시드는 분량의 미지근한 물을 부어 30분 정도 불린 후 체에 밭쳐 물기를 빼고 포도 체리 잼에 넣어 섞는다.

3 호두 살은 키친타월 위에 올려 굵직하게 다진다.

4 컵에 ②의 치아시드 포도 체리 잼을 ¼ 정도 담고 그릭 요거트를 담는다.

5 요거트 위에 포도와 무화과, 호두를 올려 낸다.

거봉 상그리아

상그리아(sangria)는 레드 와인에 과일이나 과즙, 탄산수, 허브 등을 섞어 차갑게 마시는 향긋하고 도수가 낮은 알코올 음료로 은은한 맛과 향이 정말 좋아요. 향이 좋은 시트러스, 달콤한 포도나 사과로 흔히 만들어요. 여기에 좋아하는 허브나 향신료를 넣어 서로 맛이 어우러지도록 하루 정도 숙성 시켜 마시면 됩니다. 먹을 때는 시럽으로 단맛을 더해도 됩니다.

1.1L

거봉	1송이
오렌지·레몬	1개씩
레드 와인	3컵
오렌지 주스	1컵
탄산수·애플민트	적당량씩

1 오렌지와 레몬은 껍질째 깨끗이 씻어 각각 둥근 모양으로 슬라이스 해 큼직한 병에 담는다. 2 거봉은 알알이 떼어 깨끗이 씻고 물기를 뺀 뒤 절반 분량은 반 잘라 ①의 병에 담고 나머지는 믹서에 곱게 간다.

3 병에 오렌지 주스를 붓고 믹서에 간 포도 즙을 체에 걸러 넣는다. 4 레드 와인을 붓고 뚜껑을 닫아 냉장실에서 하룻밤 정도 숙성시킨다. 5 마실 때는 유리 컵에 얼음을 담고 상그리아를 ⅓ 정도 채운 다음 탄산수를 붓고 애플민트를 넣는다.

한여름 새콤달콤한 포도로 만든 시원한 음료는 더위에 지친 몸에 에너지를 채우기 충분하죠. 포도 음료는 잘 익은 포도와 레몬즙, 탄산수, 얼음을 모두 믹서에 넣고 갈아서 뚝딱 만들 수 있어요. 여름 포도의 제맛이 잘 우러난 음료는 제철에만 맛볼 수 있는 소중한 마실거리랍니다. 초록색이 예쁜 신선한 청포도, 색이 곱고 단맛이 진한 홍부사 포도로 만든 시원한 음료를 소개할게요. 청포도 에이드는 믹서에 곱게 갈아 즙만 걸러 쾌적한 맛이 나요. 포도 소르베를 에이드에 넣어 녹여가며 차갑게 마시는 포도 소르베 에이드도 여름이 가기 전에 꼭 한 번 맛보세요.

청포도 에이드

2 Glasses

청포도	350g(약 50알)
꿀·레몬즙	1큰술씩
탄산수·얼음	1컵씩

1 청포도는 알알이 떼서 깨끗이 씻고 체에 밭쳐 물기를 뺀다.
2 믹서에 포도, 꿀, 레몬즙을 넣어 곱게 간 다음 체에 걸러 즙만 받는다.
3 유리 컵에 얼음을 넣고 탄산수를 부은 뒤 청포도 즙을 넣어 잘 섞는다.

포도 소르베 에이드

2 Glasses

포도(홍부사)	350g(약 50알)
레몬즙	1큰술
탄산수·얼음	1컵씩

1 포도는 알알이 떼서 깨끗이 씻고 체에 밭쳐 물기를 뺀다.
2 포도는 레몬즙과 함께 믹서에 넣어 곱게 간 다음 체에 걸러 즙만 받아 얇은 사각 그릇에 부어 얼린다.
3 1시간 후 ②를 꺼내 포크로 긁는다. 이 과정을 두 번 더 반복해 포도 소르베를 완성한다.
4 유리 컵에 얼음을 넣고 탄산수를 부은 다음 포도 소르베를 가득 얹어 낸다.

Tip 달지 않은 포도를 사용했을 때는 시럽을 추가하면 돼요.

Green grape ade
Grape sorbet ade

포 도 시 럽

포도 맛이 진하게 우러난 포도 시
럽은 물에 타서 얼음 동동 띄워 마
시면 시원하고 상큼한 포도 주스
가 됩니다. 우유에 섞어 마셔도
달콤하여 맛있고, 포도 아이스크
림이나 아이스바를 만들 때 활용
해도 좋아요. 샐러드 드레싱에도
넣으면 상큼하고 향긋한 포도 향
이 우러나 맛있어요.

250ml

포도	250g
물·설탕	1컵씩
레몬즙	1큰술

1 포도는 알알이 떼서 깨끗이 씻고 물기를 뺀다. 2 냄비에 포도와 분량의 물, 설탕, 레몬즙을 넣어 중불로 끓이면서 포도를 충분히 으
깬다. 3 15분 정도 더 끓인 뒤 불을 끄고 한 김 식힌다. 4 거즈나 면포를 받친 체에 거르고 거즈에 남은 건더기를 꽉 짜 넣어 포도 시럽
을 완성한다.

포 도 식 초

레드 와인 비니거를 직접 만들어
보세요. 포도를 활용해 만든 식초
는 일반 식초보다 맛과 향이 부드
럽고 색이 고와요. 물에 얼음을
넣고 식초를 섞으면 새콤하게 몸
을 깨우는 주스가 됩니다. 물론
여러 가지 요리에 사용하면 은은
한 포도의 향과 달콤함, 예쁜 색
감을 선사하죠.

600ml

포도	1송이(약 50알)
현미 식초	3컵

1 포도는 알알이 떼서 깨끗이 씻고
물기를 제거 한 뒤 병에 담는다.
2 냄비에 현미 식초를 부어 끓이다
가 가장자리가 끓기 시작하면 불
을 끄고 ①의 병에 붓는다.
3 뚜껑을 덮어 그늘지고 서늘한 곳
에 2주 이상 숙성시킨다.
4 포도 식초가 완성되면 체에 밭쳐
국물만 받아 병에 담아 보관한다.

포도 아이스 볼

여름에는 더위를 식히기 위해 아이스바나 아이스크림을 많이 찾는데 얼린 과일은 아이스바를 대신해 더위를 날릴
수 있는 좋은 방법입니다. 얼린 포도는 한입에 먹기 좋고, 그릇에 담아 내도 색색이 예쁘며 숟가락으로 한 개씩 떠
서 오물오물 녹이며 먹는 맛이 정말 시원하고 좋아요. 씨가 없는 포도로 만들어야 먹기 좋아요.

2 Bowls

씨 없는 포도	1송이

1 포도는 알알이 떼어 깨끗이 씻고
체에 밭쳐 물기를 뺀다.
2 포도를 밀폐용기에 담아 냉동실에
넣어 꽁꽁 얼린다.
3 먹기 전에 포도를 꺼내 물에 10초
정도 담갔다가 그릇에 담아 낸다.

Tip 언 포도를 찬물에 담그는 이유는 껍질
이 잘 벗겨지기 때문이에요.

포도 아이스바

손수 만든 포도 시럽을 넣어 간단하게 만드는 여름 간식이에요. 만들기 쉬울 뿐더러 가족 모두가 안심하고 먹을 수 있는 건강한 간식이기 때문에 여름마다 꼭 준비해 둔답니다. 많이 달지 않고, 차가워도 식감이 부드러워 어르신들의 입맛도 은근하게 사로잡을 수 있답니다.

3~4 Bars

플레인 요거트	1컵
포도 시럽(p.246)	⅔컵
우유	1컵

1 볼에 플레인 요거트와 포도 시럽, 우유를 넣어 잘 섞는다.
2 아이스바 용기에 ①을 붓고 막대를 꽂아 5시간 이상 충분히 얼린다.

<u>1</u> 포도는 청포도로 준비해 깨끗이 씻은 뒤 물기를 제거하여 냉동실에 얼린다. <u>2</u> 우유에 포도 시럽을 섞어 얼음 틀에 넣어 얼린다.

포도 빙수

달콤하게 입에서 살살 녹는 부드러움과 포도 향이 은은한 우유 빙수에 요. 시럽용 포도는 당도가 높고 껍질이 얇으며 씨가 없는 포도를 사용하는 게 좋아요. 씨를 빼는 번거로움을 줄일 수 있고, 껍질째 먹을 수 있으니까요.

2 Bowls

청포도	10알
우유	500㎖
포도 시럽(p.246)	1컵

<u>3</u> ②가 완전히 얼면 ¼ 정도 남기고 얼음 틀에서 꺼내 빙수 기계에 곱게 간다. <u>4</u> ③을 그릇에 담고 얼음 틀에 남겨 둔 나머지를 빼서 올린다. <u>5</u> 마지막으로 꽁꽁 언 포도를 올려 낸다.

청포도 타르트

타르트는 만들기 어렵다고 생각하지 마세요. 타르트지와
그 안에 채울 필링, 신선한 과일만 준비하면 비교적 간단
하고 근사한 디저트를 만들 수 있답니다. 구수하게 씹는
맛이 좋은 통곡물 타르트와 달콤한 청포도는 맛이 아주 잘
어울려요. 청포도 타르트는 만들어 냉장실에 넣고 한나절
정도 시원하게 두었다가 먹어야 맛있어요. 청포도는 단맛
이 꽉 찬 것을 사용해야 타르트와 잘 어울려요.

1 Tart(지름 25cm)

청포도	1송이
크림치즈 프로스팅	1컵

통곡물 타르트지(지름 20㎝)
통곡물 쿠키 300g, 달걀흰자 90g,
무염 버터 60g

1 분량의 재료로 31페이지를 참고하여 통곡물 타르트지를 만들어 굽는다.
2 청포도는 알알이 떼어 깨끗이 씻은 뒤 물기를 제거하고 반 자른다.

3 통곡물 타르트지 위에 크림치즈 프로스팅을 얹어 평평하게 편다.
4 크림치즈 프로스팅 위에 청포도를 촘촘히 올린다.

MINI RECIPE
크림치즈 프로스팅

300ml

생크림	150ml
크림치즈	120g
우유	30ml
설탕	20g
판 젤라틴	6g
레몬즙	1작은술

1 볼에 크림치즈를 넣고 거품기로 부드럽게 푼 뒤 설탕과 레몬즙을 넣어 잘 섞는다.
2 판 젤라틴은 불려 물기를 짠 뒤 우유에 넣고 전자레인지에서 1분 정도 조리해 녹인다.
3 ①에 ②를 넣고 고무주걱으로 잘 섞는다.
4 ③에 생크림을 두 번 나누어 넣으며 잘 섞는다.

여름 과일은 참 달고 맛있고 부드러우며 상큼합니다. 더운 여름을 이겨낼 수 있게 우리에게 싱그러운 에너지와 맛을 선사하는 것 같아요. 다양한 여름 과일을 날마다 부지런히 즐기다 보면 무더운 여름도 어느새 슬슬 꼬리를 감추는 때가 오죠. 이럴 때면 끝물인 과일이나 값이 싼 과일을 듬뿍 사서 잼을 만듭니다. 여름의 맛을 달콤하게 조려 내내 맛볼 수 있으니까요. 포도를 비롯하여 여름이 제철인 과일을 활용한 여러 가지 잼을 소개합니다.

청포도 키위 잼

350ml

청포도	400g
키위	1개
설탕	100g
레몬즙	1큰술

1 청포도는 알알이 떼서 깨끗이 씻고 물기를 제거한 뒤 4등분 하여 씨를 뺀 다음 믹서에 살짝 간다.

2 키위는 껍질을 벗기고 듬성듬성 썬 뒤 믹서에 굵직하게 간다.

3 냄비에 ①과 ②, 설탕, 레몬즙을 넣어 중불에서 한소끔 끓인 뒤 중약불로 줄여 거품을 걷어가며 저으면서 끓인다.

4 농도가 걸쭉해지면 불을 끄고 한 김 식힌 뒤 열탕 소독한 병에 담아 냉장 보관한다.

포도 체리 잼

300ml

포도	300g
체리	150g
설탕	100g
레몬즙	1큰술

1 포도는 알알이 떼서 깨끗이 씻고 물기를 제거한 뒤 4등분 해 씨를 뺀다.

2 체리도 깨끗이 씻어 물기를 제거한 뒤 반 잘라 씨를 빼고 믹서기에 살짝 간다.

3 냄비에 ①과 ②, 설탕, 레몬즙을 넣고 중불에서 한소끔 끓으면 중약불로 줄여 거품을 걷어가며 저으면서 끓인다.

4 농도가 걸쭉해지면 불을 끄고 한 김 식힌 뒤 열탕 소독한 병에 담아 냉장 보관한다.

체리 무화과 잼

470ml

무화과	500g
체리	150g
설탕	130g
레몬즙	1큰술

1 무화과는 살살 씻어 꼭지 부분을 칼로 자른 다음 초록 껍질만 벗긴 뒤 듬성듬성 썬다.

2 체리는 깨끗이 씻어 반 잘라 씨를 뺀 뒤 잘게 썬다.

3 냄비에 무화과, 체리, 설탕을 넣어 섞고 중불로 끓이다가 가장자리가 끓으면 중약불로 줄이고 거품을 걷어가며 저으면서 끓인다.

4 레몬즙을 넣고 농도가 걸쭉해지면 불을 끄고 한 김 식힌 뒤 열탕 소독한 병에 담아 냉장 보관한다.

수박 산딸기 잼

470~500ml

수박 과육	550g
냉동 산딸기	150g
설탕	140g
레몬즙	1큰술

1 수박 과육은 씨를 제거한 후 듬성듬성 썰어 냉동 산딸기와 함께 믹서기에 굵게 간다.

2 냄비에 ①과 설탕을 넣고 잘 섞어 중불로 끓이다가 가장자리가 끓어오르면 불을 약하게 줄이고 저으면서 끓인다.

3 레몬즙을 넣고 농도가 걸쭉해지면 불을 끄고 한 김 식힌 다음 열탕 소독한 병에 담아 냉장 보관한다.

Summer berry

여름에 나오는 여러 종류의 베리는 모양과 색, 맛이 모두 좋아 눈과 입이 즐거워지는 과일이죠. 복분자와 오디는 예전부터 우리나라에서 즐겨 먹던 것이고, 블루베리는 재배 농가가 늘어나 최근에는 쉽게 싱싱한 것을 맛볼 수 있죠. 이 외에 블랙베리, 아로니아 등도 간혹 신선한 과일로 맛볼 수 있는 기회가 늘어났답니다. 이처럼 다양한 베리가 예전보다 구하기는 쉬워졌지만 쉽게 무르기 때문에 저장해두고 오래 먹기는 힘들어요. 다행히 여러 종류의 베리가 냉동으로 유통되어 사계절 내내 맛볼 수 있어요. 하지만 싱싱한 과일의 톡톡 씹히는 맛과 풍부한 과즙, 새콤달콤한 향은 냉동 과일에서는 찾을 수 없어요. 싱싱하고 다양한 여름 베리는 맛있는 잼과 음료 뿐 아니라 디저트까지 두루 만들 수 있어요.

베리베리 샐러드

봄과 여름 사이에는 블루베리, 라즈베리 등 여러 가지 베리 종류를 많이 맛볼 수 있어요. 베리 종류는 냉동 제품으로 일 년 내내 맛볼 수 있지만 제철에 나온 싱싱한 맛과 향은 따라올 수 없죠. 이른 여름부터 여러 가지 베리류가 시장에 나오니 다양하게 맛보세요. 보는 것만으로도 먹음직스러운 상큼한 비타민 샐러드입니다.

1 Plate

베리(블루베리·크랜베리·	
라즈베리·체리·산딸기)	200g
바나나	1개
레몬즙	약간

요거트 블루베리 드레싱
플레인 요거트 3큰술,
다진 양파·블루베리 잼(p267) 2큰술씩,
화이트 와인 비니거·레몬즙 1큰술씩

1 준비한 베리는 흐르는 물에 씻고 체에 밭쳐 물기를 뺀다.

2 체리는 반 잘라 가운데 씨를 뺀다.

3 바나나는 껍질을 벗긴 뒤 1㎝ 폭으로 둥글게 썰고 레몬즙을 뿌려 갈변을 방지한다.

4 요거트 블루베리 드레싱 재료는 모두 한데 담아 잘 섞는다.

5 손질한 과일을 접시에 보기 좋게 담고 드레싱을 골고루 뿌린다.

블루베리 리코타 샐러드

더운 여름에는 샐러드 채소가 금방 시들게 마련이에요. 먹기 전에 얼음물에 30분 이상 담가 싱싱하게 살린 뒤 물기를 제거하고 냉장 보관했다가 샐러드를 만들어야 아삭한 식감을 살릴 수 있어요. 이렇게 싱싱함을 살려 냉장 보관하면 일주일 정도 두고 먹을 수 있답니다.

1 Plate

샐러드 채소(로메인, 루콜라 등)	70g
방울토마토	3개
리코타 치즈(p.28)	130g
블루베리 잼 · 블루베리 청(p.267)	1큰술씩

발사믹 드레싱
발사믹 식초·올리브유 1큰술씩,
설탕 ½큰술, 다진 양파 1작은술,
소금 · 후춧가루 약간씩

1 샐러드 채소는 얼음물에 30분쯤 담가 싱싱하게 살린 뒤 물기를 제거하고 한입 크기로 뜯는다.

2 방울토마토는 깨끗이 씻어 물기를 제거하고 꼭지를 뗀다.

3 리코타 치즈에 블루베리 잼과 블루베리 청을 넣어 살살 섞는다.

4 발사믹 드레싱 재료를 모두 한데 담아 잘 섞는다.

5 접시에 샐러드 채소와 방울토마토를 담고 ③을 듬뿍 얹은 다음 발사믹 드레싱을 골고루 뿌린다.

Tip 샐러드 위에 노릇하게 구운 아몬드 슬라이스를 뿌려도 잘 어울려요.

블루베리 치아시드 푸딩

과일과 우유를 걸쭉하게 갈아 만든 든든한 간식이에요. 치아시드를 좋아해 즐겨 먹다가 만들게 된 메뉴지요. 치아시드는 물에 담가 두 시간 이상 불리면 점점 부드러워져요. 블루베리 치아시드를 저녁에 만들어 두면 다음날 아침식사 대용으로 먹기 좋아요.

1 Bowl

블루베리	120g
바나나	1개
아몬드 우유	1컵
아몬드 버터·치아시드	1큰술씩
꿀	1작은술

토핑

그래놀라 3큰술, 키위 1개,
바나나 ½개, 블루베리 ½컵

1. 치아시드를 제외한 모든 재료를 믹서에 넣어 곱게 간 다음 볼에 담고 치아시드를 넣어 섞은 뒤 냉장실에 2시간 이상 둔다.

2. 토핑용 키위는 껍질을 벗겨 0.5cm 두께로 둥글게 썰고, 바나나도 껍질을 벗겨 키위와 비슷한 두께로 둥글게 썬다. 블루베리는 씻어서 물기를 뺀다.

3. 차가워진 ①을 볼에 담고 그래놀라, 키위, 바나나, 블루베리를 얹어낸다.

오디 베리 믹스

비타민이 가득한 오디 베리 믹스는 토핑을 얹어 그대로 먹어도 좋지만 농도가 걸쭉해 시리얼이나 과일에 끼얹어 함께 먹어도 맛있어요. 식사를 대신하고 싶다면 고소한 견과류가 들어간 빵을 곁들여 보세요.

1 Bowl

오디	100g
복분자	40g
바나나	1개
블루베리 청(p.267)	2큰술
아몬드 버터	1큰술
플레인 요거트	½컵

토핑
오디 3~4개, 복분자 6~7개,
블랙베리 6개, 바나나 ½개, 시리얼 ½컵,
플레인 요거트 1큰술

1 준비한 과일은 모두 깨끗이 씻어 체에 받쳐 물기를 뺀다.

2 토핑용 바나나는 0.5㎝ 두께의 둥근 모양으로 썬다.

3 토핑을 제외한 모든 재료를 믹서에 넣고 곱게 갈아 접시에 담는다.

4 ③에 토핑용 플레인 요거트를 얹은 다음 시리얼, 오디, 복분자, 바나나를 얹어 낸다.

Tip 블루베리 청 대신 꿀이나 아가베 시럽, 메이플 시럽을 넣어도 됩니다.

Summer berry

Blueberry aid
Berry juice
Chokeberry yoghurt

아로니아는 건강과 아름다움을 선사한다고 하여 유럽에서는 '킹스베리(king's berry)' 라고 불렸다네요. 요즘에는 다른 베리류에 비해 안토시아닌이 월등히 풍부하다고 알려져 '수퍼 푸드'로 분류되어 워낙 인기가 좋죠. 새콤달콤한 다른 베리 종류와 달리 약간의 떫은 맛이 나지만 매력적인 과일이랍니다. 아로니아로 만든 다양한 가공 식품이 있지만 8월에 풍성하게 생산되니 싱싱한 검붉은 열매를 구입해 맛보세요. 아로니아와 다른 베리류를 섞어서 요리하면 당연히 잘 어울리니 다양한 조합을 시도해보세요.

아로니아 요거트

1 Glass

아로니아	15~20개
바나나	½개
우유	½컵
플레인 요거트	4큰술
꿀	1큰술

1 아로니아는 흐르는 물에 깨끗이 씻어 물기를 제거한다.
2 바나나는 껍질을 벗겨 듬성듬성 썬다.
3 믹서에 준비한 재료를 모두 넣어 곱게 간다.

베리 주스

1 Glass

블루베리·아로니아	10개씩
사과	½개
우유	1컵
꿀	1큰술

1 블루베리와 아로니아는 흐르는 물에 깨끗이 씻어 물기를 제거한다.
2 사과는 껍질째 깨끗이 씻어 듬성듬성 썬다.
3 믹서에 재료를 모두 넣어 곱게 간다.

블루베리 에이드

1 Glass

블루베리 청(p.267)	80g
탄산수·얼음	1컵씩
레몬즙	1작은술
애플민트	1~2줄기

1 잔에 블루베리 청을 담고 탄산수와 얼음을 넣어 골고루 섞는다.
2 레몬즙과 애플민트를 넣고 다시 한 번 젓는다.

Blueberry jam
Blueberry syrup

신선한 과일을 설탕과 함께 섞어 만드는 저장 식품인 청이나 잼은 과일 본연의 색, 맛, 향을 고스란히 간직하고 있죠. 특히 블루베리는 새콤한 맛과 향이 그대로 우러나 정말 맛있어요. 블루베리 청은 물에 타서 주스나 따뜻한 차로 즐기면 됩니다. 여러 요리에 시럽 대신 넣어도 좋고, 무엇보다 블루베리 아이스크림 만들 때 사용하면 맛도 색도 훨씬 진해지죠. 과육이 살아 있는 블루베리 잼은 심심한 맛의 빵은 물론이며 버터가 많이 들어간 빵이나 디저트와 곁들여도 참 잘 어울려요.

블루베리 잼

250ml

블루베리	300g
설탕	120g
레몬즙	1큰술

1 블루베리는 깨끗이 씻은 후 체에 밭쳐 물기를 뺀다.
2 믹서에 블루베리 ⅔분량만 넣어 굵게 갈아 냄비에 담는다.
3 ②에 설탕을 넣고 중불에서 끓어오르면 저어가며 끓인다.
4 저었을 때 물결 무늬가 생길 정도로 졸면 레몬즙과 남겨 둔 블루베리를 넣고 약한 불에서 끓인다.
5 농도가 걸쭉해지면 불을 끄고 한 김 식혀 열탕 소독한 병에 담아 냉장 보관한다.

블루베리 청

750ml

블루베리·설탕	500g씩

1 블루베리는 깨끗이 씻은 후 체에 밭쳐 물기를 뺀다.
2 준비한 용기에 블루베리와 설탕을 켜켜이 담고 맨 위는 설탕으로 덮은 뒤 실온에 둔다.
3 과즙이 우러나 국물이 생기면 중간중간 저어서 설탕을 녹인다.
4 설탕이 다 녹으면 냉장 보관한다.

Tip 청은 만든 바로 다음날부터 먹을 수 있지만 일주일 정도 냉장 숙성시키면 맛과 향이 훨씬 감미로워져요.

베리 스콘

밀가루보다 고소한 맛이 훨씬 좋은 메밀로 스콘을 만들어 보았어요. 고소한 맛과 향이 진하고 식감은 더 부드러워요.
메밀에는 식이섬유와 단백질이 풍부하니 밀가루 스콘보다 건강에도 이롭죠. 담백한 베리 스콘은 그대로도 맛있고,
블루베리 잼과 곁들이면 단맛과 향이 더해져 또 다른 맛을 느낄 수 있죠. 풍미를 살리고 싶을 때는 잼 대신 버터를 곁
들이세요. 스콘은 한번에 넉넉히 만들어 냉동했다가 오븐이나 오븐 토스터에 데워 먹어도 맛있어요.

12 Pieces

아로니아	80g
마른 과일(크랜베리, 라즈베리, 살구 등)	
	50g
호두 살	5개 분량
아몬드	30g
메밀 가루	200g
아몬드 가루	120g
아몬드 우유	140㎖
메이플 시럽	3큰술
베이킹파우더	10g
소금	2g

1. 아로니아는 흐르는 물에 씻어 물기를 제거한다.
2. 마른 과일은 각각 다지고, 호두와 아몬드는 달군 팬에 노릇하게 볶은 다음 다진다.
3. 볼에 메밀 가루, 아몬드 가루, 아몬드 우유, 메이플 시럽, 베이킹파우더, 소금을 넣고 포크를 이용해 부드러운 상태가 될 때까지 섞는다.
4. ③에 아로니아, 마른 과일, 호두, 아몬드를 넣어 반죽한다.
5. 반죽을 밀대로 3㎝ 두께로 밀고 삼각형 모양으로 자른다.
6. 오븐 팬 위에 유산지를 깔고 ⑤를 띄엄띄엄 올린다.
7. 200℃로 예열한 오븐에서 10~12분간 굽고 꺼내서 식힘망 위에 올려 식힌다.

Summer berry

베리 와플

버터 향이 고소한 와플은 과일과 참 잘 어울려요. 따끈
따끈하게 구워 신선한 과일을 올리고 좋아하는 시럽
이나 버터를 곁들여 먹지요. 과육 덩어리가 살아 있는
잼이나 물기를 쏙 뺀 냉동 과일을 곁들여도 맛있어요.

3 Waffles

달걀	2개
박력분·우유	1¾컵씩
녹인 버터	½컵
설탕	2큰술
베이킹파우더	1큰술
바닐라 에센스	1작은술
소금	⅓작은술
카놀라유	약간

와플 토핑
블루베리·딸기·냉동 블랙베리·
냉동 크랜베리 적당량씩, 애플민트 1줄기,
버터·메이플 시럽 약간씩

<u>1</u> 박력분과 베이킹파우더는 섞어서 고운 체에 두 번 내린다. <u>2</u> 볼에 달걀, 우유, 설탕, 소금을 넣고 거품기로 가볍게 섞는다. <u>3</u> ②에 ① 을 넣어 고루 섞은 다음 녹인 버터와 바닐라 에센스를 섞어 와플 반죽을 완성한다. <u>4</u> 와플 팬을 불에 올려 예열한 다음 붓을 이용해 카놀 라유로 코팅한다. <u>5</u> 와플 반죽을 한 국자 떠 넣고 중불에서 2분 정도 굽는다.

<u>6</u> 반죽이 노릇해지고 고소한 향이 나면 와플 팬을 뒤집고 약불로 줄여 1분 정도 더 굽는다. <u>7</u> 와플이 노릇하고 바삭바삭하게 구워지면 꺼내어 식힘망 위에 올려 식힌다. <u>8</u> 와플을 잘라 접시에 담고 준비한 와플 토핑 재료의 베리와 애플민트 잎을 올려 장식하고 메이플 시 럽과 버터를 따로 담아 낸다.

Tip 냉동 과일은 체에 밭쳐 물기를 뺀 다음에 접시에 올리세요.

베리 팬케이크

팬케이크 반죽에 블루베리나 라즈베리처럼 작은 과일을 통째로 넣으면 먹을 때 톡톡 터지는 맛이 좋지요.
달콤새콤한 맛이 고소함과 함께 입안에 퍼지니 다른 시럽이나 잼을 많이 곁들이지 않아도 맛있고요. 베리
종류를 넣은 팬케이크니 단맛을 더하고 싶다면 베리류로 만든 시럽이나 잼을 곁들이세요.

5~6 Pancakes

블루베리·라즈베리	150g
달걀	2개
밀가루·리코타 치즈(p.28)	1컵씩
우유	½컵
설탕	3큰술
녹인 버터	2큰술
소금 ·바닐라 에센스	½작은술씩
카놀라유 ·메이플 시럽	적당량씩

1 밀가루는 고운 체에 두 번 내린다.

2 볼에 달걀, 리코타 치즈, 우유, 설탕, 소금, 녹인 버터, 바닐라 에센스를 넣어 설탕이 녹을 때까지 젓는다.

3 ②에 ①의 가루를 넣어 멍울 없이 잘 풀어가며 섞는다.

4 ③에 베리 100g을 넣고 섞어 팬케이크 반죽을 완성한다.

5 팬에 카놀라유를 얇게 발라 코팅하여 달군다.

6 약한 불에서 팬케이크 반죽을 한 국자 떠 지름 10㎝ 정도로 둥글게 모양을 잡아 뒤집어가며 앞뒤로 노릇하게 굽는다.

7 팬케이크가 다 구워지면 접시에 담고 남은 베리를 올린 다음 메이플 시럽을 뿌린다.

Tip 팬케이크는 금방 탈 수 있으니 약한 불에서 천천히 굽는 것이 포인트에요.

라즈베리 초콜릿 수플레

달걀흰자를 따로 휘핑하여 만드는 수플레(soufflé)는 '부풀다'라는 뜻의 프랑스어에요. 예쁘게 부풀어 올랐다가 오븐에서 꺼내면 빨리 가라앉기 때문에 먹기 직전에 시간을 맞춰 굽는 것이 좋아요. 따뜻한 초콜릿 수플레는 입안에서 부드럽게 녹는 초콜릿 맛이 최고인 디저트에요. 숟가락으로 떴을 때 수플레 안의 초콜릿이 굳지 않고 촉촉한 상태여야 잘 만들어진 거에요.

4 Souffles

달걀	3개
바닐라 설탕(p.25 또는 설탕)	90g
다크 초콜릿	60g
무염 버터	40g
박력분	16g
코코아 가루	12g
라즈베리 잼	4큰술
생크림	2큰술

코팅
무염 버터 · 바닐라 설탕(또는 설탕) 1큰술씩

1. 달걀은 흰자와 노른자를 나누고, 버터는 실온에 둬 부드럽게 한다.
2. 박력분과 코코아 가루는 함께 섞어 고운 체에 내린다.
3. 준비한 용기 안쪽에 코팅용 버터를 붓으로 얇게 바르고 바닐라 설탕을 뿌린다.
4. 다크 초콜릿과 무염 버터는 각각 중탕으로 녹인 다음 한 볼에 담고 생크림, 바닐라 설탕 40g, 달걀노른자를 넣어 섞는다.
5. ④에 ②의 가루를 넣어 섞는다.
6. 달걀흰자는 거품기로 거품이 풍성하게 될 때까지 힘있게 치고 바닐라 설탕 50g을 3회에 나누어 넣으며 계속 힘차게 쳐서 단단하게 머랭을 만든다.
7. ⑥을 ⑤에 넣고 가볍게 섞어 수플레 반죽을 만든다.
8. 코팅해 둔 용기에 수플레 반죽을 ⅓정도 채우고 라즈베리 잼을 1큰술씩 넣은 다음 다시 반죽을 넣어 가득 채운다.
9. 오븐 팬에 물을 1㎝ 정도 담고 ⑧을 얹어 180℃로 예열한 오븐에 넣고 15~20분간 굽는다.

Tip 수플레가 그릇 위로 봉긋하게 부풀어 올라오면 다 익은 것이에요.

베리 레이어드 케이크

저는 평소에 과일 케이크는 잘 구입하지 않는 편이에요. 생으로 먹는 과일은 신선도와 위생을 잘 지켜야 하는데, 만
드는 과정에서 과일을 어떻게 다루는지 확인할 수 없는 점이 가장 큰 이유에요. 그래서 제철 과일로 손수 만들 수 있
는 간단한 케이크 레시피를 만들어 봤어요. 신선한 과일은 무엇보다 좋은 가니시가 되는데 베리류는 단단한 것으로
골라야 즙이 흘러내리지 않아 깔끔해요.

1 Cake

시판 케이크 시트(지름 18㎝)	1개
블루베리	20개
라즈베리	15개
딸기·복분자·블랙베리	10개씩
민트	4줄기

초콜릿 요거트 크림
그릭 요거트 250g, 화이트 초콜릿 100g,
휘핑크림 ½컵, 꿀 1큰술

1 과일은 흐르는 물에 깨끗이 씻고 체에 밭쳐 물기를 뺀다.

2 화이트 초콜릿은 중탕으로 녹인 다음 식힌다.

3 볼에 휘핑크림을 넣고 거품기로 거품이 단단하고 풍성하게 오를 때
까지 힘차게 친다.

4 ③에 녹인 화이트 초콜릿과 꿀을 넣어 가볍게 섞은 다음 그릭 요거트
를 조금씩 넣으며 골고루 섞어 초콜릿 요거트 크림을 완성해 냉장실
에 차게 보관한다.

5 케이크 시트를 2㎝ 두께로 자른다.

6 케이크 시트 한 쪽 위에 초콜릿 요거트 크림을 얹은 다음 과일을 골
고루 얹고 그 위에 케이크 시트 한 쪽을 얹는다.

7 케이크 시트 위에 초콜릿 요거트 크림을 얹고 과일과 민트를 올려 장
식한다.

Tip 손수 케이크 시트를 만들고 싶다면 79페이지 '딸기 생크림 케이크' 레시피를
참고하세요.

Cherry

체리 는 과육이 부드럽고 달콤
한 맛이 좋은, 의외로 열
량이 낮은 과일이죠. 과즙이 많으며 고
유한 풍미를 가지고 있어 잼, 음료, 요리
등에 두루 사용하면 개성 있는 맛을 낼
수 있죠. 특히 머핀이나 타르트 같은 달
콤한 디저트로 만들면 정말 맛있어요.
체리는 과육 표면에 상처가 없고 알이
큼직하고 단단하며 윤기가 나는 것을 고
르세요. 쉽게 무르므로 많은 양을 샀다
면 서로 눌리지 않도록 소분하여 보관하
는 것이 좋아요. 무르기 시작하는 체리
는 재빠르게 요리에 활용하거나 씨를 빼
서 냉동 보관하세요.

체리 브라우니

진한 초콜릿 맛이 매력적인 브라우니에 달콤한 과일을 넣어보세요. 개성이 다른 단맛이 모여 색다른 즐거움을 선사합니다. 쫀득한 브라우니 안에 과즙을 간직한 체리가 숨어 있어 한입 한입 먹을 때마다 기분 좋은 풍미와 식감을 선사합니다.

9 Pieces

체리	20개
달걀	2개
다크 초콜릿	150g
무염 버터	120g
흑설탕	125g
중력분	100g

1. 체리는 깨끗이 씻어 물기를 제거한 후 반으로 잘라 씨를 제거한다.
2. 중력분은 고운 체에 두 번 내리고, 달걀은 곱게 푼다.
3. 다크 초콜릿과 버터는 한 볼에 담아 중탕으로 녹인 뒤 흑설탕을 넣어 완전히 녹인다.
4. ③에 달걀을 2~3회 나누어 넣으면서 거품기로 잘 섞는다.
5. ④에 중력분을 넣어 골고루 섞은 다음 체리를 섞어 브라우니 반죽을 만든다.
6. 오븐 틀 안쪽에 유산지를 깔고 반죽을 부어 180℃로 예열한 오븐에서 30~40분간 굽는다.
7. 오븐에서 꺼내 한 김 식힌 다음 유산지째 틀에서 빼 식힘망 위에 올려 충분히 식힌다.
8. 사방 6㎝ 크기로 자른다.

체리 클라푸티

클라푸티(clafoutis)는 과일은 넣은 파이의 일종으로 프랑스 가정에서 흔히 즐겨 먹는 디저트에요. 밀가루와 우유, 달걀 등을 섞어 만든 반죽에 제철 과일을 넣어 구우면 부드러운 달걀 푸딩 같은 식감의 디저트가 됩니다. 다른 베리 종류나 자두, 복숭아, 바나나도 클라푸티를 만들면 잘 어울려요.

1 Clafoutis

체리	20개
달걀	1개
우유	100g
생크림	50g
박력분·설탕	30g씩
바닐라 오일(또는 바닐라 에센스)	3방울
슈가파우더	약간

1. 체리는 꼭지를 떼고 깨끗이 씻어 물기를 제거한다.
2. 박력분은 고운 체에 두 번 내린다.
3. 볼에 달걀, 우유, 생크림, 설탕, 바닐라 오일을 넣어 거품기로 잘 섞은 다음 ①의 박력분을 넣어 클라푸티 반죽을 만든다.
4. 오븐 용기에 체리를 담고 클라푸티 반죽을 부어 180℃로 예열한 오븐에서 35~40분간 굽는다.
5. 완성된 체리 클라푸티 위에 슈가파우더를 뿌리고 따뜻할 때 먹는다.

달콤하게 저장해 먹을 수 있는 잼이나 와인 조림은 와플이나 팬케이크, 크레이프 등에 곁들여도 좋고, 플레인 요거트랑 섞어 먹어도 아주 맛있어요. 체리 복숭아 잼은 검붉은 과육에 단맛이 아주 진한 체리에 새콤달콤하고 시원한 맛을 가진 복숭아를 더해 잼을 만들었어요. 샐러드를 만들고 싶은데 특별한 재료가 없다면 체리 와인 조림을 활용해 보세요. 화사한 색감이 보기 좋을 뿐 아니라 상큼한 맛도 아주 잘 어울려요.

체리 복숭아 잼

500ml

체리	20개
복숭아(말랑한 것)	2개
레몬즙	1큰술
설탕	과육 무게의 40%

1 체리는 씻어서 물기를 제거한 뒤 반 잘라 씨를 빼고, 복숭아는 씻어서 과육만 발라낸다.

2 믹서에 체리와 복숭아를 넣어 굵직하게 간다.

3 ②를 냄비에 붓고 설탕을 넣어 중불에서 한소끔 끓인 뒤 불을 약하게 줄여 저어가며 끓인다.

4 걸쭉한 농도가 되면 레몬즙을 넣고 2분 정도 더 끓인 다음 불을 끄고 한 김 식혀 열탕 소독한 병에 담아 냉장 보관한다.

체리 와인 조림

650ml

체리	500g
설탕	150g
레드 와인	1컵
레몬즙	1큰술

1. 체리는 깨끗이 씻어서 물기를 제거한 뒤 반 잘라 씨를 뺀다.
2. 볼에 체리, 설탕, 레몬즙을 넣어 가볍게 버무린다.
3. 냄비에 레드 와인과 ②를 넣어 중불에서 가장자리가 보글보글 끓기 시작하면 불을 약하게 줄여 2분 정도 끓인 뒤 불을 끈다.
4. 한 김 식힌 뒤 열탕 소독한 병에 담아 냉장 보관한다.

<u>Tip</u> 한 달 이상 두고 먹을 수 있어요.

Green
Tangerine

영귤과 청귤은 겨울에 맛볼 수 있는 다른 시트러스류와 달리 여름 끝에 만나는 특별한 과일이죠. 아직 대중적으로 자리 잡은 과일은 아니지만 영귤과 청귤의 매력에 빠지면 제철마다 먹지 않을 수가 없답니다. 8월에서 9월 사이에 반짝 나오며 껍질은 둘 다 짙은 초록색이에요. 영귤은 과육도 연한 초록색을 띠며 맛과 향이 굉장히 새콤해요. 크기는 작지만 마치 유자와 레몬을 섞은 듯한 풍성한 풍미를 가지고 있는 과일이죠. 일본에서 흔히 먹는 '스다치'라 불리는 과일이 바로 청귤이에요. 영귤보다 조금 큼직한 청귤은 과육이 귤과 같은 색이 나고 신맛은 적고 단맛이 좋죠. 청귤은 귤의 한 종류로 껍질이 노랗게 되기 전에 수확하던 '온주 밀감'이라고 하는 제주 재래종이랍니다. 영귤과 청귤 모두 맛볼 수 있는 시기가 짧아 제철에 구입해 청으로 담가 두면 요리며 음료 등에 두루두루 사용할 수 있어요.

영귤 청귤 청

영귤은 과육이 옅은 그린 컬러를 띠며 유자와 레몬을
섞은 듯 새콤한 맛과 향이 나요. 반면 청귤은 과육이
귤색이며 잘 익은 귤의 맛과 향이 납니다. 개성이 강한
영귤과 청귤을 청으로 담가두면 여러 가지 음료로 만
들어 즐길 수 있어요. 또한 비슷하게 생겼지만 각각
다른 맛과 향을 가진 두 가지 귤을 섞어 청을 만들어도
별미고요. 기호에 따라 영귤과 청귤의 비율을 조절하
면 되는데 오래 보관하고 싶다면 영귤을 많이, 감미로
운 맛을 즐기고 싶다면 청귤의 양을 늘리세요.

1.3L

영귤	400g
청귤·설탕	600g씩
베이킹소다	적당량

1. 귤은 껍질을 베이킹소다로 꼼꼼하게 문
   질러 흐르는 물에 헹군 다음 물기 없이
   말리고 꼭지를 제거한다.
2. 귤은 모두 0.3㎝ 두께로 슬라이스 한 뒤
   씨를 모두 제거한다.
3. 설탕은 과육 무게의 60% 정도만 ②에
   넣고 함께 잘 버무린다.
4. 열탕 소독한 병에 담고 뚜껑을 덮어 반
   나절 정도 두어 설탕이 다 녹으면 냉장
   보관한다.
5. 최소 7일 정도 숙성 후 먹는다.

Tip 냉장 보관하기 전에 중간중간 저으면
설탕이 빨리 녹아요.
영귤 청은 영귤 600g, 설탕 400g으로 만듭니다.
청귤 청은 청귤 600g, 설탕 400g으로 만듭니다.

새콤하고 풋풋한 맛과 향이 나는 영귤과 달콤새콤한 맛과 향을 가진 청귤은 상큼하고 개운한 음료를 만들기 정말
좋은 재료에요. 청으로 담가 즐기기도 하지만 싱싱한 과일의 즙을 짜 넣거나 과육을 얇게 썰어 음료에 곁들여 보세
요. 싱그러운 여름의 맛을 만끽할 수 있답니다.

영귤 맥주

1 Glass

영귤	½개
차가운 맥주	1캔

1 맥주잔은 냉장실에 미리 넣어 차게 준비한다.
2 영귤은 껍질째 깨끗이 씻어 반으로 자른다.
3 영귤을 손으로 꽉 눌러 맥주잔에 즙을 짜 넣고 과육도 함께 넣는다.
4 시원한 맥주를 부어 낸다.

청귤 차

1 Cup

청귤 청(p.289) 과육	5쪽
뜨거운 물	1컵
청귤 청(p.289)	2큰술

1 잔에 청귤 청의 과육과 청을 함께 넣는다.
2 끓인 물을 부어 잠시 맛을 우린 뒤 마신다.

Tip 진하게 먹고 싶다면 모든 재료를 냄비에 넣고 한소끔 끓여 내세요..

영귤 청귤 허브 워터

1 Glass

영귤 · 청귤	½개씩
애플민트	3줄기
로즈메리 · 민트	1줄기씩
물	1컵

1 영귤과 청귤은 둥글게 슬라이스해서 유리병에 담고 로즈메리, 민트, 애플민트를 넣은 뒤 물을 붓는다.
2 냉장실에 넣어 차게 보관하며 마신다.

Citrus sudachi beer
Green tangerine herb water
Green tangerine tea

청귤 영귤 에이드

1 Glass

탄산수	1컵
영귤 청귤 청(p.289) · 얼음	½컵씩
애플민트	1줄기

1 컵에 얼음과 영귤 청귤 청을 담고 탄산수를 부어 잘 섞은 다음 애플민트를 넣는다.

영귤 모히토

1 Glass

영귤	1개
탄산수	1컵
얼음	½컵
보드카	⅓컵
황설탕	1큰술
애플민트	2줄기

1 영귤은 껍질째 깨끗이 씻어 웨지 모양으로 4등분 하거나 반으로 썬다.

2 유리컵에 영귤 즙을 짜 넣고 과육도 함께 담는다.

3 황설탕과 애플민트를 넣어 잘 저은 다음 막대로 애플민트를 으깬다.

4 얼음, 보드카, 탄산수를 넣어 골고루 섞는다.

영귤 새우 구이

새우를 소금에 올려 구우면 소금이 새우의 수분을 흡수해 바닥에 붙지 않고 간이 짭조름하게 배어요. 또한 타지 않기 때문에 바삭바삭하도록 구워 껍질째 먹어도 맛있죠. 새우에 영귤 즙을 뿌리면 향과 맛이 더해지고, 새우의 비릿한 맛을 없앨 수 있어요.

1 Plate

대하	10마리
영귤	1개
굵은 소금	4큰술

1 대하는 옅은 소금물에 흔들어 씻고 흐르는 물에 헹군다.

2 뚜껑이 있는 팬에 쿠킹 포일을 깔고 굵은 소금을 골고루 얹어 중불로 달군다.

3 대하를 굵은 소금 위에 올리고 뚜껑을 덮어 굽는다.

4 새우가 익으면 접시에 담고 영귤을 반 잘라 손으로 즙을 짜며 새우 위에 골고루 뿌린다.

청귤, 영귤로 만든 음료는 음식과 곁들
이기 좋습니다. 달콤하고 새콤한 맛,
풋풋하고 싱그러운 향이 있어 입안을
개운하게 해주죠. 양념을 세게 하
지 않은 해산물이나 고기 요리
와 잘 어울리고 기름지게 요
리한 튀김이나 피자 등과 곁
들여도 좋고요.

영귤 오징어 샐러드

영귤로 드레싱을 만들면 해산물의 비린 맛을 잡아 줍니다. 회를 먹을 때 영귤 즙을 살짝 뿌리면 살이 탱탱해지고 향 긋해지죠. 흰살 생선이나 문어 요리와도 아주 잘 어울려요. 영귤 드레싱을 곁들인 오징어 샐러드는 아주 간단하면 서 입맛을 사로잡을 수 있는 비장의 샐러드에요.

1 Plate

오징어	1마리
어린잎 채소	50g

영귤 드레싱
영귤즙·레몬즙·꿀·
엑스트라 버진 올리브유 2큰술씩,
소금·후춧가루 약간씩

1 오징어는 몸통 안의 내장을 꺼내 제거한다.

2 굵은 소금으로 문질러 오징어 껍질을 벗긴다.

3 오징어 몸통 안쪽에 격자 모양으로 칼집을 내고, 다리는 손으로 훑어 빨판을 제거한다.

4 손질한 오징어는 몸통은 1.5×4㎝ 크기로 썰고, 다리는 1개씩 자른 다음 다시 반으로 썬다.

5 영귤 드레싱 재료는 모두 한데 담아 잘 섞는다.

6 오징어를 영귤 드레싱에 버무려 냉장실에 넣고 30분 이상 잰다.

7 오징어가 차가워지면 접시에 담고 어린잎 채소를 곁들인다.

영귤 피시 앤 칩스

대구 튀김을 먹기 직전에 영귤 즙을 뿌리면 상큼한 향이 돌아 튀김의 느끼함을 줄일 수 있어요. 미리 뿌려 놓으면 튀김의 바삭함이 사라지니 꼭 먹기 직전에 뿌리세요.

1 Plate

영귤·감자	1개씩
대구 살	200g
튀김가루	½컵
탄산수	160㎖
소금·후춧가루	약간씩
카놀라유·튀김가루(덧가루)·토마토케첩	적당량씩

허니 머스터드
마요네즈 2큰술, 머스터드 ½큰술,
씨겨자·레몬즙·꿀 1작은술씩

타르타르 소스
삶은 달걀 ½개 분량, 마요네즈 ½컵,
다진 양파·다진 피클 1큰술씩,
파슬리 가루 ½큰술, 레몬즙 1작은술,
소금·후춧가루 약간씩

1 대구 살은 2㎝ 두께로 도톰하게 포를 뜬 뒤 소금과 후춧가루로 밑간한다.

2 감자는 껍질을 벗기고 웨지모양으로 자른 뒤 물에 담가 전분기를 빼고 물기를 제거한다.

3 튀김가루에 탄산수를 부어 멍울 없이 잘 섞어 튀김반죽을 만든다.

4 튀김 냄비에 대구 살이 잠길 정도로 카놀라유를 붓고, 튀김 반죽을 떨어뜨려 기포가 생기며 반죽이 떠오를 때까지 달군다.

5 대구에 덧가루용 튀김가루를 살짝 뿌리고 튀김반죽을 입혀 바로 튀김 기름에 넣어 가볍게 튀겨 건진다.

6 초벌로 튀긴 대구는 한 김 식으면 다시 한 번 기름에 넣어 노릇하게 튀겨낸다.

7 감자도 노릇하게 튀겨 기름기를 뺀다.

8 볼에 허니 머스터드 재료를 모두 넣어 골고루 섞는다.

9 타르타르 소스 재료 중 삶은 달걀은 굵게 다지고 나머지 재료와 섞어 타르타르 소스를 완성한다.

10 접시에 대구 튀김을 먹기 좋게 잘라 감자 튀김과 함께 담는다.

11 영귤은 반으로 잘라 튀김 옆에 함께 담고 허니 머스터드, 타르타르 소스, 토마토케첩을 곁들여 낸다.

12 먹기 직전에 대구 튀김 위에 영귤을 꾹 짜서 즙을 뿌린다.

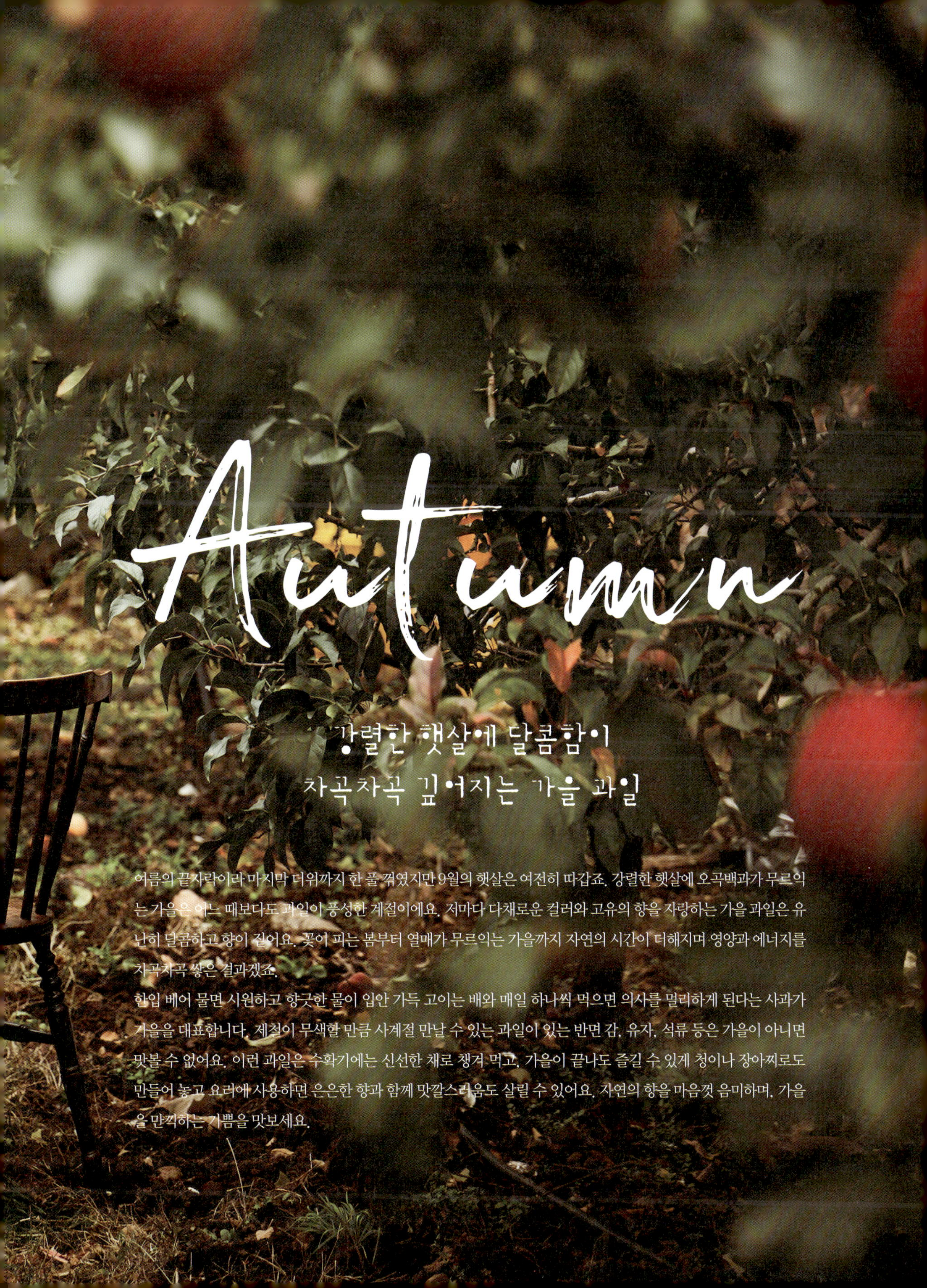

Autumn

강렬한 햇살에 달콤함이 차곡차곡 깊어지는 가을 과일

여름의 끝자락이라 마지막 더위까지 한 풀 꺾였지만 9월의 햇살은 여전히 따갑죠. 강렬한 햇살에 오곡백과가 무르익는 가을은 어느 때보다도 과일이 풍성한 계절이에요. 저마다 다채로운 컬러와 고유의 향을 자랑하는 가을 과일은 유난히 달콤하고 향이 짙어요. 꽃이 피는 봄부터 열매가 무르익는 가을까지 자연의 시간이 더해지며 영양과 에너지를 차곡차곡 쌓은 결과겠죠.

한입 베어 물면 시원하고 향긋한 물이 입안 가득 고이는 배와 매일 하나씩 먹으면 의사를 멀리하게 된다는 사과가 가을을 대표합니다. 제철이 무색할 만큼 사계절 만날 수 있는 과일이 있는 반면 감, 유자, 석류 등은 가을이 아니면 맛볼 수 없어요. 이런 과일은 수확기에는 신선한 채로 챙겨 먹고, 가을이 끝나도 즐길 수 있게 청이나 장아찌로도 만들어 놓고 요리에 사용하면 은은한 향과 함께 맛깔스러움도 살릴 수 있어요. 자연의 향을 마음껏 음미하며, 가을을 만끽하는 기쁨을 맛보세요.

Apple

새콤달콤한 맛과 특유의 향긋함을 가졌으며 여러 가지 방법으로 먹을 수 있는 과일이죠. 날것으로 썰어 먹고, 갈아 먹고, 굽거나 튀겨서도 먹고, 잼도 만들고, 아이스크림이나 파이 같은 디저트에도 사용됩니다. 특히 다른 과일에 비해 채소와 함께 먹어도 잘 어울리며 서로 부족한 영양까지 채워주죠. 7월부터 나오는 초록 사과 아오리를 시작으로 반짝반짝 윤이 나는 홍옥은 새콤달콤한 맛이 납니다. 9월에 맛볼 수 있는 홍로는 아삭함이 좋죠. 10월의 감홍은 단맛이 굉장히 좋고요. 부사는 일 년 내내 저장되어 유통되지만 제철은 10~11월이니 놓치지 말고 챙겨 드세요.

사과 샐러드

굉장히 간단하지만 시원하고 상큼한 맛이 좋은 샐러드에요. 아삭하고 새콤달콤하여 입맛 돋우기에 좋고, 빵 등과 곁들여 가벼운 한끼로 준비해도 좋아요. 사과와 셀러리는 크게 썰지 말고 채 썰어서 한입에 어우러지게 먹어야 맛있어요. 또, 사과는 껍질째 채 썰어야 사과의 붉은색이 셀러리의 초록색과 조화를 이뤄 한결 먹음직스러워 보인답니다. 샐러드 채소나 건포도, 크랜베리, 살구 같이 달콤한 마른 과일을 더 넣어 만들어도 맛있어요.

1 Plate

사과	⅔개
셀러리	½줄기
호두 살	2개 분량
피칸	6쪽
레몬즙	1작은술

메이플 요거트 드레싱
플레인 요거트 1개(85g), 메이플 시럽 ·
레드 와인 비니거 · 홀그레인 머스터드 ·
레몬 제스트 1큰술씩,
소금 · 후춧가루 약간씩

1 사과는 베이킹소다로 껍질째 문질러 깨끗이 씻어 채 썬 다음 레몬즙을 뿌려 버무린다.

2 셀러리는 감자 필러로 줄기를 살짝 긁어 질긴 섬유질을 벗겨내고 4㎝ 길이로 채 썬다.

3 호두와 피칸은 키친타월 위에 올려 굵게 다진다.

4 메이플 요거트 드레싱 재료는 한데 고루 섞는다.

5 큰 볼에 사과, 셀러리, 호두, 피칸을 담고 메이플 요거트 드레싱을 뿌려 가볍게 섞는다.

사과 게살 샌드위치

야들야들한 게살에 아삭한 사과와 향긋한 셀러리를 넣고 허브 마요네즈로 살살 버무린 속을 치아바타 사이에 넣은, 먹음직스러운 샌드위치에요. 게살과 사과로 만든 샌드위치 속은 그대로 먹으면 샐러드가 되지요. 촉촉한 속이 들어가기 때문에 치아바타처럼 쫀득하고 맛이 부드러운 빵이 잘 어울려요.

1 Sandwich

치아바타	1개
사과	¼개
셀러리 줄기	5cm
게살	2쪽
양상추 잎	1장
소금·후춧가루	약간씩

허브 마요네즈
마요네즈 3½큰술,
다진 이탈리안 파슬리 1작은술

1 마요네즈에 다진 파슬리를 골고루 섞어 허브 마요네즈를 만든다.

2 사과는 베이킹소다로 껍질째 깨끗이 씻어 곱게 채 썬다.

3 셀러리는 0.5㎝ 두께로 형태를 살려 썬다.

4 게살은 손으로 잘게 뜯는다.

5 볼에 사과, 셀러리, 게살, 허브 마요네즈 2½큰술을 넣어 가볍게 버무린 다음 소금, 후춧가루로 간한다.

6 치아바타는 반으로 갈라 아무것도 두르지 않은 팬에 안쪽 면을 올려 구워 식힌다.

7 치아바타 위에 남은 허브 마요네즈를 펴 바르고 양상추를 깐 다음 ⑤를 듬뿍 올려 샌드위치를 완성한다.

Tip 기호에 따라 샌드위치 소에 레몬즙을 뿌려 만들어도 맛있답니다. 신선한 허브가 없을 때는 드라이 허브를 같은 양으로 넣으면 됩니다.

사과 고구마 수프

2 Bowls

사과(홍옥)	1개
고구마	1개(250g)
채소 국물	1½컵
우유	1컵
생크림	¼컵
무염 버터	3½큰술
소금	약간

장식
사과 ¼개, 계핏가루 약간

1 사과는 껍질을 벗기고 씨를 제거한 다음 도톰하게 썬다.
2 고구마는 껍질을 벗겨 1㎝ 두께로 둥글게 썬다.
3 냄비에 사과, 고구마, 버터를 넣어 볶다가 채소 국물 1컵을 넣고 뚜껑을 덮어 약한 불에서 약 20분 정도 뭉근하게 끓인다.
4 고구마와 사과가 부드럽게 익으면 믹서에 곱게 갈아 다시 냄비에 붓고 우유, 생크림을 부어 중불에서 끓인다.
5 수프가 끓으면 소금으로 심심하게 간을 한다.
6 장식용 사과는 반달 모양으로 얇게 썬다.
7 그릇에 사과 고구마 수프를 담고 장식용 사과를 얹고 계핏가루를 살짝 뿌린다.

Tip 채소 국물은 특별한 레시피가 있는 것이 아니니 자투리 채소를 모아 물을 붓고 푹 끓여 걸러 두었다가 여러 요리에 활용하면 됩니다.

사과 밤 수프

2 Bowls

사과(홍옥)	200g
밤(껍질 벗긴 것)	120g
우유	1½컵
무염 버터 · 소금 · 계핏가루	약간씩

장식

사과 ¼개, 생크림 50g, 설탕 5g

1 사과는 껍질을 벗기고 씨를 제거한 다음 도톰하게 썬다.

2 밤은 납작하게 썬다.

3 냄비에 버터를 넣어 중불에서 녹이고 밤을 넣어 볶는다.

4 밤이 약간 익으면 사과를 넣어 볶다가 우유를 붓고 한소끔 끓인 뒤 믹서에 곱게 간다.

5 냄비에 다시 붓고 약한 불로 끓이다가 마지막에 소금으로 간한다.

6 장식용 사과는 반달 모양으로 얇게 썬다.

7 장식용 생크림은 설탕을 넣어 거품기로 힘있게 쳐서 단단하게 거품을 올린다.

8 사과 밤 수프를 그릇에 담고 장식용 사과와 ⑦의 생크림을 올린다.

Tip 사과는 새콤달콤한 홍옥으로 끓이는 게 맛있지만 없다면 부사도 괜찮아요.

달콤하고
부드러운 맛이 좋은 고구마나 밤과
섞어 사과 수프를 끓여보세요. 사과의 풋풋한
향이 살아 있으면서도 고소하고 달콤해 아주 맛있
어요. 아침 저녁 언제 먹어도 속이 편하죠. 만들기도
어렵지 않으니 시간이 많을 때 미리 만들어 냉장해 두
었다가 먹을 만큼 덜어 데워 먹으면 편해요. 팔각 향
을 좋아한다면 사과 수프에 넣고 향을 낸 다음 건
져 내거나 장식으로 사용해보세요. 색다른
풍미를 즐길 수 있답니다.

사과 코코넛 치킨 커리

커리는 만들기 어렵지 않고 밥과 빵 모두 곁들일 수 있어서 든든하며 손쉽게 한 끼를 차려낼 수 있는 음식이죠. 코코넛 밀크는 부드럽고 고소한 맛과 향이 아주 좋아 아이들도 잘 먹는 식재료랍니다. 코코넛 밀크와 사과를 섞어 음식을 만들면 뒷맛에 살짝 달콤한 맛이 남아요. 여기에 매운 맛을 더해도 아주 잘 어울리고요.

2 Bowls

사과	½개
양파	1개
단호박	¼개
닭 가슴살	2쪽
고형 카레(매운맛)	4조각(120g)
물	2컵
코코넛 밀크	1컵
카놀라유	1큰술
다진 마늘	1작은술
소금 · 후춧가루	약간씩

장식
코코넛 밀크 1큰술

1 사과는 껍질을 벗기고 4등분 하여 가운데 씨를 제거하고 믹서에 굵게 간다.

2 양파는 사방 2㎝ 정도 크기로 썬다.

3 단호박은 껍질을 벗긴 뒤 씨를 긁어내고 사방 2㎝ 크기로 썬다.

4 닭 가슴살은 사방 2.5㎝ 크기로 썰어 소금과 후춧가루로 밑간 한다.

5 바닥이 두꺼운 냄비에 카놀라유를 두르고 양파와 다진 마늘을 넣어 볶는다.

6 마늘이 익어 향이 나면 단호박과 닭고기를 넣어 볶는다.

7 닭고기 표면이 익으면 사과를 넣어 골고루 섞으며 볶는다.

8 단호박이 반 정도 익으면 물을 붓고 코코넛 밀크와 고형 카레를 넣어 카레가 잘 풀어지도록 저어가며 센 불에서 끓인다.

9 한소끔 끓으면 중약불로 줄이고 농도가 걸쭉해질 때까지 저으며 끓이다가 소금과 후춧가루로 간을 한다.

10 약한 불로 줄여 10분 정도 더 끓여 완성한 후 그릇에 담고 코코넛 밀크를 뿌려 장식한다.

Apple

사과 처트니와 등갈비 구이

처트니(chutney)는 과일이나 채소를 허브와 함께 설탕, 식초 등을 넣고 조려서 만드는 소스에요. 새콤달콤하며 재료의 맛과 향이 응축되어 풍미가 진하고 좋죠. 사과 처트니는 돼지고기와 굉장히 잘 어울려요. 게다가 한 번 만들어 두면 한 달 정도 보관이 가능하니 여러 가지 고기 요리에 두루두루 곁들여 먹을 수 있죠. 등갈비 외에 목살, 등심 요리와 먹어도 맛있답니다.

7~8 Ribs

돼지 등갈비	500g

사과처트니

사과(큰 것) · 양파	1개씩
이탈리안 파슬리	1줄기
마른 과일(크랜베리, 블루베리, 살구)	½컵
통후추	10개
팔각	1개
설탕	180g
레드 와인 비니거	1⅓큰술
럼	1큰술

갈비 양념

사과 처트니 · 간장 · 두반장 ·
토마토케첩 · 꿀 · 다진 마늘 ·
청주 2큰술씩, 후춧가루 약간

1 돼지 등갈비는 찬물에 1시간 정도 담가 핏물을 뺀다.

2 사과와 양파는 사방 1㎝ 크기로 깍둑 썰고 설탕에 버무려 1시간 정도 둔다.

3 파슬리는 1㎝ 길이로 잘게 썬다.

4 마른 살구는 잘게 썰고 나머지 마른 과일과 함께 미지근한 물에 10분 정도 불린 다음 물기를 빼고 럼을 넣어 절인다.

5 냄비에 ②~④와 레드 와인 비니거, 통후추, 팔각을 넣고 중불에 올려 중간중간 저어가며 끓인다.

6 물기가 자작하게 졸아들면 불을 꺼 사과 처트니를 완성한다.

7 ①의 돼지 등갈비는 키친타월에 올려 물기를 제거하고 살쪽에 깊숙하게 칼집을 넣는다.

8 갈비 양념 재료를 한데 담아 골고루 섞는다.

9 돼지 등갈비에 갈비 양념을 앞뒤로 고루 발라 냉장실에서 1시간 정도 재운다.

10 오븐 팬에 돼지 등갈비를 올려 180℃로 예열한 오븐에 넣고 1~2번 정도 뒤집어 가며 1시간 정도 굽는다.

11 등갈비를 꺼내 한 쪽씩 잘라 그릇에 담고 사과 처트니를 곁들여 낸다.

Tip 갈비 살에 칼집을 내는 이유는 양념이 잘 배고 빨리 익도록 하기 위해서입니다. 오븐이 없다면 돼지 등갈비를 프라이팬에 구우세요. 구울 때는 갈빗대를 한 쪽씩 잘라 양념한 다음 구우면 잘 익어요.

사과 구이와 목살 스테이크

돼지고기 목살은 기름지지 않고 고소한 맛이 좋아 어른 아이 모두 먹기 편한 부위죠. 그러나 온도 조절을 잘못하면 금세 퍽퍽해질 수 있어요. 초벌로 구우며 밑간을 하고 다시 구울 때 소스를 부어 조리듯이 익히면 속속들이 간이 배고 촉촉하고 부드러워요. 사과는 본래 익혀서 먹어도 맛있는 과일인데 달콤하게 조린 사과를 버터에 살짝 구워 고기와 곁들여보세요. 채소 대신 고기 요리와 곁들일 수도 있고, 달콤한 맛으로 소스 역할도 한답니다.

1 Plate

돼지고기(목살)	200g
사과 조림(p.317)	6쪽
사과 조림 국물	4큰술
버터	2큰술
소금·후춧가루·홀그레인 머스터드	약간씩

스테이크 소스
돈가스 소스 3큰술, 굴소스·
맛술 2큰술씩, 올리고당 1큰술,
다진 마늘 1작은술

1 달군 팬에 버터 1큰술을 넣어 녹이고 사과 조림과 사과 조림 국물을 넣어 사과를 굽듯이 조린다.

2 국물이 거의 없어지면 사과를 꺼내 그릇에 담는다.

3 사과를 구운 팬에 남은 버터 1큰술을 넣어 녹이고 돼지고기를 올린다.

4 돼지고기에 소금과 후춧가루를 뿌려 간을 하고 중불에서 뒤집어가며 15분 정도 굽는다.

5 스테이크 소스 재료를 한데 담아 골고루 섞는다.

6 돼지고기가 익으면 스테이크 소스를 넣고 소스가 고기에 골고루 배도록 약한 불에서 조린다.

7 돼지고기를 구운 사과와 함께 그릇에 담고 홀그레인 머스터드를 곁들여 낸다.

사과 청

사과 청은 새콤한 맛이 나는 사과로 담그면 맛있어요. 게다가 사과 크기가 작으면 찻잔에 쏙 들어가니 예쁘고요. 사과 청을 만들 때 황설탕을 넣으면 꿀 같은 향이 나기 때문에 백설탕과 황설탕을 함께 섞어요. 완성한 사과 청은 소독한 유리병에 담아 냉장 보관하면 일주일 정도 먹을 수 있고, 한 달까지 보관 가능하답니다.

650ml

사과	600g
설탕 · 황설탕	150g씩

1 사과는 베이킹소다로 껍질을 문질러 씻고 물기를 제거한 뒤 0.3㎝ 두께로 둥글게 썰어 씨를 모두 제거한다.

2 설탕과 황설탕을 사과에 넣어 골고루 섞는다.

3 설탕이 모두 녹으면 열탕 소독한 병에 담아 일주일 정도 냉장 보관한 뒤 먹는다.

사과 조림

사과 조림 하나만 만들어 두어도 여러 가지 요리가 쉬워집니다. 사과 조림을 녹인 버터에 살짝 구워 식빵에 올려 먹으면 잼이나 스프레드와는 완전히 다른 맛을 선사한답니다. 모차렐라 치즈와 함께 빵 사이에 넣어 파니니를 만들어도 맛있고요. 머핀이나 파이를 구울 때도 유용하죠. 게다가 사과 조림을 먹기 좋게 잘라 바닐라 아이스크림 위에 올리면 보기도 먹기도 좋은 디저트가 됩니다.

1.3L

사과	3개
레몬 · 오렌지	½개씩
화이트 와인	4컵
설탕	240g
시나몬 스틱	1개

1. 사과, 레몬, 오렌지 모두 베이킹소다로 껍질을 깨끗이 문질러 씻는다.
2. 사과는 세로로 8등분 하여 가운데 씨를 제거하고 껍질을 벗겨 버리지 않고 따로 둔다.
3. 레몬과 오렌지는 둥근 모양으로 슬라이스 한다.
4. 냄비에 화이트 와인, 설탕, 사과 껍질을 넣고 끓어오르면 약불로 줄여 10분간 더 끓인다.
5. 사과 껍질을 건져내고 중불로 올려 사과, 레몬, 오렌지, 시나몬 스틱을 넣고 한소끔 끓으면 약불로 줄인다.
6. 사과가 투명하게 익으면 불을 끄고 사과 외의 건더기는 건져내고 한 김 식힌다.
7. 열탕 소독한 병에 담아 냉장 보관한다.

사과 캐러멜 조림

사과 향이 진하고 맛이 달콤한 사과 캐러멜 조림은 바닐라 아
이스크림과 환상의 짝꿍이라고 할 수 있어요. 바삭하게 구운
식빵에 버터를 바른 다음 사과 캐러멜 조림을 얹어 먹어도 맛
있고요. 사과 캐러멜 조림은 냉장 보관하는데 굳었다면 먹기
전에 전자레인지에 넣고 살짝 데우거나 중탕으로 부드럽게 열
을 가하면 됩니다.

300ml

사과	400g
설탕	100g
무염 버터	10g
레몬즙 · 물	1큰술씩
럼	1작은술

1 사과는 베이킹소다로 껍질을 문질러
  깨끗이 씻고 물기를 제거한다.

2 사과는 세로로 16등분 하여 씨를 제거
  하고 레몬즙을 뿌려 뒤섞는다.

3 냄비에 설탕 80g과 분량의 물을 넣고
  중불에 올려 중간중간 냄비를 기울여
  가며 갈색이 날 때까지 졸인다.

4 불을 끄고 ③에 버터를 넣고 버터가
  녹으면 사과를 넣어 섞는다.

5 사과에서 수분이 나오면 나머지 설탕
  20g을 넣고 약불에 올려 중간중간 섞
  어가며 10분간 조린다.

6 럼을 넣고 1분 정도 섞으며 조린 뒤 불
  을 끈다.

사과 절임

사과 절임은 양을 넉넉하게 만들어 두면 잼 대신 활용할 수 있고, 치즈와 함께 빵에 넣어 파니니처럼 따끈하게 구워 먹어도 되며, 머핀이나 파이를 만들 때 넣어도 맛있어요. 냉장실에 보관하면 살짝 굳기 때문에 잼 대신 먹을 때는 물을 약간 넣고 끓이거나 전자레인지에 데우면 됩니다. 사과 절임은 냉장실에서 한 달 정도 보관이 가능해요.

350ml

사과	300g
사과 주스	1½컵
황설탕	180g(사과 무게의 60%)

1. 사과는 베이킹소다로 껍질을 문질러 깨끗이 씻어 물기를 닦는다.
2. 껍질째 사방 1㎝ 크기의 주사위 모양으로 썬다.
3. 냄비에 사과, 사과주스, 황설탕을 넣고 중불에서 끓어 오르면 약불로 줄여 저으면서 끓인다.
4. 사과가 투명하게 익으면 불을 끄고 한 김 식혀 열탕 소독한 병에 담아 냉장 보관한다.

Apple compote tea

앞서 만들어 본 사과 청(p.316)과 사과 조림(p.317)을 가지고 간단하게 음료
로 활용할 수 있는 방법을 알려드릴게요. 가장 쉬운 것은 물이나 탄산수와
섞고 허브나 레몬을 띄우는 것이죠. 청과 조림은 음료로 만들어 차게 마시면
개운하고, 뜨겁게 마시면 은은한 매력으로 각각 즐길 수 있어 좋아요.

사과 조림 차

2 Cups

사과 조림	5~6쪽
사과 조림 국물	4큰술
물	2컵

1 냄비에 모든 재료를 넣고 한 소끔 끓인다.

2 건더기와 함께 잔에 담는다.

Tip 끓이기 번거로우면 잔에 사과 조림과 국물을 담고 뜨거운 물을 부어 내도 됩니다.

사과 차

2 Cups

사과 청 사과	10쪽
사과 청	2큰술
레몬 슬라이스	2쪽
물	2컵

1 냄비에 모든 재료를 넣고 한 소끔 끓인다.

2 건더기와 함께 잔에 담는다.

Tip 끓이기 번거로우면 잔에 사과, 사과 청. 레몬을 담고 뜨거운 물을 부어 내도 됩니다.

Apple sweet potato latte
Apple latte

미리 만들어 둔 사과 절임(p.319)을 활용하여 근사한 음료를 만들어 보아요.
달콤하고 향이 좋은 사과 절임에 커피나 우유를 섞으면 카페 메뉴 부럽지 않
은 개성 있는 라테가 완성됩니다. 사과 절임 대신 사과 조림(p.317)이나 사과
캐러멜 조림(p.318)을 넣어도 맛있고요.

사과 고구마 라테

1 Cup

고구마	1개
우유	1컵
사과 절임	3큰술
꿀	1큰술
계핏가루	약간

1 고구마는 깨끗이 씻어 찜통에 무르게 찐 뒤 껍질을 벗겨 듬성듬성 썬다.
2 우유는 따뜻하게 데운다.
3 믹서에 고구마와 데운 우유, 꿀을 넣어 곱게 간다.
4 잔에 사과 절임을 담고 ③을 부은 뒤 위에 계핏가루를 뿌린다.

사과 라테

1 Cup

사과 절임	2큰술
우유	½컵
진한 커피	60㎖(에스프레소 2잔)
계핏가루	약간

1 우유는 중탕으로 따뜻하게 데운 뒤 곱게 거품을 낸다.
2 잔에 사과 절임을 담고 커피를 부은 뒤 ①의 우유를 살살 붓고 우유 거품을 얹는다.
3 우유 거품 위에 계핏가루를 뿌린다.

Tip 집에서 우유 거품을 내고 싶다면 핸드 밀크 포머(전자동 우유 거품기)를 이용하면 우유를 따로 데우지 않아도 되며 거품도 자동으로 만들어져 편리해요.

사과 오렌지 차

사과와 오렌지 향이 진하며, 톡 쏘는 정향과 계피 향의 여운이 오래 남는 차예요. 와인으로 만드는 뱅쇼가 부담스럽다면 이 차를 만들어 보세요. 넉넉하게 만들어 환절기나 컨디션이 떨어졌을 때 따뜻하게 끓여 마시고, 감기에 걸렸다면 생강을 얇게 썰어 넣고 끓여 드세요.

사과 • 미니 사과	1개씩
오렌지 껍질 • 레몬 껍질	약간씩
정향 • 통후추	3개씩
시나몬 스틱	1개
물	1컵
레몬즙	1큰술
메이플 시럽	1작은술

1   미니 사과와 사과는 베이킹소다로 껍질을 문질러 깨끗이 씻는다.

2   미니 사과는 두고 사과만 듬성 듬성 썰어 믹서에 넣고 물과 함께 곱게 갈고 베 보자기에 담아 즙을 짠다.

3   미니 사과는 모양을 살려 얇게 썬다.

4   냄비에 미니 사과와 메이플 시럽을 제외한 모든 재료를 넣어 한소끔 끓인다.

5   ④를 잔에 담고 미니 사과 슬라이스를 올리고 메이플 시럽을 넣어 섞는다.

사과 파프리카 당근 주스

2 Glasses

사과	1개
빨강 파프리카	½개
당근	⅓개
물	1½컵

1. 사과, 파프리카, 당근은 베이킹소다를 푼 물에 깨끗이 씻어 헹군다.
2. 사과는 4등분해서 가운데 씨를 제거하고, 파프리카도 가운데 씨를 제거한다.
3. 손질한 사과, 파프리카, 당근 모두 듬성듬성 썰어 믹서에 넣고 물을 부어 곱게 간다.

사과 당근 주스

2 Glasses

사과	1개
당근 · 레몬	⅓개씩
물	1½컵

1. 사과는 베이킹소다로 껍질을 문질러 씻어 헹군다.
2. 사과는 4등분 해서 가운데 씨를 제거하고 듬성듬성 썬다.
3. 당근은 깨끗이 씻어 껍질을 벗기고 한입 크기로 썬다.
4. 레몬은 즙을 낸다.
5. 믹서에 모든 재료를 넣어 곱게 간다.

사과
파인애플 주스

2 Glasses

사과	1개
파인애플	200g
치아시드	1큰술
물	1½컵

1. 치아시드에 분량의 물을 부어 30분 이상 불린다.
2. 사과는 베이킹소다로 껍질을 문질러 씻는다.
3. 사과는 4등분해서 가운데 씨를 제거하여 듬성듬성 썰고 파인애플은 한입 크기로 썬다.
4. 믹서에 ①과 사과, 파인애플을 넣어 곱게 간다.

사과 양배추 키위 주스

2 Glasses

레드 키위	2개
사과	1개
양배추	40g
물	1½컵

1 레드 키위는 껍질을 벗겨 1개는 둥근 모양으로 얇게 썰고, 나머지는 듬성듬성 썬다.

2 사과는 베이킹소다를 푼 물에 깨끗이 씻고 양배추는 흐르는 물에 씻어 물기를 제거하고 각각 듬성듬성 썬다.

3 믹서에 듬성듬성 썬 키위, 사과, 양배추를 넣고 물을 부어 곱게 간다.

4 둥글게 썬 레드 키위를 컵 안쪽에 붙여 모양을 내고 주스를 붓는다.

Tip 달콤하게 먹고 싶다면 믹서에 갈 때 시럽이나 꿀을 약간 넣으세요.

사과 칩

사과 칩은 설탕을 약간 뿌려서 만들기 때문에 단맛이 적은 사과를 활용하면 됩니다. 바삭바삭하고 달착지근한 맛이 좋아 아이들 영양 간식으로 그만이에요. 혹 3~4세 아이를 위한 간식으로 만든다면 계핏가루는 넣지 않는 게 좋아요. 사과 칩에 따뜻한 물을 부어 차로 즐겨도 좋고 술안주로 먹어도 부담이 없지요.

50~60 Chips

사과	3개
설탕	1큰술
계핏가루	1작은술
레몬즙	약간

1 사과는 베이킹소다로 껍질을 문질러 깨끗이 씻어 물기를 닦고 0.3㎝ 두께의 둥근 모양으로 썬 뒤 갈변하지 않게 레몬즙을 뿌린다.

2 오븐 팬에 종이 포일을 깔고 사과를 겹쳐지지 않게 올린 뒤 사과 위에 설탕 ½큰술을 골고루 뿌린다.

3 90℃로 예열한 오븐에 사과를 넣어 50분 정도 굽고 꺼낸다.

4 사과를 뒤집은 뒤 나머지 설탕을 골고루 뿌리고 다시 오븐에 넣어 90℃에서 40분간 굽는다.

5 사과가 바삭바삭하게 구워지면 꺼내서 계핏가루를 뿌리고 식힌다.

Tip 사과를 구울 때 온도가 높으면 탈 수 있으므로 100℃ 이하의 온도에서 1시간 이상 은근하게 구워야 해요. 오븐 대신 식품 건조기를 활용해도 됩니다.

사과 도넛

생김새는 도넛과 같지만 과일이 들어간 재미있는 튀김 간식이에요. 튀김옷에 우유와 달걀이 들어가 식감이 부드럽고 고소한 맛이 나며 폭신한 느낌이 아주 좋아요. 달콤한 도넛 안에 잘 익은 사과가 들어 있어 단맛이 적은 사과 파이를 먹는 것과 비슷해 우유나 홍차랑 곁들이면 잘 어울려요. 튀김 요리이지만 건강하게 먹을 수 있는 간식이자 디저트랍니다.

12~14 Rings

사과	2개
밀가루 · 튀김기름	적당량씩
슈가파우더 · 계핏가루	약간씩

튀김옷
달걀 ½개, 밀가루 100g, 우유 130㎖,
베이킹파우더 ½작은술, 소금 ¼작은술

1 사과는 베이킹소다로 껍질을 문질러 깨끗이 씻어 물기를 없애고 0.8㎝ 두께의 둥근 모양으로 썬다.

2 둥근 깍지를 이용해 사과 가운데 심을 도려내 링 모양으로 만든다.

3 볼에 분량의 튀김옷 재료를 모두 넣어 섞는다.

4 사과에 밀가루를 가볍게 묻히고 튀김옷을 입힌다.

5 160℃로 예열한 튀김기름에 튀김옷을 입힌 사과를 넣어 노릇하게 튀겨낸 뒤 식힘망에 올려 한 김 식히며 기름기를 뺀다.

6 사과 도넛 위에 슈가파우더와 계핏가루를 솔솔 뿌린다.

Tip 사과의 씹는 맛을 더 살리고 싶다면 사과를 더 도톰하게 썰면 됩니다.

사과 초코바

만들기 쉽고 보기에 예쁜 디저트 겸 간식이에요. 아삭한 사과에 살살 녹는 초콜릿, 고소하고 달콤한 견과류와 마른 과일을 한입에 오물오물 먹는 재미가 아주 좋아요. 사과 외에도 다양한 과일을 활용해서 초코바를 만들 수 있어요. 가장 흔히 만드는 게 딸기와 바나나인데, 상큼한 키위나 무화과로 만들어도 맛있어요. 과일 초코바를 만들 때는 수분이 적은 과일을 이용해야 초콜릿이 잘 묻어 만들기가 쉬워요. 과일의 두께나 크기에 따라 꼬치의 크기를 조절하면 만들기 좋고 잡고 먹기도 편하죠.

18~24 Sticks

사과(작은 것)	3개
다크 초콜릿	200g
호두 살·헤이즐넛·튀긴 현미·마른 과일	적당량씩
레몬즙	약간

1 사과는 베이킹소다로 껍질을 문질러 깨끗이 씻은 후 물기를 제거해 세로로 6~8등분하고 갈변하지 않도록 레몬즙을 바른다.

2 손질한 사과는 세로로 길게 꼬치에 꽂는다.

3 다크 초콜릿은 중탕으로 녹인다.

4 호두 살은 살짝 볶아 다지고 헤이즐넛과 마른 과일도 잘게 다진다.

5 호두, 헤이즐넛, 튀긴 현미, 마른 과일은 각각 접시에 펼쳐 담는다.

6 중탕한 초콜릿에 사과를 반 정도 담가 사과에 초콜릿을 입힌다.

7 ⑥의 사과에 ⑤의 재료를 한 가지씩 묻히고 식힘망 위에 올려 초콜릿을 굳힌다.

사과 꽃 파이

보기에도 너무 예쁘고 식감도 좋으며 맛과 향이 아주 매혹적인 사과 파이 입니다. 어려워 보이지만 여러 가지 재료
가 필요하지는 않아요. 파이 반죽과 사과만 있으면 사과 꽃 파이를 만들 수 있답니다. 파이 반죽과 사과를 겹쳐 돌
돌 말 때 천천히 가지런하게 마는 것이 가장 어려운 일이니까요. 완성된 사과 꽃 파이는 예쁘게 포장해 선물하기 딱
좋은 아이템이죠.

4 Flowers

사과	1개
사과 잼(p.347)	3큰술
설탕 · 계핏가루	1작은술씩
레몬즙 · 슈가파우더	약간씩
물	적당량

파이 반죽

중력분 200g, 버터 100g, 달걀 1개,
우유 1큰술, 설탕 ½큰술, 소금 ½작은술

1 분량의 파이 반죽 재료로 29페이지를 참고하여 파이 반죽을 만든다. 2 완성한 파이 반죽은 위생 팩에 담아 냉장실에서 1시간 정도 휴지시킨다. 3 사과는 베이킹소다로 껍질을 문질러 깨끗이 씻어 0.3cm~0.4cm 두께의 반달모양으로 썬다. 4 사과에 레몬즙을 넣어 섞는다.

5 ④에 물 1컵을 넣어 골고루 섞은 뒤 10분 정도 둔다. 6 오븐 팬에 종이 포일을 깔고 사과를 1쪽씩 가지런히 올린다. 7 사과 위에 설탕을 골고루 뿌린 뒤 90℃로 예열한 오븐에서 10분 정도 굽는다.

8 ②의 파이 반죽을 꺼내 밀대로 0.3cm 두께로 밀고 5×30cm 길이로 여러 장 자른다. 9 사과 잼에 물 1큰술을 섞어 농도를 묽게 한다.

<u>10</u> 잘라 둔 파이 반죽을 가로로 길게 두고 사과 잼을 골고루 바른다. <u>11</u> 반죽 폭의 반 정도를 덮게끔 사과를 올리되 사과의 둥근 부분이 위쪽으로 가고 사과끼리 1㎝씩 겹치게 한다. <u>12</u> 사과 위에 계핏가루를 뿌리고 아래쪽 반죽을 접어 사과를 덮고 살살 눌러가며 붙인다.

<u>13</u> 사과를 감싼 반죽을 끝부분부터 조심스럽게 돌돌 만다. 이때 검지손가락으로 사과가 흐트러지지 않게 잡으면서 말면 장미 모양이 예쁘게 나온다. <u>14</u> 동글게 만 반죽이 풀어지지 않게 반죽 끝부분을 잘 여민다.

<u>15</u> 파이를 유산지 머핀 컵에 하나씩 담고 오븐용 머핀 팬에 넣어 180℃로 예열한 오븐에서 30분간 굽고 꺼내서 슈가파우더를 뿌린다.

<u>Tip</u> 단맛은 과정 ⑦에서 설탕의 양으로 조절하면 됩니다.

사과 꽃 타르트

얇게 썬 사과로 꽃 모양을 만들어 장식한 타르트에요. 보기에도 좋지만 차갑게 만들어 따뜻한 차나 우유와 곁들이면 맛도 모양 만큼이나 최고랍니다. 타르트지나 필링 만들기가 번거롭다면 시판 틀을 사용하고 필링은 생크림으로 대체하세요.

1 Tart(지름 15cm)

사과	2개
설탕	2큰술
레몬즙	1큰술
물	1컵
통곡물 타르트지	1개

통곡물 타르트지 반죽
통곡물 크래커 200g,
달걀흰자 2개 분량, 무염 버터 20g

레몬 마스카포네 치즈 필링
마스카포네 치즈 350g, 슈가파우더 65g,
레몬 1개

1 분량의 통곡물 타르트지 반죽 재료로 32페이지를 참고하여 타르트지를 만들어 굽는다.

2 사과는 베이킹소다로 껍질을 문질러 씻어 0.3㎝ 두께의 반달 모양으로 자른 뒤 레몬즙을 뿌린다.

3 ②에 분량의 물을 부어 고루 섞은 뒤 10분 정도 그대로 둔다.

4 오븐 팬에 종이 포일을 깔고 사과를 겹치지 않게 가지런히 올린 뒤 설탕을 골고루 뿌린다.

5 ④를 90℃로 예열한 오븐에 넣어 10분간 구워낸다.

6 구운 사과의 둥근 부분을 위쪽으로 두고 사과끼리 1㎝씩 겹치게 2~5장씩 놓은 뒤 한쪽 끝부터 돌돌 말아 꽃 모양으로 만든다. 여러 장 겹칠수록 큰 장미꽃이 만들어진다.

7 마스카포네 치즈는 슈가파우더를 넣어 거품기로 부드럽게 푼다.

8 레몬은 노란 껍질 부분은 제스트로 만들고 과육은 즙을 짠다.

9 ⑦에 레몬 제스트와 레몬즙을 넣어 거품기로 잘 섞어 레몬 마스카포네 치즈 필링을 완성한다.

10 ①의 통곡물 타르트지에 레몬 마스카포네 치즈 필링을 평평하게 채워 넣는다.

11 ⑩에 ⑥의 꽃 모양 사과를 촘촘히 얹은 뒤 냉장실에서 1시간 이상 차게 보관했다가 먹는다.

Tip 과정 6번이 어렵다면 337페이지의 '사과 꽃 파이' 과정 ⑪~⑬를 참조하세요.
지름 11㎝ 타르트 틀을 활용하면 3개 정도를 만들 수 있는 양입니다.

사과 파이

맛있는 사과 파이를 사먹을 만한 곳이 별로 없어요. 그렇다고 집에서 구워 먹기에는 엄두가 안 나는 메뉴일 수도 있죠. 파이 반죽만 있으면 여러분이 생각하는 것보다 훨씬 간단하답니다. 맛있게 잘 익은 사과를 듬뿍 넣고 달콤하고 향긋한 홈메이드 사과 파이를 만들어 보세요. 바로 구워 뜨거울 때 썰어 먹는 사과 파이는 시나몬 향이 코 끝을 자극하고 아삭아삭 씹히는 맛이 정말 좋답니다.

1 Whole

사과	500g
설탕	140g
달걀노른자	1개 분량
계핏가루 · 물	1큰술씩
녹인 버터	약간

파이 반죽
중력분 400g, 무염 버터 200g, 달걀 2개, 우유 2큰술, 설탕 1큰술, 소금 1작은술

미니 사과 파이

사과 파이에 사용한 속재료와 반죽을 활용해
한 손에 들고 먹기 편한 미니 사과 파이를 만들
수 있어요. 여러 개 구워 나눠 먹기 좋고
간식으로 포장해 들고 다닐 수도 있어요.
사과는 좀 더 작게 잘라 소를 만드세요.
파이 반죽은 사방 10~12㎝ 정도로 잘라요.
반죽 위에 소를 올리고 반으로 접어 가장자리를
포크로 꾹꾹 눌러 마무리 합니다. 180℃로
예열한 오븐에 넣어 12~15분간 구우면 됩니다.

<u>1</u> 분량의 파이 반죽 재료로 29페이지를 참고하여 파이 반죽을 만든 뒤 반으로 나눈다. <u>2</u> 파이 반죽을 위생 팩에 담아 냉장실에서 1시간 정도 휴지한다.

<u>3</u> 사과는 베이킹소다로 껍질을 문질러 깨끗이 씻고 세로로 6~8등분 하여 가운데 씨를 빼고 사방 2㎝ 크기로 깍둑 썬다. <u>4</u> 사과에 설탕을 뿌려 섞는다. <u>5</u> 사과에 계핏가루를 뿌려 다시 한 번 고루 섞는다.

<u>6</u> 냉장실에 두었던 파이 반죽 두 개를 꺼내 각각 0.5㎝ 두께의 둥근 모양이 되게 밀대로 민다. <u>7</u> 파이 틀에 조리용 붓으로 녹인 버터를 골고루 바른다. <u>8</u> 반죽 한 개를 파이 틀에 찢어지지 않게 올린다.

<u>9</u> 파이 틀 안쪽에 파이 반죽을 꼼꼼히 붙인 뒤 포크로 파이 바닥을 여러 군데 콕콕 찍는다.　<u>10</u> 사과를 파이 틀 안에 부어 채운나.

<u>11</u> 나머지 파이 반죽을 파이 틀 위에 올린다.　<u>12</u> 파이 반죽을 돌려가며 위아래를 잘 눌러 붙인다.　<u>13</u> 파이 가장자리가 벌어지지 않게 꼭꼭 눌러가며 모양을 잡는다.

<u>14</u> 파이 반죽 윗부분에 다섯 군데 칼집을 넣어 살짝 벌린다.　<u>15</u> 달걀노른자에 분량의 물을 섞은 뒤 조리용 붓으로 파이 반죽 위에 골고루 바른다.　<u>16</u> 180℃로 예열한 오븐에 파이를 넣고 30~40분간 굽는다.

잼을 만들 때는 새콤한 맛이 나는 홍옥, 료카 등의 품종을 사용하면 잼의 달콤한 맛이 훨씬 좋아져요. 껍질째 잼을 만드는 이유는 껍질에 든 펙틴 성분 때문이에요. 열을 가하면 펙틴이 녹아 설탕을 적게 넣어도 잼의 농도를 낼 수 있죠. 사과를 믹서에 갈지 않고 잼을 만들려면 미리 설탕에 재우세요. 수분이 빠져 나와 빠른 시간에 졸일 수 있어요.

사과 잼

300ml

사과	400g
설탕	160g
레몬즙	1큰술
물	1컵

1 사과는 베이킹소다로 껍질을 문질러 씻고 4등분 해서 가운데 심을 제거한 뒤 듬성듬성하게 썰어 믹서에 굵게 간다.

2 냄비에 간 사과, 설탕, 레몬즙을 넣어 중불에서 끓인다.

3 사과에서 수분이 나와 농도가 묽어지면 약불로 줄여 중간중간 저어가며 끓이다가 잼 농도가 되면 불을 끈다.

4 한 김 식혀 열탕 소독한 병에 담아 냉장 보관한다.

Tip 계핏가루 ½작은술을 넣으면 시나몬 사과 잼이 됩니다. 뜨거운 우유에 시나몬 사과 잼 2큰술을 넣고 계핏가루를 솔솔 뿌리면 아주 맛있는 애플 밀크티가 완성됩니다.

사과 당근 잼

당근과 사과의 맛이 잘 어우러진 잼이에요. 당근 맛과 향이 많이 나지 않아 당근을 싫어하는 이들도 거부감 없이 즐길 수 있어요. 심플한 맛의 스콘과 무척 잘 어울려요. 스콘은 발효하지 않고 만드는 영국식 퀵 브레드라 누구나 쉽게 만들 수 있어요. 한 번 구울 때 넉넉히 만들어 두면 식사와 간식으로 두루 활용할 수 있고, 다양한 과일 요리와 곁들여도 좋아요. 단, 스콘을 구울 때는 반죽에 끈기가 생기지 않도록 부슬부슬한 상태에서 모양을 잡고 구워내야 식감이 좋아진다는 것을 잊지 마세요.

450ml

사과	450g
당근	100g
설탕	200g
레몬즙	2큰술
계핏가루	1작은술

1 사과는 껍질째 베이킹소다로 문질러 씻어 물기를 제거하고 당근은 흙이 없도록 깨끗이 씻는다.

2 사과는 6등분 한 뒤 가운데 씨를 제거하고 듬성듬성하게 썬 다음 물을 약간 넣어 믹서기에 곱게 간다.

3 당근도 듬성듬성 썬 뒤 믹서에 물을 약간 넣고 곱게 간다.

4 냄비에 간 사과와 당근, 설탕, 레몬즙을 넣고 중불로 저어가며 끓인다. 수분이 나와 묽어지면 계핏가루를 넣어 섞는다.

5 사과 당근 잼을 저어가며 끓이다가 수분이 증발해 걸쭉해지면 불을 끈다.

MINI RECIPE
견과 스콘

10~12 Pieces

중력분	230g
무염 버터	60g
다진 견과	50g
베이킹파우더 · 설탕	10g씩
고운 소금	1g
우유	90㎖
달걀	½개 분량
바닐라 에센스	¼작은술

달걀물
달걀노른자 1개 분량, 우유 1큰술

1 볼에 중력분, 베이킹파우더, 설탕, 소금을 넣어 섞고 고운 체에 쳐서 내린다.

2 버터는 냉장고에서 바로 꺼낸 단단한 것으로 준비해서 작게 깍둑 썬다.

3 ①에 버터를 넣어 손으로 비벼가며 버터 덩어리가 없도록 잘 반죽한다.

4 다른 볼에 우유, 달걀, 바닐라 에센스를 섞은 다음 ③에 넣고 재빠르게 섞는다. 어느 정도 섞이면 다진 견과를 넣어 섞는다.

5 평평한 곳에 여분의 밀가루를 약간 뿌리고 ④의 반죽을 밀대로 2㎝ 두께로 밀어 삼각형이나 원형 깍지로 찍어 낸다.

6 오븐 팬에 종이 포일을 깔고 반죽을 가지런하게 올린 뒤 위에 달걀물을 만들어 붓으로 바른다.

7 200℃로 예열한 오븐에서 8~10분간 굽는다.

사과 비트 잼

300ml

사과	400g
설탕	160g
비트	20g
물	1컵
레몬즙	1큰술

1. 사과는 베이킹소다로 껍질을 깨끗이 문질러 씻고 4등분 해서 가운데 심을 제거한 뒤 잘게 썬다.
2. 사과에 설탕을 뿌리고, 골고루 버무려 1시간 정도 둔다.
3. 비트는 잘게 썰어 믹서에 분량의 물과 함께 넣고 곱게 간다.
4. 냄비에 ②, ③, 레몬즙을 넣고 중불에 올려 저어가며 끓인다.
5. 사과가 투명해지고 잼 농도가 되면 불을 끄고 한 김 식혀 열탕 소독한 병에 담아 냉장 보관한다.

사과 홍차 잼

홍차의 은은한 향이 배어 풍미가 좋은 잼
이에요. 빵에 발라 먹거나 담백한 쿠키에
조금씩 얹어 먹으면 아주 잘 어울려요. 버
터가 풍부하게 들어간 크루아상에 이 잼을
바르고 고소한 우유와 곁들여보세요. 여
기에 계절 과일 한두 쪽을 곁들이면 힘들
이지 않고 그득하고 기분이 좋아지는 테이
블을 차릴 수 있어요.

300ml

사과	400g
설탕	160g
홍차 티백	2개
뜨거운 물	1컵

1 뜨거운 물에 홍차 티백을 넣어 3분 동
   안 우린다.
2 사과는 베이킹소다로 껍질을 깨끗이
   문질러 씻고 4등분 해서 가운데 심을
   제거한 뒤 듬성듬성 썰어 믹서에 굵직
   하게 간다.
3 냄비에 간 사과, 설탕, 홍차 우린 물을
   붓고 중불에 올려 저어가며 끓인다.
4 잼 농도가 되면 불을 끄고 한 김 식혀
   열탕 소독한 병에 담아 냉장 보관한다.

Tip 홍차 티백을 너무 오래 우리면 떫은 맛이 나요.

Pear

배 는 열매를 맺기 전에 하얗게 피는 꽃이 정말 아름답죠. 꽃이 지고 들판이 황금빛으로 물 들 때쯤 배나무에도 황금빛 열매가 열립니다. 하얀 속살은 풍성한 과즙을 머금고 은은하고 달콤한 향을 풍기죠. 시원한 느낌을 주며 아삭아삭 씹는 맛도 좋고요. 배는 서양배와 동양배로 나뉘는데 우리나라 배만큼 수분이 많고, 달고 맛있는 배를 세계에서 찾아볼 수가 없답니다. 잘 익은 배는 차게 두었다가 껍질을 깎아 먹는 게 가장 맛있고 양념으로 만들어 요리에 활용하면 감칠맛을 더해주죠. 고기를 부드럽게 하고, 물김치의 시원함을 살리며 사각사각하여 샐러드에 넣기에도 아주 좋아요.

배 새우 샐러드

오이, 그린빈, 참나물은 모두 초록 채소지만 각각의 맛과 향이 모두 다르죠. 같은 그린 샐러드라도 이렇게 개성이 다른 채소들을 모아 샐러드를 만들어 보세요. 시원하고 물이 많은 배와 탱탱한 새우는 이 외에 여러 가지 채소와도 훌륭한 궁합을 이루는 재료랍니다. 참나물 대신 적근대, 미나리, 양상추, 로메인 등을 넣어도 좋아요.

1 Plate

대하	8마리
그린빈	5개
배 · 오이	½개씩
참나물	20g
생강	10g
대파	5cm
청주	1큰술
소금 · 후춧가루	약간씩

잣 드레싱
잣 6큰술, 꿀 1큰술,
디종 머스터드 · 레몬즙 2큰술씩,
참기름 1작은술, 소금 · 후춧가루 약간씩

1 새우는 머리와 껍질을 제거한 다음 이쑤시개로 등쪽 내장을 제거한다.

2 끓는 물에 새우, 생강, 대파, 청주, 소금, 후춧가루를 넣어 새우가 속까지 빨갛게 되도록 삶은 다음 건져서 물기 빼고 차게 식힌다.

3 그린빈은 끓는 물에 소금을 약간 넣어 데치고 찬물에 가볍게 헹궈 식힌 다음 3등분 한다.

4 배는 세로로 8등분 해서 껍질을 깎고 가운데 씨와 단단한 부분을 제거한 뒤 한입 크기로 도톰하게 썬다.

5 오이는 껍질째 깨끗이 씻어 둥근 모양으로 얇게 썰어 소금에 살짝 절였다가 물에 가볍게 헹군 뒤 물기를 꼭 짠다.

6 참나물은 깨끗이 씻어 3cm 길이로 썬다.

7 잣은 키친타월 위에 올려 곱게 다진 뒤 나머지 잣 드레싱 재료와 섞어 드레싱을 완성한다.

8 손질한 모든 재료를 접시에 보기 좋게 담고 잣 드레싱을 뿌리거나 따로 낸다.

Tip 배는 수분이 많은 과일이라 드레싱에 미리 버무리면 물이 생길 수 있으니 차게 보관했다가 먹기 직전에 버무리는 것이 좋아요.

배 쇠고기 냉채

한식 상차림에 어울리는 샐러드예요. 쇠고기가 주재료지만 배가 들어가 시원하고 달콤한 맛을 더하죠. 여기에 톡
쏘는 알싸함이 기분 좋은 겨자 소스를 넣고 버무려 맛이 아주 개운해요. 배는 동물성 단백질을 분해하는 효소가 풍
부해 고기 요리와 함께 먹으면 소화를 도와준답니다.

1 Plate

쇠고기(살칫살)	200g
배 · 청피망 · 홍피망	½개씩
적양파	¼개
소금 · 후춧가루 · 검은깨	약간씩

겨자 소스
물 3큰술, 간장 · 설탕 2큰술씩,
배즙 · 레몬즙 1큰술씩, 연겨자 1작은술,
홀그레인 머스터드 ½작은술,
후춧가루 약간

1 쇠고기는 도톰하게 채 썰어 소금과 후춧가루를 뿌려 밑간 한다.

2 달군 팬에 아무것도 두르지 않고 쇠고기를 넣어 중불에서 볶아 익힌
다음 식힌다.

3 볼에 겨자 소스 재료를 모두 넣어 섞는다.

4 겨자 소스 ⅓분량은 볶은 쇠고기에 넣어 버무리고 나머지 소스는 냉
장실에 차게 둔다.

5 배는 껍질을 벗겨 4cm 길이로 채 썰고, 피망은 배와 같은 크기로 채 썬다.

6 적양파도 배와 같은 굵기로 채 썰어 찬물에 담가 매운 맛을 뺀 뒤 건
져 물기를 뺀다.

7 볼에 쇠고기와 손질한 재료를 모두 넣고 차가워진 겨자 소스를 넣어
버무려 접시에 담는다.

8 검은 깨를 솔솔 뿌린다.

배 사과 물김치

국물이 있는 나박김치는 여름과 가을에 많이 먹지만 사계절 만들어 먹어도 맛있는 반찬이에요. 저희 어머니께서는 햇배와 사과가 한창일 때 늘 배와 사과를 넣고 물김치를 만들어 주셨죠. 제가 좋아했던 만큼 아이도 좋아해 계절에 맞는 재료를 바꿔 가며 자주 담그게 된 김치에요. 여름에는 단단한 복숭아, 가을에는 단감, 늦가을에는 석류를 넣곤 하지요. 아이에게 먹일 때는 배추와 무는 조금 더 작게 썰고 과일의 껍질을 벗겨 담그세요. 이틀 정도 숙성시켰다가 먹어야 맛있어요. 과일이 들어간 물김치는 오래되면 맛이 떨어지므로 신맛이 강해지기 전에 먹는 게 좋아요.

1.1L

배 · 사과	½개씩
무	150g
배추 속대	3장
대추	6개
쪽파	3뿌리
홍고추	1개
소금	2큰술
매실청	1큰술

풀
물 1컵, 감자 전분 · 밀가루 1큰술씩

김칫국물
물 3컵, 양파 ½개, 홍고추 5개,
다진 마늘 · 다진 생강 1작은술씩

1 배와 사과는 베이킹소다로 껍질을 문질러 깨끗이 씻는다.

2 배는 세로로 4등분, 사과는 세로로 3등분 한 다음 가운데 씨와 단단한 심을 제거하고 납작하게 썬다.

3 무는 다듬어 씻은 다음 껍질을 벗기고 사방 2㎝ 크기로 납작하게 썬다.

4 배추 속대는 세로로 길게 자른 다음 무와 비슷한 크기로 썬다.

5 대추는 깨끗이 씻어 물기를 제거한다.

6 쪽파는 3~4㎝ 길이로 썰고, 홍고추는 어슷하게 썬다.

7 냄비에 풀 재료를 모두 넣고 저어가며 끓여 풀을 쒀 식힌다.

8 김칫국물 재료를 모두 믹서에 넣어 곱게 간 다음 체에 밭쳐 국물만 받고 체 위에 남은 건더기를 꾹꾹 눌러 국물을 모두 짠다.

9 김칫국물에 풀 ⅓컵과 매실청을 넣어 잘 섞은 다음 준비한 모든 재료를 넣고 소금으로 간을 한다.

10 실온에서 하루 정도 두었다가 냉장 보관하고 먹는다.

Tip 김칫국물을 만들 때 붉은 고추를 갈아 즙을 내어 섞으면 한결 개운하고 시원한 맛이 나며 색도 곱답니다.

배 꿀찜

감기에 걸렸을 때 배 꿀찜 만한 것이 없는 것 같아요. 배에는 비타민 $B_1 \cdot B_2 \cdot C \cdot E$ 등이 많이 함유되어 있고, 따뜻한 기운을 북돋우는 생강까지 넣으니까요. 오랫동안 사람들이 경험하고 입에서 입으로 전해진 보양식품인 만큼 때로는 약 버금가는 효과를 보곤 한답니다. 꼭 감기에 걸리지 않았더라도 배가 풍성한 가을에 가족 건강식으로 한번 만들어 보세요.

1 Pear

배	1개
대추	2개
생강	10g
꿀	2큰술

1. 배는 껍질째 흐르는 물에 깨끗이 씻어 물기를 제거한 뒤 윗부분을 2㎝ 정도 잘라 뚜껑을 만든다.
2. 배 씨는 칼로 도려내고 과육은 숟가락으로 떠내는데, 이때 껍질에서 1㎝ 정도 과육을 남긴다.
3. 대추는 주름 사이사이를 젖은 행주로 깨끗이 닦고 반 갈라 씨를 뺀 뒤 곱게 채 썬다.
4. 생강은 곱게 채 썬다.
5. 배에 대추 채, 생강 채, 꿀을 넣고 잘라 둔 배 윗부분을 뚜껑처럼 덮는다.
6. 찜통에 물을 붓고 면포를 깐 뒤 배를 올리고 찜통 뚜껑을 덮어 끓인다.
7. 물이 끓으면 불을 약하게 줄여 30~40분 정도 푹 쪄 완성한다.

Tip 배 꿀 찜은 뜨거울 때 숟가락으로 배즙과 건더기, 과육을 함께 떠 드세요. 배는 단단해서 속을 파는 일이 쉽지 않죠. 멜론을 둥글게 파내는 멜론 스쿱이 있다면 배 속을 파내기 한결 쉬워요. 속을 파내고 남은 과육은 믹서에 갈아 시원하게 주스로 만들어 먹거나 불고기 양념에 활용하세요.

Pear balloon flower root compote
Boiled pear preserved in honey

기관지가 약한 사람은 배와 도라지를 꾸준하게 먹으면 좋습니다. 게다가 배는 따뜻하게 요리해 먹으면 기관지 뿐
아니라 감기 예방에 좋고, 면역력도 높여 준답니다. 배숙과 콤포트는 과육과 우러난 국물을 모두 먹기 때문에 더욱
효과가 좋지요. 태어날 때부터 기관지가 약해 목감기를 달고 사는 제 아이에게 겨울철 내내 만들어 주는 감기 예방
음식인데 효과가 정말 좋아요.

배 도라지 콤포트

5 Bowls

배	1개
도라지	1뿌리
생강	10g
팔각	1개
물	1.2ℓ
설탕	5⅓큰술

1 배는 세로로 8등분 한 뒤 껍질을 깎고 가운데 씨와 심을 제거한 다음
다시 세로로 반씩 잘라 총 16쪽을 낸다.

2 도라지는 껍질을 벗기고 깨끗이 씻어 반 가른다.

3 생강은 곱게 채 썬다.

4 냄비에 분량의 물을 붓고 설탕을 넣어 끓인다.

5 설탕이 녹으면 배, 생강, 도라지, 팔각을 넣어 함께 끓인다.

6 국물이 끓어오르면 중약불에서 10분 동안 끓인 뒤 불을 끄고 차게 식
힌다.

Tip 팔각이 없으면 정향 5개 또는 통후추 10개로 대신합니다.

배숙

4~5 Bowls

배(큰 것)	1개
통후추	36알
꿀	4큰술
설탕	2큰술
생강즙	⅔큰술
물	1.2ℓ

1 배는 큰 것으로 준비해 세로로 4등분 하고 껍질을 벗긴 뒤 가운데 씨
와 심을 도려내고 다시 세로로 3등분씩 하여 총 12쪽을 낸다.

2 배 1쪽 당 통후추를 세 개씩 깊숙하게 박는다.

3 속이 깊은 냄비에 배, 생강즙, 꿀, 설탕을 넣고 물을 부어 센 불에서
한소끔 끓이고 중불로 줄여 끓이다가 배가 투명해지면 불을 끈다.

4 배를 그릇에 담고 국물을 자작하게 부어낸다.

Tip 배는 크기에 따라 12~16조각을 내세요. 배숙은 주로 따뜻하게 먹지만 차갑게
먹어도 맛있어요. 먹을 때는 통후추를 빼고 배와 국물만 드세요.

배 와인 조림

구입한 배가 단단하고 수분과 단맛이 적다면 와인 조림으로 만들어 보세요. 끓이는 과정에서 알코올이 날아가 술의 맛은 전혀 나지 않고 정향과 계피 향이 은은하게 배죠. 게다가 레드 와인의 고운 색이 들어 아름답고 먹음직스럽답니다. 조려서 미지근하게 식었을 때 먹어도 맛있고, 냉장실에 두었다가 차게 즐겨도 좋아요. 잘게 썰어 아이스크림이나 빙수 토핑으로 활용해도 되고요.

2~4 Plates

배	1개
레몬 슬라이스	2쪽
정향	4개
시나몬 스틱	1개
물 · 레드 와인	1컵씩
설탕	3⅓큰술

1 배는 세로로 4등분 하여 껍질을 깎고 가운데 씨와 심을 제거한 다음 다시 세로로 3등분씩 해서 12쪽을 낸다.

2 냄비에 분량의 물과 와인을 붓고 설탕을 넣어 설탕이 녹을 때까지 끓인다.

3 ②에 배와 나머지 재료를 모두 넣고 중약불에서 20분간 조린 뒤 불을 끈다.

4 배는 식힌 뒤 국물과 함께 접시에 담아낸다.

Tip 바로 먹지 않을 때는 밀폐용기에 넣어 냉장 보관하세요.

배 바닐라 잼

조금 밋밋할 수 있는 배 잼에 바닐라 향을 더하면 더욱 부드럽고 감미로운 맛을 낼 수 있습니다. 배는 수분이 많은 과일이지만 입자가 꽤 거칠어요. 그래서 끓일 때 잼의 식감이 쫀득쫀득하고 부드러워질 정도로 충분히 익히는 것이 중요해요. 하지만 배를 믹서에 갈 때는 과육을 곱게 가는 것보다 굵게 갈아야 식감과 풍미가 더 좋아요.

400ml

배	500g
설탕	200g
바닐라 빈	½개
레몬즙	1큰술

1 배는 껍질을 벗겨 가운데 씨와 심을 제거한 다음 듬성듬성 썰어 믹서에 넣고 굵직하게 간다.

2 냄비에 간 배와 설탕, 레몬즙을 넣고 중불에서 중간중간 저어가며 끓인다.

3 바닐라 빈은 반 갈라 칼 끝으로 가운데 씨를 긁어낸다.

4 냄비에 물이 자작하게 생기면 바닐라 빈 씨와 껍질을 넣고 저어가며 15분 정도 끓인다.

5 농도가 걸쭉해지면 불을 끄고 한 김 식히며 바닐라 빈 껍질을 건져낸다.

6 열탕 소독한 병에 담에 냉장 보관한다.

Tip 단맛이 많은 배로 잼을 만들 때는 설탕의 양을 줄이세요.

마당이 있는 주택이나 시골 마을에서 가장 흔히 볼 수 있는 과실수인 것 같아요. 가을이 되면 주홍빛 열매가 여기저기 달랑달랑거리는 풍경은 정말 곱고 따뜻해요. 단감은 9월 말부터 수확하기 시작하는데, 10월 하순부터 11월 하순까지가 맛이 가장 좋을 때고, 단감 끝 무렵에는 홍시 맛이 깊어집니다. 단감이 푹 익어 홍시가 되는 게 아니라 단감용, 홍시용, 곶감용 등 품종이 따로 있답니다. 아삭거리는 단감도 맛있지만 덜 익은 대봉 감을 짚과 켜켜이 쌓아 항아리에 넣어 두면 안에서 말랑하게 숙성되어 단맛으로 꽉 차죠. 바람이 차가워질 때 하나씩 꺼내 먹는 홍시는 자연이 만들어 준 최고의 별미 중 하나죠.

Persimmon

감 뢰스티

팬케이크 모양의 뢰스티(roesti)는 스위스를 대표하는 감자 요리입니다. 감자가 주재료며 베이컨, 치즈, 양파, 버섯, 햄, 로즈메리 등을 섞어 바삭바삭하고 노릇하게 구워 내죠. 고소한 맛이 좋고 영양이 듬뿍 들어 가벼운 식사나 출출할 때 간식으로 알맞고 안주로 먹어도 어울리죠. 베이식 뢰스티에서 아이디어를 얻어 단감을 채 썰어 넣어 보았더니 달콤한 맛이 더해져 역시 맛있어요.

2 Plates

단감·달걀	2개씩
감자	1개
베이컨	2줄
슈레드 모차렐라 치즈	1컵
올리브유	1큰술
소금·후춧가루	약간씩

1 단감은 껍질을 벗기고 꼭지와 씨를 제거한 뒤 곱게 채 썬다.

2 감자는 껍질을 벗긴 후 가늘게 채 썰어 찬물에 5분 정도 담가 전분기를 빼고 체에 밭쳐 물기를 뺀다.

3 베이컨은 1㎝ 폭으로 썬다.

4 단감과 감자를 섞고 소금을 뿌려 밑간 한 다음 슈레드 모차렐라 치즈를 넣어 고루 섞는다.

5 뚜껑이 있는 팬에 올리브유를 두르고 중불로 달군 뒤 ④를 절반 분량만 떠 얹어 얇고 둥글게 편다.

6 준비한 베이컨의 절반 분량을 ⑤에 골고루 올려 굽는다.

7 노릇하게 구워지면 뒤집고 달걀 1개를 노른자가 터지지 않게 조심스럽게 깨 올린 다음 팬 뚜껑을 덮은 채 달걀을 익힌다.

8 달걀흰자가 다 익으면 접시에 담고 소금, 후춧가루를 뿌려 낸다.

9 나머지 반죽도 ⑤~⑧과 같은 방법으로 굽는다.

Tip 감자는 찬물에 담가 전분기를 뺀 다음 구워야 바삭한 식감을 살릴 수 있어요.

MINI RECIPE

감말랭이 고추장 장아찌

단감 말리는 과정이 번거로우면 감말랭이를
활용합니다. 감말랭이 200g에 고추장·청주
2큰술씩, 조청 1큰술, 액젓 2작은술을 넣어
조물조물 무쳐 통깨를 뿌리면 됩니다.

단감 고추장 장아찌

어릴 적 어머니께서는 떫은 땡감을 얄팍하
게 썰어 소금과 켜켜이 쌓아 절였다가 물기
를 빼고 꾸덕꾸덕하게 말려 놓곤 하셨어요.
떫은 맛은 사라지고 단맛이 은은해 간식으
로 하나씩 빼 먹던 기억이 있습니다.

단감을 도톰하게 썰어 소금물에 살짝 절였
다가 말리면 단맛이 살아납니다. 2~3일 정
도 꾸덕꾸덕하게 말린 단감을 냉동실에 보
관해 두었다가 먹을 만큼 꺼내 요리에 활용
해 보세요. 뜨거운 물에 30초 정도 담갔다
가 물기를 짜고 샐러드에 넣거나 무말랭이
나 무생채 무칠 때 잘게 썰어 넣어도 맛있어
요. 백설기나 봄철 쑥버무리에 넣어도 달작
지근하고 씹는 맛이 아주 좋답니다.

600ml

단감	6개
물	3½컵
고추장	⅔컵
올리고당	3큰술
천일염	2큰술
검은깨	약간

1 단감은 꼭지를 떼고 껍질을 벗긴 뒤
반으로 썰어 씨를 빼고 2㎝ 두께의 반달
모양으로 썬다.

2 큰 볼에 분량의 물을 붓고 천일염을 넣어
녹인 뒤 ①의 단감을 넣어 2시간 정도 절
인다.

3 절인 단감은 체에 밭쳐 물기를 뺀다.

4 ③의 단감을 채반에 올려 햇빛이 들고
바람이 통하는 곳에서 2~3일간 꾸덕꾸
덕하게 말린다.

5 볼에 고추장, 올리고당을 넣어 잘 섞고
말린 단감을 넣어 조물조물 무친 뒤 검
은깨를 뿌려 밀폐용기에 담아 보관한다.

Tip 냉장실에 두면 한 달 정도 두고 먹을 수
있어요. 장아찌용 단감은 단단하고 약간 초록색이
도는 것을 선택하세요.

단감 피클

단감 피클은 아삭아삭한 맛이 정말 좋아요. 대개 피클은 무, 오이처럼 물기가 많은 채소로 담그는데 단단한 단감으로 만들면 색다른 식감을 선사한답니다. 만들기도 간단하고 한 번 만들면 보름 정도 두고 먹을 수 있어요. 입맛 없을 때 반찬으로 먹거나 비빔국수를 만들 때 넣어도 맛있어요.

850ml

단감	5개
물	1½컵
식초 · 설탕	½컵씩
소금	½큰술
통후추	10개
페페론치노	3개
월계수 잎	2장

1 단감은 꼭지를 떼고 껍질을 벗긴 뒤 반으로 썰어 씨를 빼고 2.5㎝ 두께의 반달 모양으로 썬다.

2 열탕 소독한 병에 단감을 넣는다.

3 냄비에 분량의 물을 붓고 나머지 재료를 모두 넣어 끓인다.

4 한소끔 끓으면 불을 끄고 바로 단감이 든 병에 붓고 식으면 뚜껑을 덮는다.

5 냉장실에서 2일 정도 숙성시켜 먹는다.

감 파이

바삭한 파이 반죽으로 과일을 감싸서 구운 파이에요. 조금 더 달콤하게 먹고 싶다면 파이를 먹기 전에 슈가파우더를 약간 뿌리면 보기에도 좋지요. 단감에 설탕과 계핏가루를 넣고 버무려 단맛을 더하고 계피의 알싸하고 은은한 향을 살린 감 파이는 어른 아이 모두 좋아하는 맛이에요. 간식으로도 좋고 식사 후 입맛을 정리하는 디저트로도 그만이죠. 고소한 맛을 더하고 싶다면 먹기 전 아몬드 슬라이스나 다진 호두를 올리세요.

단감	3개
레몬	1개
설탕	2큰술
밀가루	1큰술
계핏가루	1작은술

파이 반죽

박력분 360g, 버터 180g,
차가운 물 4큰술, 소금 2작은술

1 분량의 재료로 29페이지를 참고하여 파이 반죽을 만들어 냉장실에서 1시간 이상 휴지한다. 2 단감은 껍질을 벗기고 꼭지를 뗀 뒤 세로로 12등분 하여 씨를 뺀다. 3 레몬은 베이킹소다로 껍질을 문질러 잘 씻은 다음 노란 껍질 부분은 제스트를 만든다. 4 레몬의 과육은 즙을 짜 4작은술을 준비한다. 5 단감을 볼에 담고 레몬즙을 뿌려 버무린 뒤 설탕과 계핏가루를 뿌려 섞는다.

6 밀가루를 체에 내려 ⑤의 볼에 넣고 밀가루가 뭉치지 않게 버무린다. 7 ⑥에 레몬 제스트를 넣어 골고루 버무린다. 8 ①의 파이 반죽을 꺼내 밀대로 0.5㎝ 두께로 얇게 민다.

9 파이 반죽 가운데에 ⑦을 올린다. 10 파이 반죽 가장자리를 안쪽으로 접어 속을 감싸되 완전히 오므리지는 않는다. 11 180℃로 예열한 오븐에 감 파이를 넣어 25~30분간 굽는다.

감은 제철이 지나면 맛보기 어려워 곶감이나 말랭이 등으로 꾸덕꾸덕하게 말려 먹곤 하죠. 이 외에 잼이나 커드(curd : 과일즙, 과일 껍질, 달걀, 설탕을 섞어 졸인 스프레드)로 만들어 두면 감의 맛을 오래도록 즐길 수 있어요. 감 잼은 달지 않고 은은한 것이 매력이지요. 감 잼은 보통 단감을 갈아서 만드는데, 홍시를 사용할 때는 껍질과 씨를 제거한 다음 과육을 으깨서 만듭니다. 토스트, 스콘, 팬케이크 등에 잼 대신 감 커드를 발라 먹는 맛도 색다릅니다. 감에 유자를 섞어 커드를 만들면 커스터드 크림 대신 파이 필링으로 사용할 수 있어요. 맛있게 먹으려면 2주 안에 드세요.

감 잼

250ml

감 과육	300g
설탕	120g
레몬즙	1큰술

1 감은 말랑말랑한 것으로 준비해 껍질을 깎고 꼭지를 뗀다.

2 감은 열십자(+)로 썰어 4등분 한 뒤 씨를 모두 빼서 과육만 300g 준비한다.

3 푸드 프로세서에 감을 넣어 곱게 간다.

4 냄비에 간 감과 설탕을 넣어 끓인다.

5 한소끔 끓으면 불을 약하게 줄이고 저어가며 농도가 걸쭉해지도록 끓인다.

6 레몬즙을 넣어 섞은 다음 불을 끈다.

7 한 김 식혀 열탕 소독한 병에 담아 냉장 보관한다.

Tip 푸드 프로세서가 없을 때는 감을 잘게 썰어 믹서에 갈면 됩니다. 감 잼은 너무 달면 오히려 감의 맛이 살아나지 않으니 감의 단맛을 고려해 설탕의 양을 조절하세요.

감 유자 커드

400ml

대봉 연시	1~2개
유자	2개
달걀	3개
달걀노른자	2개 분량
설탕	¾컵
무염 버터	4큰술
소금	약간

1 대봉 연시는 껍질과 꼭지, 씨를 말끔히 제거한 뒤 굵직하게 썰어 믹서에 곱게 간다.

2 유자는 베이킹소다로 껍질을 문질러 깨끗이 씻어 물기를 제거한다.

3 유자의 껍질은 노란 부분만 얇게 벗겨 곱게 채 썰어 제스트를 만들고, 과육은 씨를 제거한 다음 즙을 낸다.

4 냄비에 간 감, 유자 껍질, 유자즙, 달걀, 달걀노른자, 설탕, 소금을 넣고 잘 섞어 불에 올린다.

5 ④가 끓으면 버터를 넣고 불을 약하게 줄여 묽은 푸딩 농도가 될 때까지 저으면서 끓인다.

6 불을 끄고 식힌 다음 열탕 소독한 병에 담아 냉장 보관한다.

부드럽게 달콤한 맛이 매력인 감은 음료로 만들어도 역시 맛있어요. 사과의 새콤한 맛과 대추야자의 단맛을 더한 단감 주스, 홍시에 우유와 플레인 요거트를 섞고 타피오카로 재미까지 더한 홍시 타피오카 스무디를 소개하니 꼭 만들어 보세요. 단감 주스에 들어가는 대추야자가 생소할 수 있어요. 중동 지역의 식재료인 대추야자는 대추의 2~3배 정도 크기이며 영양이 풍부하고 단맛이 아주 강하지만 1개당 20~30칼로리 밖에 되지 않아 다이어트 간식으로 좋아요. 홍시 스무디에 들어가는 타피오카는 '버블티'라는 음료에 들어있는 탱탱하고 동글동글하게 생긴 젤리 같은 알갱이에요. 무미에 가깝지만 식감이 재밌어요.

단감 주스

2 Glasses

단감	1개
사과	½개
대추야자	1개(또는 대추 2개)
물	2컵
레몬즙	2큰술

1 단감은 껍질을 벗기고 꼭지와 씨를 제거한 다음 작게 자른다.

2 사과는 껍질을 벗기고 가운데 씨를 도려낸 뒤 작게 자른다.

3 대추야자는 반 갈라 가운데 씨를 제거한다.

4 믹서에 단감, 사과, 대추야자, 레몬즙을 넣고 물을 부어 곱게 간다.

Tip 얼음을 몇 조각 넣어 아주 차게 즐겨도 맛있어요. 대추야자 대신 대추를 넣는다면 단맛이 풍부한 것으로 선택하세요.

홍시 타피오카 스무디

2 Glasses

홍시	3개
우유·얼음	1컵씩
플레인 요거트	3⅓큰술
타피오카	2큰술
꿀	1큰술

1 냄비에 2컵 분량의 물을 넉넉히 붓고 타피오카를 넣어 저어가며 끓인다.

2 타피오카 가장자리가 투명해지고 가운데 심이 살짝 보일 정도로 끓여 체로 건지고 찬물에 깨끗하게 헹궈 전분기를 없앤다.

3 홍시는 꼭지를 떼고 반 갈라 가운데 씨와 심을 제거하고 껍질을 벗겨 과육만 준비한다.

4 믹서에 홍시, 우유, 요거트, 꿀, 얼음을 넣어 곱게 간다.

5 ④에 타피오카를 넣어 섞고 컵에 담는다.

Ripe persimmon tapioca smoothie
Sweet persimmon juice

Ripe persimmon red bean porridge
Ripe persimmon rice porridge

홍시로 만든 죽은 가을부터 겨울까지 입맛을 사로잡는 별미이며 음식 선물로 준비하기에도 좋아요. 우리가 흔히 먹는
팥죽에 홍시만 넣어도 특별한 죽이 되지요. 홍시 팥죽을 더 달콤하게 만들고 싶다면 꿀을 넣으면 됩니다. 홍시 팥죽 위
에 잣이나 호두를 다져 올리면 고소한 맛과 씹는 재미까지 더할 수 있고요. 팥죽과 달리 홍시로 만든 찹쌀죽은 오후의
간식이나 쌀쌀한 날 든든한 아침 식사로 그만이에요. 찹쌀가루를 익반죽해서 새알심을 만들어 넣어도 잘 어울려요.

홍시 팥죽

2 Bowls

홍시	2개
뜨거운 물	2컵
팥·찹쌀가루	1컵씩
설탕	2큰술
소금	1작은술

1 냄비에 팥을 넣고 팥이 잠길 만큼 물을 부어 센 불에서 뚜껑을 연 채로 끓인다.

2 끓어오르면 불을 끄고 물을 따라버린다.

3 다시 냄비에 물을 5~6컵 정도 붓고 팥이 물러 툭툭 터지고 물이 자작해질 때까지 1시간 정도 약불에서 푹 삶는다.

4 불을 끄고 팥을 주걱으로 으깬 다음 설탕과 소금으로 간을 한다.

5 찹쌀가루에 분량의 뜨거운 물과 소금을 넣어 잘 치대며 익반죽 한 다음 직경 2㎝ 크기의 새알심을 만든다.

6 홍시는 껍질을 벗기고 씨를 제거한 뒤 ④에 넣고 으깨가며 다시 중불에서 끓인다.

7 ⑥이 끓어오르면 새알심을 넣는다.

8 중간중간 눌지 않도록 저으면서 끓이다가 걸쭉한 농도가 되면 불을 끈다.

홍시 찹쌀죽

2 Bowls

홍시	1개
물	2컵
찹쌀가루	½컵
꿀	1큰술
소금	약간

1 홍시는 껍질을 벗기고 씨와 심을 제거한 뒤 과육만 믹서에 간다.

2 냄비에 찹쌀가루와 분량의 물을 넣고 잘 푼 뒤 소금을 약간 넣어 끓인다.

3 한소끔 끓으면 중불로 줄여 저어가며 끓인다.

4 죽처럼 되직한 농도가 되면 홍시를 넣어 잘 섞는다.

5 약불로 줄이고 끓어오르면 꿀을 넣어 섞은 뒤 불을 끄고 그릇에 담는다.

아이스 홍시

어떤 과일은 계절이 무색할 만큼 일 년 내내 흔히 볼 수 있는 반면 홍시는 나오는 시기가 딱 정해져 있죠. 그마저도
길지 않고요. 홍시는 얼리면 마치 소르베처럼 부드럽고 달콤한 맛이 정말 좋죠. 홍시가 한창인 계절에 얼려 두고두
고 즐겨 보세요. 먹을 때는 잘게 다진 호두를 뿌려 함께 먹으면 아주 잘 어울려요.

8 Balls

홍시	8개
호두 살	4개 분량

1. 홍시는 껍질째 흐르는 물에 조심스럽게 씻어 물기를 닦는다.
2. 꼭지를 떼고 얇은 껍질을 벗긴다. 껍질째 얼릴 때는 꼭지만 떼고 윗
   부분에 열십자(+)로 칼집을 낸다.
3. 밀폐용기에 모양이 흐트러지지 않게 담아 냉동한다.
4. 호두는 키친타월 위에 올려 굵직하게 다진다.
5. 먹을 때는 얼린 홍시를 하나씩 꺼내 열십자(+)로 4등분 하여 볼에 담
   고 다진 호두를 적당히 뿌린다.

곶감 호두 말이 수정과

은은하게 달콤한 곶감과 고소하게 씹는 맛 좋은 호두는 참 잘 어울리는 식재료입니다. 곶감 호두말이는 넉넉하게 만들어 두면 달달한 간식으로, 늦은 밤 술안주로 곁들이면 그만이에요. 계피 향이 향긋한 수정과에 곶감 호두말이를 띄우면 달콤한 조화를 이루지요. 또한 곶감 호두말이는 오렌지 필이나 레몬그라스가 들어간 향이 좋은 차와 곁들여 먹어도 잘 어울려요.

7~8 Bowls

곶감	5개
호두살	10개 분량

수정과
통계피 1개(40g), 생강 ½컵(60g), 물 10컵,
황설탕 1컵, 백설탕 ½컵

1 곶감은 표면의 분을 마른 면포로 털어내고 꼭지를 뗀 다음 세로로 반 갈라 과육을 펼치고 씨를 뺀다.

2 김발 위에 랩을 깔고 곶감 5개를 세로로 펼쳐 옆으로 붙여가며 일렬로 깐다.

3 곶감 가운데에 김밥 재료 올리듯이 호두를 줄지어 올린다.

4 곶감을 김밥 말듯이 힘주어 돌돌 만 다음 랩으로 싸서 곶감 호두말이를 완성하여 냉동실에 얼린다.

5 통계피는 흐르는 물에 씻고, 생강은 얇게 저며 썬다.

6 냄비에 분량의 물을 붓고 통계피와 생강을 넣어 센 불에서 5분 정도 끓인다.

7 불을 약하게 줄여 40분간 더 끓이고 체에 밭쳐 국물만 다른 냄비에 받는다.

8 ⑦의 국물에 황설탕과 설탕을 넣고 녹을 때까지만 살짝 끓여 차갑게 식힌다.

9 곶감 호두 말이를 꺼내 1.5㎝ 폭으로 썬다.

10 곶감 호두 말이를 그릇에 담고 수정과를 부어 낸다.

홍시 밤 양갱

오렌지 컬러에 가까운 홍시 밤 양갱은 디저트로 가볍게 즐기고 여러 음료와 어울리도록 달지 않게 만들었어요. 푸딩처럼 촉촉하며 젤리처럼 쫀득쫀득한 맛이 그만이에요. 밤은 구수함뿐 아니라 씹는 맛을 더해주고요. 나이에 상관 없이 누구나 좋아하는 건강한 간식 겸 디저트입니다.

9 pieces

홍시	4개(400g)
통조림 밤	9개
판 젤라틴	4g
물	1컵
설탕	⅓컵
소금	¼작은술

1. 홍시는 껍질과 꼭지, 씨를 제거하고 과육만 믹서에 곱게 간 뒤 체에 한 번 내린다.
2. 판 젤라틴은 찬물에 담가 부드럽게 불린다.
3. 냄비에 홍시와 불린 판 젤라틴, 설탕, 소금을 넣어 섞은 다음 중불에서 저어가며 5분 정도 끓인 후 불을 끈다.
4. ③을 사각 틀에 붓고 위에 밤을 올린 후 냉장실에서 약 2시간 이상 굳힌다.
5. 젤리처럼 굳으면 꺼내서 한입 크기로 썰어 접시에 담는다.

Fig

무화과는 꽃이 피지 않고 열매를 맺는다고 붙여진 이름이죠. 하지만 본래 열매 속에 꽃이 피는 과일로 꿀보다 더 달콤하고 부드러우며 씨가 톡톡 씹히는 식감이 좋아요. 모양과 색감이 독특해 요리에 쓰기에도 매우 근사한 식재료지요. 하지만 금세 물러 오래 보관하기 힘든 과일이라 구입 후 빨리 먹는 게 좋아요. 냉장 보관보다는 실온에 두는 것이 맛이 한결 좋고요. 무화과는 과육이 무르고 껍질이 약해 농약을 치지 않는 과일이니 꼭지만 자르고 껍질째 먹는 게 맛과 영양 면에서 가장 좋아요. 예전에는 초가을에 수확을 했지만 요즘은 수확하는 시기가 여름부터 가을까지로 길어져 더 오랫동안 맛볼 수 있어요.

무화과 석류 샐러드

과육이 부드럽고 씨가 톡톡 터지며 단맛이 좋은 무화과와 식감이 부드러운 키위를 섞어 한 접시 샐러드로 만들었어요. 씹을 때마다 새콤한 맛과 향이 터져 나오는 석류 알과 새콤한 드레싱이 어우러져 입맛을 돋우죠.

1 Plate

샐러드 채소(로메인, 양상추, 루콜라 등) 70g
무화과 2개
레드 키위(또는 골드 키위) 1개
석류 알 5큰술

석류 드레싱
석류 청(p.415) · 올리브유 2큰술씩,
레몬즙 · 레드 와인 비니거 ½큰술씩,
소금 · 후춧가루 약간씩

1 샐러드 채소는 찬물에 30분 정도 담가 아삭하게 살린 후 물기를 빼고 한입 크기로 뜯는다.

2 무화과는 꼭지를 자르고 둥근 모양으로 도톰하게 썬다.

3 키위도 껍질을 벗기고 둥근 모양으로 도톰하게 썬다.

4 분량의 석류 드레싱 재료를 잘 섞는다.

5 접시에 샐러드 채소를 담고 위에 무화과와 키위를 보기 좋게 올린 뒤 석류 씨를 군데군데 담고 석류 드레싱을 뿌리거나 따로 담아낸다.

Tip 석류 청이 없으면 석류 즙 2큰술에 꿀 1큰술을 섞어 요리하면 됩니다.

무화과 시저 샐러드

첫 맛은 부드럽고 짭조름하면서 끝 맛이 새콤한 시저 드레싱은 누구나 무난하게 좋아하는 샐러드 드레싱이죠. 닭고기 대신 달콤한 무화과, 크루통 대신 잣과 호두를 넣어 색다른 조합으로 요리해보세요. 오리지널 시저 샐러드보다 조금 더 개운하고 가벼운 요리가 된답니다.

1 Plate

로메인	80g
무화과	4개
베이컨	2줄
잣·피칸·호두 살	1큰술씩

시저 드레싱
달걀노른자 1개 분량, 안초비 1~2개,
파르미지아노 치즈 가루 ·
올리브유 1큰술씩, 레몬즙 ½큰술,
다진 마늘 · 홀그레인 머스터드 ·
발사믹 식초 ½작은술씩

1 로메인은 한 잎씩 떼어 찬물에 30분 정도 담가 아삭하게 살린 후 물기를 제거한다.

2 무화과는 흐르는 물에 씻어 꼭지를 자른 뒤 6등분 한다.

3 약불로 달군 팬에 잣을 노릇하게 굽고, 피칸과 호두도 노릇하게 구운 뒤 키친타월 위에 올려 잘게 다진다.

4 약불로 달군 팬에 베이컨을 바삭하게 굽고 키친타월 위에 올려 기름기를 제거한 뒤 잘게 썬다.

5 시저 드레싱 재료 중 달걀노른자와 올리브유를 먼저 섞은 뒤 안초비를 다져 넣고 나머지 드레싱 재료를 모두 넣어 섞는다.

6 큰 볼에 시저 드레싱 ⅔ 분량을 덜어 로메인과 가볍게 버무려 접시에 담는다.

7 로메인 위에 무화과와 베이컨을 올리고 잣과 피칸, 호두를 올린 다음 나머지 시저 드레싱을 뿌려낸다.

Tip 달걀노른자와 올리브유 대신 마요네즈를 이용하면 좀더 간단하게 시저 드레싱을 만들 수 있어요.

무화과는 싱싱한 그대로 먹어도 좋지만 샌드위치로 만들면 꽤 맛 좋은 한 끼가 될 수 있습니다. 무화과는 어떤 방향으로 잘라도 단면이 예쁘니 오픈 샌드위치로 만들면 좋아요. 무화과는 과육이 부드러우며 신맛은 없고 단맛은 진해 프로슈토, 살라미, 하몽 같은 생 햄과 아주 잘 어울리지요. 뿐만 아니라 리코타 치즈부터 블루 치즈까지 다양한 개성을 가진 치즈와도 맛의 궁합이 잘 맞아요. 꿀의 풍미도 무화과와 잘 어울리니 샌드위치 위에 조금 얹는 것을 추천합니다.

무화과 허니 카나페

8 Pieces

곡물 바게트	1개(슬라이스 바게트 8쪽)
무화과	2개
호두 살	2개 분량
블루 치즈	2½큰술
꿀	1큰술
소금 · 후춧가루	약간씩
올리브유	적당량

허니 크림치즈
크림치즈 6½큰술, 꿀 1큰술

1 바게트는 1㎝ 두께로 슬라이스하여 오븐 팬에 놓고 올리브유와 소금, 후춧가루를 약간씩 뿌린다.

2 ①의 바게트는 180℃로 예열한 오븐에서 8분간 굽고 식힘망 위에 올려 식한다.

3 무화과는 껍질째 깨끗이 씻어 1㎝ 두께로 썰거나 세로로 8등분 한다.

4 호두 살은 키친타월에 올려 잘게 다진다.

5 크림치즈는 실온에 두어 부드럽게 한 뒤 꿀과 섞어 허니 크림치즈를 만든다.

6 구운 바게트 위에 허니 크림치즈를 도톰하게 바르고 무화과와 블루 치즈, 다진 호두를 얹고 꿀을 뿌린다.

Tip 바게트는 오븐 대신 팬에 구워도 됩니다.

무화과 오픈 샌드위치

2 Sandiwiches

식빵	2장
무화과	2개
호두 살	1½개 분량
크림치즈	3큰술
무화과 잼(p.407)	2큰술

1 식빵은 달군 팬에 얹어 앞뒤를 노릇하게 굽거나 토스터에 굽는다.

2 무화과는 깨끗이 씻어 물기를 제거하고 1㎝ 폭으로 동글게 썬다.

3 호두 살은 키친타월 위에 올려 잘게 다진다.

4 구운 식빵 위에 크림치즈, 무화과 잼 순으로 바른 뒤 무화과와 다진 호두를 올린다.

Tip 무화과 잼이 없을 때는 꿀을 사용해도 되며 식빵 대신 바게트를 활용해도 됩니다.

Fig honey canape
Fig open sandwich

무화과 파니니

햄, 치즈, 무화과를 넣은 따뜻한 샌드위치입니다. 치아바타는 통밀 가루, 맥아, 물, 소금 등으로 만든 이탈리아 빵이에요. 쫄깃하게 씹는 맛과 순수한 풍미가 샌드위치 속에 들어가는 다른 재료의 맛을 잘 살려주죠. 짭짤한 햄, 고소한 치즈, 달콤한 무화과와 치아바타는 굉장히 잘 어울려 다른 잼이나 스프레드를 바르지 않아도 충분히 맛있답니다.

2 Panini

치아바타	2개
무화과	3개
호두 살	2개 분량
마른 크랜베리	10개
프레시 모차렐라치즈 슬라이스	6장
(또는 슈레드 모차렐라 치즈 1컵)	
슬라이스 햄(또는 살라미)	4장
엑스트라 버진 올리브유·꿀	1큰술씩

1 무화과는 꼭지를 자르고 1.5㎝ 두께의 둥근 모양으로 썬다.

2 호두 살은 키친타월 위에 올려 다진다.

3 치아바타를 반 갈라 위에 올리브유를 뿌리고 모차렐라 치즈와 무화과, 슬라이스 햄을 순서대로 올린다.

4 호두, 크랜베리, 꿀을 뿌린 다음 파니니 기계에 눌러 굽는다.

Tip 파니니 기계가 없을 때는 중불로 달군 그릴 팬 위에 올리고 바닥이 평평한 냄비나 접시로 눌러 굽거나 오븐에 구워도 됩니다.

무화과 피자

무화과 피자는 아이들 간식으로 좋고, 술안주로도 잘 어울려요. 치즈는 블루 치즈, 파르미지아노, 리코타 등으로 바꿔 요리하면 저마다 개성 있는 맛을 낼 수 있어요. 피자 도우 만들기가 부담스럽다면 시판 토르티야를 두 장 겹쳐서 만들면 됩니다. 토르티야는 피자보다 훨씬 바삭바삭한 식감이 나겠지요.

1 Pizza

무화과	4개
루콜라	30g
프로슈토(또는 하몽)	3장
슈레드 모차렐라 치즈	1컵
발사믹 글레이즈·엑스트라 버진 올리브유	1작은술씩
소금·후춧가루	약간씩

피자 도우
강력분 250g, 드라이 이스트 7g,
올리브유 1큰술, 설탕 ½큰술,
소금 1작은술, 미지근한 물 170㎖

베샤멜 소스
무염 버터 2½큰술, 우유 1컵,
밀가루 2큰술, 넛맥가루 ⅔작은술,
소금 약간

1 올리브유를 제외한 피자 도우 재료를 모두 볼에 담아 가루가 보이지 않을 정도로 섞은 다음 올리브유를 넣고 반죽의 표면이 매끄러워질 때까지 치댄다.

2 반죽을 둥글게 뭉쳐 볼에 담고 랩을 씌워 반죽이 2배로 부풀 때까지 따뜻한 곳에서 1시간 정도 발효한다.

3 팬에 베샤멜 소스 재료의 버터를 넣고 중불로 녹인 뒤 밀가루를 넣고 약불로 줄여 연한 갈색이 될 때까지 볶는다.

4 ③에 우유를 붓고 멍울이 없어질 때까지 거품기로 섞은 뒤 불을 끄고 넛맥가루를 넣고 소금으로 간해 베샤멜 소스를 만든다.

5 피자 반죽을 꺼내 손바닥으로 눌러 가스를 뺀 뒤 밀대로 얇게 민다.

6 피자 도우 위에 베샤멜 소스를 펴 바르고 모차렐라 치즈를 듬뿍 올린다.

7 200℃로 예열한 오븐에 ⑥을 넣어 가장자리가 노릇해지도록 약 8분간 굽는다.

8 무화과는 흐르는 물에 씻어 꼭지를 자르고 세로로 8등분 한다.

9 루콜라는 흐르는 물에 씻어 물기를 털고 소금, 후춧가루, 올리브유를 뿌려 밑간 한다.

10 구운 피자 도우 위에 무화과와 루콜라를 올리고 프로슈토를 손으로 찢어 올린다.

11 올리브유와 발사믹 글레이즈를 뿌린 뒤 소금, 후춧가루를 약간씩 뿌린다.

Tip 베샤멜 소스를 만들 때 거품기를 활용하면 멍울이 잘 풀어져 수월합니다. 베샤멜 소스 대신 파스타용 시판 화이트 소스를 이용해도 돼요.

무화과 초코 머핀

무화과는 플레인 머핀보다 초코 머핀과 맛이 더 잘 어울려요. 무화과와 쌉싸래한 코코아의 맛이 만나 부드럽고 달 착지근한 여운을 남기거든요. 시판용 초콜릿 머핀 가루를 사용해 반죽을 만들면 수월하지만 진한 초콜릿 풍미는 덜 난답니다.

10~12 Muffins

무화과 · 달걀	3개씩
박력분	135g
무염 버터	100g
설탕	70g
아몬드 가루	50g
물엿	30g
코코아 가루	20g
베이킹파우더	3g
생크림	50mℓ
우유	40mℓ
녹인 버터	약간

1 무화과는 깨끗이 씻어 꼭지를 자르고 2개는 사방 1㎝ 크기로 잘게 자르고 나머지 1개는 1㎝ 두께로 슬라이스 한다.

2 달걀은 흰자와 노른자를 분리한다.

3 박력분, 아몬드 가루, 코코아 가루, 베이킹파우더를 고루 섞어 덩어리가 없게 고운 체에 내린다.

4 버터는 실온에 두었다가 볼에 넣고 거품기로 덩어리 없이 부드럽게 푼다.

5 버터에 설탕과 물엿을 넣고 힘차게 섞어 크림 상태로 만든다.

6 ⑤에 달걀을 노른자에서 흰자 순으로 2~3회에 나눠가며 섞는데, 연한 노란색이 될 때까지 고루 섞는다.

7 ⑥에 우유와 생크림을 조금씩 부으면서 분리되지 않도록 섞는다.

8 ⑦에 ③의 가루를 살살 넣어가며 섞는다.

9 마른 가루가 보이지 않을 정도로 완전히 섞이면 잘게 썬 무화과를 넣고 가볍게 섞어 깍지가 없는 짤주머니에 담는다.

10 머핀 틀 안쪽에 녹인 버터를 붓으로 꼼꼼히 바른다.

11 짤주머니의 반죽을 머핀 틀에 80% 정도만 짜 넣는다.

12 슬라이스한 무화과를 반죽 위에 하나씩 올리고 살짝 눌러 고정한다.

13 180℃로 예열한 오븐에 넣고 15~20분간 구워 완성한다.

Fig

무화과 구겔호프

왕관 모양의 구겔호프(gugelhopf)는 브리오슈 반죽에 여러 가지 마른 과일(무화과, 살구, 크렌베리, 블루베리 등)을 넣어
틀에 구운 빵이에요. 크리스마스에는 다양한 과일을 얹어 크리스마스 케이크를 대신하기도 합니다. 말린 무화과는
단면의 모양과 색이 예뻐 장식용으로 활용하면 좋아요. 케이크나 아이스크림 같은 디저트에 올리면 맛도 잘 어울리
고요. 물론 과자 대용으로 바삭바삭하게 즐겨도 좋고요.

1 Whole(15cm)

무화과	1~2개
박력분 · 달걀물	80g씩
설탕	70g
무염 버터 · 아몬드 가루	45g씩
바닐라 에센스	2방울
계핏가루 · 녹인 버터	약간씩

장식
화이트 초콜릿 200g,
말린 무화과 10~12개

1 무화과는 깨끗이 씻어 꼭지를 자른 뒤 사방 1㎝ 크기로 잘게 썬다.

2 박력분, 계핏가루, 아몬드 가루를 섞어 덩어리가 없게 고운 체에 내린다.

3 무염 버터는 실온에 미리 꺼내 둬 부드러워지면 볼에 담아 핸드믹서로 부드럽게 푼 뒤 설탕을 넣고 거품이 몽글몽글 올라올 정도로 고루 섞어 부드러운 크림 상태로 만든다.

4 ③에 달걀물을 2~3번에 나누어 조금씩 넣고 분리되지 않도록 충분히 섞어 연한 노란색을 띠면 ②의 가루를 넣고 거품이 가라앉지 않도록 살살 저어 반죽한다.

5 반죽에 무화과를 넣고 잘 섞어 반죽을 완성한다.

6 녹인 버터를 구겔호프 틀 안쪽에 붓으로 꼼꼼히 바른다.

7 완성한 반죽을 구겔호프 틀에 부어 80%만 채우고 표면을 고른 뒤 틀을 바닥에 두세 번 내리쳐서 반죽 속의 공기를 뺀다.

8 170~175℃로 예열한 오븐에 넣고 표면이 노릇해지도록 35~40분 정도 굽는다.

9 식힘망 위에 틀을 엎어 구겔호프를 틀에서 빼내 식힌다. 한 김 식으면 위아래를 뒤집어 식힌다.

10 화이트 초콜릿은 중탕으로 녹인다.

11 구겔호프 윗면에 화이트 초콜릿을 도톰하게 얹고 그 위에 말린 무화과를 올린다.

Tip 화이트 초콜릿이나 무화과 토핑을 얹지 않고 완성한 구겔호프는 따뜻한 코코아나 우유와 함께 먹으면 잘 어울려요.

MINI RECIPE
말린 무화과

30~40 Slices

무화과	5개
설탕	1큰술

1 무화과는 깨끗이 씻어 물기를 제거한 후 0.5cm 두께로 둥글게 썬다.

2 오븐 팬에 유산지를 깔고 무화과를 올린 후 설탕 ½큰술을 골고루 뿌린다.

3 90℃로 예열한 오븐에서 1시간 이상 굽는다.

4 구운 무화과를 꺼내 뒤집고 다시 설탕 ½큰술을 뿌린 후 30분 정도 더 굽는다.

무화과 잼

무화과가 끝물일 때 잘 익은 무화과로 잼을 만들어 보세요. 딸기 잼처럼 씨가 오독오독 씹히는 맛이 특별해요. 무화과는 단맛이 많아 될 수 있으면 설탕을 적게 넣어야 무화과의 제맛을 진하게 느낄 수 있습니다. 체리나 블루베리 등 달콤한 베리 종류와 섞어 잼을 만들어도 잘 어울려요. 무화과 잼은 꿀이나 메이플 시럽과 맛이 잘 어울리니 토스트나 샌드위치를 만들 때는 두 가지를 섞어서 달콤한 맛을 내보세요. 설 익은 무화과는 잘게 썰어 레드 와인, 설탕과 함께 냄비에 넣고 조려 빵에 발라 먹으면 정말 맛있고, 탄산수를 부으면 훌륭한 음료가 되지요.

400ml

무화과	500g
설탕·꿀	100g씩
레몬즙	2큰술

1 무화과는 흐르는 물에 깨끗이 씻고 체에 밭쳐 물기를 뺀 다음 꼭지를 자르고 위쪽 초록 부분의 껍질만 벗겨 잘게 썬다.

2 바닥이 두꺼운 냄비에 ①의 무화과를 담고 설탕을 뿌려 1시간 정도 두었다가 중불에 올려 끓인다.

3 끓어오르면 꿀과 레몬즙을 넣고 중약불로 줄여 저으면서 잼 농도가 나면 불을 끈다.

4 한 김 식힌 후 열탕 소독한 병에 담아 냉장 보관한다.

Tip 잼 농도가 궁금하다면 찬물에 잼을 떨어트려 봐서 퍼지지 않으면 완성된 것이에요. 자칫 오래 끓이면 식었을 때 너무 되직해 먹기에 불편합니다.

Fig apple juice
Fig pomegranate ade

무화과는 자체 살충력이 강해 농약을 사용하지 않고 재배하기 때문에 껍질까지 안심하고 먹을 수 있는 과일이에요.
단, 껍질을 통해 과육에 물이 쉽게 흡수 되니 세척할 때는 흐르는 물에 재빠르게 씻은 다음 바로 물기를 닦아야 합니다.
무화과는 여러 과일과 두루 잘 어울리는 맛이라 다양한 주스로 만들어 먹을 수 있어요.

무화과 사과 주스

2 Glasses

무화과	3개
사과	1개
물·얼음	1컵씩
레몬즙 · 꿀	1큰술씩

1 무화과는 깨끗이 씻어 ½개는 세로로 썰고 나머지는 듬성듬성 썬다.
2 사과는 껍질째 깨끗이 씻어 가운데 씨를 도려내고 듬성듬성 썬다.
3 세로로 썬 무화과만 남기고 준비한 모든 재료를 믹서에 넣어 곱게 간다.
4 무화과 사과 주스를 컵에 담고 남겨둔 무화과를 올려 장식한다.

무화과 석류 에이드

2 Glasses

무화과	3개
석류 청(p.415)	4큰술
탄산수	2컵
레몬즙	2큰술
얼음	8조각

1 무화과는 깨끗이 씻어 듬성듬성 썬다.
2 믹서에 무화과와 석류 청, 레몬즙을 넣어 곱게 간다.
3 컵에 얼음을 넣고 ①을 부은 다음 탄산수를 가만히 붓는다.

Tip 석류 청에는 즙과 알이 있는데 믹서에 넣고 갈 때에는 즙만 넣고 함께 갈아요. 알갱이는 에이드를 담을 때 컵에 함께 넣고 저어야 깔끔하고 마시기에도 좋아요.

무화과 바나나 주스

2 Glasses

무화과	3개
바나나	1개
우유	1컵
아가베 시럽	1큰술
얼음	1컵

1. 무화과는 깨끗이 씻어 ½ 분량은 둥글고 얇게 썰어 컵 안쪽에 붙인다.
2. 나머지 무화과는 꼭지를 자르고 껍질을 벗긴 후 듬성듬성 썬다.
3. 바나나도 껍질 벗겨 듬성듬성 썬다.
4. 믹서에 무화과, 바나나, 우유, 아가베 시럽, 얼음을 넣어 곱게 갈아 컵에 붓는다.

Tip 주스를 만들 때 무화과 외에도 키위나 시트러스 종류처럼 잘랐을 때 단면이 예쁜 과일은 얇게 썰어 컵 안쪽에 붙여 장식해보세요. 간단하게 특별한 장식을 할 수 있답니다.

Pomegranate

 가을 햇살에 검붉은 색으로 물들기 시작하면 때를 놓치지 말고 즐겨야 하는 과일이죠. 꽃봉오리처럼 단단한 석류를 쪅하고 쪼개면 눈부시게 고운 석류 알이 가득 나오죠. 손질이 조금 번거롭지만 어떤 과일도 대신할 수 없는 새콤하고 달콤한 맛을 볼 수 있어요. 한 알 한 알 발라 먹는 재미도 좋지만 석류는 청으로 담가 두면 다양한 쓸모가 있어요. 음료는 물론이고 샐러드 드레싱, 채소 요리와 어울리는 달고 새콤한 양념, 고기나 생선 요리에는 잡내를 잡고, 디저트에는 아름다운 색을 선사하죠.

석류 청

어릴 적 저희 집 앞 마당에 석류 나무가 한 그루 있었어요. 지금처럼 간식이 풍족한 때가 아니었기에 늦가을에 열리는 새빨간 석류 열매가 우리의 간식거리였죠. 동글동글 탐스럽게 석류가 익기를 기다리며 가을을 보내곤 했습니다. 붉게 잘 익은 석류 알은 달콤해 보였지만 막상 입에 넣으면 어찌나 새콤하던지요. 어머니께서는 새콤한 석류를 알알이 떼어 청을 담그셨죠. 단맛보다 신맛이 강한 석류는 청으로 만들면 더 맛있게 먹을 수 있어요. 석류의 신맛이 설탕과 어우러지면서 맛을 더 풍부하게 하기 때문이죠. 석류 청으로 끓인 따뜻한 차를 마시며 오돌오돌 씨를 발라내던 어릴 적 기억이 아직도 생생합니다.

450ml

석류	약 1개(석류 알 300g)
설탕	300g

1 석류는 방망이로 두드려 깬다.

2 석류의 흰 속살을 제거하며 붉은 알만 알알이 떼어 저울로 무게를 달아 300g을 준비한다.

3 석류 알을 볼에 담고 동량의 설탕을 넣고 골고루 섞어 열탕 소독한 병에 담는다.

4 실온에서 설탕이 녹을 때까지 나무 숟가락으로 저은 다음 뚜껑을 닫고 냉장 보관한다.

5 냉장 후 1주일이 되면 먹을 수 있다.

석류 생강 차

석류, 레몬 생강 시럽을 넣어 따뜻하게
끓여 낸 차로 감기 예방은 물론 몸의
긴장을 풀어준답니다. 레몬 생강 시럽
은 석류 청과 함께 겨울 맞이 준비물로
꼭 만들어 두세요. 고기나 생선에 뿌려
잡내를 잡고 요리에 섬세한 단맛을 줄
뿐 아니라 차로 마시면 가족 건강을 챙
기는데 여러모로 도움이 됩니다.

2 Cups

석류 청(p. 415)	4큰술
석류 청 건더기	2큰술
레몬 생강 시럽	1큰술
뜨거운 물	2컵

1 컵에 석류 청과 건더기를 넣는다.
2 레몬 생강 시럽을 넣고 뜨거운 물
   을 부어 잘 저어 마신다.

300ml	
생강·설탕·물	200g씩
레몬즙	80g

1 생강은 납작납작하게 썬다.
2 냄비에 생강, 설탕, 물을 넣어 약한 불에서 15분 정도
   끓인다.
3 레몬즙을 넣고 중불로 5분 정도 더 끓인다.
4 불을 끄고 생강을 체로 걸러내고 병에 담아 보관한다.

석류 샴페인

스파클링 와인에 석류 청을 넣으면 석류의 색이 배어 들어 매혹적인 와인이 됩니다. 달콤하고 톡 쏘는 석류 샴페인은
달콤한 맛이 좋아 알코올 음료를 즐기지 않는 사람이라도 부담 없이 한 잔 정도 즐길 수 있습니다.

4 Glasses

| 석류 청(p.415) | 4큰술(석류 알 포함) |
| 스파클링 와인 | 적당량 |

1. 샴페인 잔에 석류 청을 1큰술씩 담는다.
2. 잔에 차가운 스파클링 와인을 붓고 살짝 저어 낸다.

석류 진저 에일

붉은 빛깔이 매력적인 석류는 단단한 껍질 안에 영롱한 알갱이로 가득 차 있죠. 이 알갱이가 입안에서 터질 때의 새콤함과 개운함은 어떤 과일도 선사하지 못하는 즐거움이에요. 석류 알이 주는 상큼함은 살리면서 편하게 그 맛을 즐기고 싶다면 청으로 담가 음료로 만들어 보세요. 쌉싸래한 생강의 맛과 향이 의외로 석류와 잘 어울리고, 겨울까지 만들어 먹기 좋은 음료예요.

2 Bowls

석류 청(p.415)	4큰술
석류 알	2큰술
레몬 생강 시럽(p.416)	4작은술
탄산수	2컵
얼음	8조각

1. 컵에 얼음을 넣고 석류 청과 레몬 생강 시럽을 넣는다.
2. 탄산수를 가만히 붓는다.
3. 석류 알을 올려 석류 진저 에일을 완성한다.

Citron

유 자 는 울퉁불퉁 거친 결과 두꺼운 껍질을 갖고 있죠. 표면과 모양이 매끈한 귤, 오렌지, 레몬과 달리 생
김이 독특한 만큼 그 매력도 대단하죠. 유자는 꼭지와 씨를 빼면 모두 먹을 수 있어요. 두툼한 껍
질은 얇게 썰어 그대로 먹어도 되고 달게 절여 두면 요리에도 쓰고 건강도 챙길 수 있는 고마운 살림 먹거리가 됩니
다. 유자는 강렬하지만 기품 있는 향이 나고 맛이 깊고 여운이 길어 무엇을 하든 주인공이 되는 과일이에요.

유자 화채

유자의 과육과 껍질을 신선하고 향긋하게 즐길 수 있는 음식이에요. 싱싱하고 맛 좋은 유자가 한창일 때 꼭 만들어 보세요. 향이 진한 유자, 시원한 맛의 배, 새콤하게 입맛을 자극하는 석류는 같은 계절에 나지만 서로 다른 맛이 나는 과일입니다. 이 세 가지를 한 그릇에 담아 가을을 훌훌 만끽해보세요.

2 Bowls

유자	1개
배	½개
석류 알	2큰술
물	2컵
설탕	⅔컵

1 설탕은 1큰술을 남긴 뒤 냄비에 담는다.

2 ①에 분량의 물을 붓고 설탕이 녹을 정도로 끓여 한 김 식혀 냉장실에 차게 둔다.

3 유자는 껍질째 깨끗이 씻어 노란 껍질을 필러로 벗긴 뒤 흰 부분은 칼로 잘 도려 낸다.

4 노란 껍질은 끓는 소금물에 재빨리 데쳐 곱게 채 썬다.

5 흰색 속껍질도 곱게 채 썬다.

6 유자 과육은 가로로 반 잘라 과육 안의 씨를 모두 제거한 뒤 3~4등분으로 잘게 자른 후 남겨 둔 설탕 1큰술을 뿌려 골고루 섞는다.

7 배는 껍질을 벗기고 가늘게 채 썬다.

8 화채 그릇에 ④~⑦의 준비한 재료와 석류 알을 보기 좋게 둘러 담는다.

9 차게 둔 ②의 설탕물을 가만히 부어 낸다.

Tip 신선한 유자 대신 유자 청을 활용해도 됩니다. 물 2컵에 유자 청 ½컵을 넣어 끓인 뒤 냉장실에 넣어 차게 두었다가 배를 채 썰어 담고 얼음을 동동 띄우세요. 신선한 유자보다 상큼함은 덜하지만 시원하게 먹기에는 그만이죠.

유자청

유자 청은 유자의 씨와 꼭지만 버릴 뿐 껍질까지 알뜰하게 활용하기 때문에 될 수 있으면 유기농으로 구입하길 추천합니다. 유자를 껍질째 깨끗이 씻어 물기를 말린 뒤 껍질과 과육을 분리해 각각 손질하여 설탕에 버무려 유자 청을 만들어요. 다른 과일로 담그는 청에 비하면 품도 많이 들고 시간도 오래 걸리죠. 물론 시판 유자 청을 구입하는 것보다 집에서 만드는 비용도 훨씬 비싸고요. 하지만 홈메이드 유자 청의 진한 맛과 깊은 향, 은은한 색감은 시판 제품이 따라오기 힘들 것 같아요. 언제부터인가 우리집에 가을이 되면 유차 청 담그는 일은 연중행사가 되었습니다. 쌀쌀한 계절이 시작되면 손수 담근 유자 청을 투명하고 예쁜 병에 담아 선물하는 기쁨도 참 좋아요. 올 가을에는 손수 유자 청 한번 꼭 담가보세요.

유자 청의 향은 아주 일품이며 쓰임도 다양합니다. 우선 유자 청 1~2큰술을 컵에 덜어 뜨거운 물을 부어 차로 즐기거나 여름에는 차가운 생수나 탄산수를 부어 유자 에이드로 즐겨요. 생선 조림이나 쇠고기 볶음 양념에 설탕 대신 넣으면 유자의 향긋함이 생선의 비린 맛이나 고기의 누린내를 잡아 요리의 맛을 좋게 합니다. 샐러드 드레싱에 활용하거나 나물 무침에 약간 넣어도 유자 향이 풍미를 한층 살려줘요.

650ml

유자	5개(500g)
설탕	500g

1 큰 볼에 물을 붓고 베이킹소다를 잘 풀어 유자를 넣고 부드러운 수세미로 문질러 씻은 뒤 물기를 제거한다. 2 유자를 가로로 반 잘라 포크로 씨를 모두 발라낸다. 3 유자 과육을 한 쪽씩 떼어내 껍질과 과육을 분리한다.

4 유자 껍질은 0.2㎝ 폭으로 가늘게 채 썬다. 5 유자 과육은 믹서에 넣어 곱게 간다. 6 열탕 소독한 병에 유자 껍질을 담고 곱게 간 유자 과육을 붓는다. 7 분량의 설탕을 유자 위에 얹고 설탕이 녹으면 냉장 보관한다. 8 2~3개월 냉장 숙성하여 먹는다.

Tip 유자 과육과 껍질, 설탕을 볼에 담아 골고루 섞은 다음 병에 담아 숙성해도 됩니다.

유자 마멀레이드

유자는 과육보다 껍질의 향이 짙어 잼보다는 껍질을 이용하는 마멀레이드로 만드는 게 더 맛있어요. 완성했을 때 유자 청보다 양은 적겠지만 유자 향은 훨씬 진하답니다. 유자 청처럼 마멀레이드도 물에 타서 차로 즐길 수 있어요.

유자	3개
레몬	1개
설탕	100g

1 유자와 레몬은 베이킹소다를 푼 물에 문질러 씻어 헹군 뒤 물기를 없앤다.

2 ①의 유자와 레몬은 6등분해서 껍질과 과육을 분리한다.

3 유자와 레몬의 껍질은 안쪽 흰 부분을 포 뜨듯이 칼로 저며내 버리고 노란 부분만 얇게 채 썬다.

4 채 썬 껍질은 끓는 물에 살짝 데쳐 찬물에 가볍게 헹궈 물기를 뺀다.

5 유자와 레몬의 과육은 씨를 모두 뺀 후 믹서에 갈고 굵은 체에 거른다.

6 냄비에 유자와 레몬의 껍질과 과육, 설탕을 넣고 중불로 끓인다.

7 한소끔 끓으면 불을 약하게 줄여 저으면서 끓인다.

8 농도가 걸쭉해지면 불을 끄고 한 김 식혀 열탕 소독한 병에 담는다.

유자 단지

유자 단지는 유자 형태를 그대로 유지해 만드는 우리나라 전통 후식입니다. 밤과 대추, 유자 과육을 설탕과 꿀에 버무린 소를 유자 껍질로 감싸 숙성시켰다가 먹는 음식으로, 숙성 기간을 거치면서 소가 단단해져 찰진 씹는 맛을 선사합니다. 유자 단지를 낼 때는 실을 풀어 유자 껍질을 살짝 벌리거나 칼집 넣은 대로 잘라 오목한 그릇에 담고 국물을 자작하게 부어내세요. 여름에는 시원하게 내고, 겨울에는 따뜻하게 데워냅니다. 유자 단지는 정성이 가득 담긴 음식이므로 선물하기 좋은 아이템이에요.

유자	8개
밤	16개(160g)
대추	80개(200g)
설탕	4½컵씩
물	4컵
꿀	3큰술
소금	약간
명주실	적당량

Citron

1 유자는 베이킹소다로 껍질을 깨끗이 씻고 끓는 옅은 소금물(소금 1작은술 정도)에 10초 정도 담갔다가 건져 물기를 제거한다. 2 작은 칼로 유자 꼭지를 둘러가며 칼집을 내어 손으로 떼어낸다. 3 꼭지를 뗀 유자는 필러를 이용해서 겉 껍질만 아주 얇게 벗겨내 따로 둔다.

4 손질한 유자는 분리되지 않도록 주의하며 세로로 6~8등분으로 깊게 칼집을 낸다. 5 유자를 벌려 과육을 뜯어내 껍질과 과육을 분리한다. 6 유자에는 씨가 많으므로 유자 속껍질에 칼집을 내서 씨를 말끔히 뺀다.

7 씨를 뺀 유자 과육은 믹서에 곱게 간다. 8 대추는 젖은 면포로 닦고 돌려 깎아 씨를 뺀 다음 가늘게 채 썬다. 9 밤은 속껍질까지 깨끗이 벗기고 얇게 저며 썬 뒤 가늘게 채 썬다.

10 볼에 간 유자 과육, 대추와 밤 채, ③의 유자 껍질을 담고 설탕 ½컵과 꿀을 넣어 잘 버무려 유자 단지 소를 만든다. **11** 유자 단지 소를 8덩어리로 나누고 1덩어리(110~130g)씩 둥글게 뭉친 뒤 ⑤의 유자 껍질 안에 넣고 오므린다.

12 명주실로 가로로 한 번 두르고, 세로 3~4 방향으로 묶어 껍질이 벌어지지 않게 한다.

13 실로 묶은 유자를 열탕 소독한 병에 차곡차곡 담는다. **14** 설탕과 물을 각각 4컵씩 냄비에 붓고 설탕이 녹을 정도로만 살짝 끓여 만든 설탕물을 병에 살살 부은 뒤 뚜껑을 닫아 냉장 보관한다. **15** 유자 단지는 1달 정도 숙성 후 먹는다.

Tip 유자는 유기농을 사용하고, 명주실은 끓는 물에 열탕 소독 후 말려서 준비하세요.

Winter

새콤달콤 탱글탱글 향긋함에 끌리는
겨울 과일의 변주

추운 계절에는 농작물이 자라기 어렵죠. 그래서 겨울에는 우리나라에서 가장 따뜻한 곳인 제주도의 감귤류가 신선한 겨울 과일의 전부에요. 겨울에 흔히 먹을 수 있는 게 귤이라 귀하게 생각하지 않지만 제주의 변덕스러운 날씨를 이기고 차분하게 자란 귤은 귀하디 귀한 과일이에요.

귤의 노란 껍질을 벗길 때 번지는 싱그러운 향은 코를 자극하며 침을 고이게 하고, 씹을 때마다 알알이 톡톡톡 터지는 새콤한 맛은 재미까지 주죠. 몸을 움츠리게 되는 추위가 한창인 겨울에 새콤달콤한 맛이 깊어지는 귤, 그리고 귤이 끝물일 때가 되면 한라봉과 레드향에 맛이 차오르고, 겨울 끄트머리에 다다르면 천혜향에 제맛이 살아나요.

Citrus

감귤류는 겨울이 제철입니다. 특히 귤, 한라봉, 천혜향, 레드향 등의 제주산 감귤 종류가 풍성한 때죠. 그만큼 겨울이 되면 제주도는 오렌지 컬러로 가득합니다. 초겨울 귤 수확이 끝나고 나면 가지에 주렁주렁 열린 한라봉, 천혜향, 레드향이 수확을 기다립니다. 모두 귤보다 단맛이 높고 과육과 과즙도 풍부한 과일이죠. 단맛보다 새콤함으로 매력을 떨치는 오렌지, 자몽, 스위티, 그리고 생각만으로도 몸서리쳐지게 새콤한 레몬과 라임까지 여러 가지 시트러스 류가 추운 겨울을 대표하는 과일입니다.
톡 쏘는 새콤함과 짜릿한 단맛이 조화로운 시트러스 종류는 사실 맛보다 껍질에서 풍기는 향이 훨씬 매력적입니다. 시트러스 종류는 과육보다 껍질에 비타민 C의 함량이 높고, 칼슘과 미네랄, 식이섬유가 함유돼 있어 껍질까지 두루두루 요리에 활용할 수 있으면 더욱 좋죠. 샐러드와 음료, 디저트는 물론이며 푸짐한 요리와 다양한 저장식품까지 만들 수 있답니다.

시트러스 샐러드

한라봉, 귤, 자몽, 스위티는 모두 감귤류에 포함되지만 저마다 개성 있는 맛과 향, 색을 가지고 있어요. 한라봉과 귤의 달콤함, 자몽의 새콤함, 스위티의 달콤 쌉싸래함이 입안에서 발랄한 조화를 이루어요. 게나가 과육의 입자도 서로 달라 먹을 때 입안에서 톡톡 터지는 상큼함도 최고랍니다. 추위에 몸이 웅크려지는 날, 마음이 지친 어느 날 몇 가지 감귤류 과일을 쓱쓱 썰어 좋은 사람들과 함께 맛있게 즐겨보세요. 몸도 가뿐해지고 마음도 밝게 되살아날 거에요.

1 Plate

한라봉·귤·자몽·스위티   ½개씩

드레싱
한라봉 즙·올리브유 2큰술씩,
레몬즙·꿀 1큰술씩,
소금·후춧가루 약간씩

1. 한라봉, 귤, 자몽, 스위티는 각각 칼을 이용해 겉껍질과 속껍질을 모두 깎아 벗긴다(별책 p.62).
2. 손질한 과일은 각각 1㎝ 두께의 둥근 모양으로 썬다.
3. 분량의 드레싱 재료는 모두 한데 섞는다.
4. 그릇에 손질한 과일을 보기 좋게 담고 드레싱을 따로 담아낸다.

Tip 스위티의 속껍질은 쌉싸래한 맛이 납니다. 떫게 느껴질 수 있으니 이런 맛이 싫다면 알알이 뜯고 속껍질을 벗겨 샐러드에 활용하세요.

시트러스 • 아보카도 샐러드

부드러운 감촉과 고소한 풍미의 아보카도는 과일의 버터라 불리죠. 도톰하게 한입 크기로 썬 아보카도에 새콤달콤하고 과즙이 풍부한 시트러스류 과일을 곁들이면 이 두 가지 만으로도 훌륭한 맛의 조화를 이룬답니다. 여기에 오일과 비니거 등을 섞어 만든 심플한 드레싱을 살짝 끼얹으면 개운하게 입맛 돋우는 상큼한 샐러드가 완성되지요. 샐러드 채소를 곁들이면 더욱 풍성한 요리가 되는데 개인적으로 쌉싸래한 루콜라를 즐겨 넣어요.

1 Plate

스위티 · 오렌지 · 귤	1개씩
아보카도	½개
루콜라	40g

드레싱
올리브유 · 화이트 와인 비니거 2큰술씩,
다진 파슬리 1큰술, 머스터드 1작은술,
소금 · 후춧가루 약간씩

1 스위티는 칼을 이용해 겉껍질과 속껍질을 모두 깎아 벗긴다(별책 p.62).

2 1㎝ 두께로 둥글게 썬 뒤 은행잎 모양으로 4등분 한다.

3 오렌지와 귤도 껍질을 벗긴 뒤 스위티와 비슷한 크기로 썬다.

4 아보카도는 반 잘라 씨를 발라내고 껍질을 벗긴 뒤 1㎝ 두께로 썬다.

5 루콜라는 씻어서 뿌리를 제거하고 물기를 턴다.

6 분량의 드레싱 재료는 모두 한데 섞는다.

7 접시에 손질한 스위티와 오렌지, 귤, 아보카도를 보기 좋게 담는다.

8 루콜라를 얹은 뒤 드레싱을 골고루 뿌린다.

Tip 오일이 들어간 드레싱을 만들 때는 액체나 가루 재료를 먼저 골고루 섞어요. 그 다음 덩어리 재료 즉, 다진 향신료 등을 넣습니다. 마지막으로 오일을 조금씩 넣고 골고루 섞이도록 충분히 저어줘야 부드럽고 풍미 좋은 드레싱이 됩니다.

굴 새우 샐러드

만들기 굉장히 간단하면서 보기에는 아주 근사한 한끼 샐러드죠. 시간이 없거나 솜씨가 부족할 때 뚝딱 활용하기 좋은 레시피에요. 샐러드 드레싱에 간장, 고춧가루, 참기름이 들어가기 때문에 오리엔탈 느낌이 물씬 나죠. 드레싱 덕분에 개운하면서도 감칠맛이 좋은 샐러드라 어른 아이 할 것 없이 모두 즐겨 먹을 수 있답니다.

2 Plates

대하	8마리
굴	3개
샐러드 채소(상추, 적근대, 깻잎, 참나물 등)	
	80g

간장 드레싱
간장 · 레몬즙 2큰술씩,
물 · 생강청 · 매실청 1큰술씩,
참기름 1작은술, 고춧가루 ½작은술

1. 대하는 깨끗이 씻어 끓는 물에 삶아 익힌 뒤 머리와 껍질을 제거한다.
2. 굴은 칼로 속껍질까지 깎아 벗긴 다음 한입 크기로 썬다(별책 p.62).
3. 샐러드 채소는 씻어서 물기를 제거한 뒤 한입 크기로 썬다.
4. 손질한 재료는 모두 냉장실에 차게 둔다.
5. 분량의 드레싱 재료는 모두 한데 섞는다.
6. 볼에 손질한 샐러드 채소, 굴, 대하를 담고 드레싱을 뿌려 가볍게 버무린 뒤 그릇에 담는다.

Tip 손질한 재료를 냉장실에 차게 두는 이유는 샐러드의 개운함 뿐 아니라 각각의 씹는 맛을 살리기 위해서랍니다. 새우 살은 탱탱해지고, 채소는 아삭아삭, 굴은 촉촉하게 과즙이 듬뿍 스며 나오거든요.

오렌지 · 천혜향	1개씩
스위티	½개
블루베리	15개
호밀빵	⅓개
애플민트	2줄기

허니 크림치즈 스프레드
크림치즈 6큰술, 꿀 2큰술

1 호밀빵은 1㎝ 두께로 슬라이스 한다.

2 달군 팬에 아무것도 두르지 않고 빵을 올려 겉만 살짝 구운 뒤 식힘 망에 올려 식힌다.

3 오렌지, 천혜향, 스위티는 칼로 겉 껍질과 속껍질을 모두 깎아 벗긴 다(별책 p.62).

4 크림치즈와 꿀을 골고루 섞어 허 니 크림치즈 스프레드를 만든다.

5 구운 빵 위에 허니 크림치즈 스프 레드를 얇게 펴 바르고 그 위에 오 렌지, 천혜향, 스위티를 올린 뒤 블루베리와 애플민트를 얹어 장식 한다.

시트러스 오픈 샌드위치

오렌지, 자몽, 귤 등은 잼이나 마멀레이드로 만들어 빵에 발라 먹곤 하지요. 때로는 신선한 과일을 그대로 썰어 빵에 곁들여보세요. 상큼한 향과 촉촉한 과즙이 살아 있어 색다른 매력이 있답니다. 다양한 치즈와 두루 잘 어울리고, 베이컨을 바삭하게 구워 곁들여도 좋아요. 아삭한 채소 몇 장 더하면 더욱 풍성한 맛이 살아나고요. 새콤하고 촉촉한 과즙의 맛이 특징이니 하루를 깨우는 브런치나 오후 간식으로 추천합니다.

레몬 소스 연어 에그베네딕트

상큼한 레몬과 요거트에 향긋한 딜을 더한 레몬 요거트 소스는 기름기 많은 연어와 아주 잘 어울려요. 특히 딜은 독특한 향과 맛이 나 훈제 연어의 풍미를 배가시켜주는 허브에요. 딜은 대형 마트에서 쉽게 구할 수 있는데, 없을 때는 이탈리안 파슬리로 대신하세요. 에그베네딕트를 먹을 때는 수란을 톡 터뜨려 촉촉하게 즐겨야 제맛이랍니다. 그릇에 남은 달걀노른자는 빵으로 쓱쓱 닦아 먹으며 깔끔하게 마무리하는 것을 잊지 마세요!

2 Peoples

훈제 연어 슬라이스	4줄
잉글리시 머핀 · 달걀	2개씩
식초	1큰술
딜	약간

레몬 요거트 소스

레몬 ½개, 딜 1줄기, 그릭 요거트 ½컵,
소금·후춧가루 약간씩

1. 레몬은 껍질째 깨끗이 씻어 노란 껍질 부분은 제스트를 만들고 과육은 즙을 짠다.
2. 소스 재료의 딜은 다진다.
3. 볼에 그릭 요거트와 레몬즙, 레몬제스트, 다진 딜, 소금, 후춧가루를 섞어 레몬 요거트 소스를 만든 뒤 냉장 보관한다.
4. 속이 깊은 냄비에 물을 붓고 센 불에 올려 가장자리가 끓기 시작하면 중불로 줄이고 식초를 넣어 섞은 다음 바로 달걀을 가만히 깨뜨려 넣는다.
5. 달걀흰자가 익어 타원형이 유지되면 터지지 않게 국자로 조심스럽게 건져 찬물에 담가 식힌 뒤 다시 건져 물기를 뺀다.
6. 잉글리시 머핀은 반 갈라 기름 없는 마른 팬에 자른 단면만 살짝 굽는다.
7. 잉글리시 머핀의 구운 면에 레몬 요거트 소스를 듬뿍 얹은 뒤 훈제 연어와 ⑤의 수란 순서로 올리고 딜, 소금, 후춧가루를 뿌려 마무리한다.

Tip 잉글리시 머핀은 단맛이 없는 매우 담백한 빵으로 에그베네딕트와 잘 어울려요.
때로는 식빵 대신 잼이나 스프레드만 가볍게 발라 먹어도 심플한 한끼가 된답니다.
수란 만들 때 국자 안에 끓는 물을 담고 달걀을 깨뜨려 넣어 국자째 끓는 물에 담가 겉을 익히면 실패할 확률이 낮아집니다.

시트러스 셀러리악 수프

부드럽고 고소한 수프 위에 상큼한 오렌지와 자몽을 얹어 먹는 색다른 요리에요. 따뜻한 수프에 감귤류 과일을 얹어 먹으니 진한 향이 마음까지 감싸며 온몸에 온기를 불어 넣어 준답니다. 수프는 양을 넉넉히 끓여 두었다가 조금씩 덜어 데운 다음 그때그때 오렌지와 자몽을 얹어 먹으면 편리해요. 가뿐한 아침 식사로 좋고, 출출함을 달래줄 야식으로도 부담이 없습니다. 먹을 때 호두나 아몬드 슬라이스를 수프 위에 뿌려 섞어 먹어도 맛있어요.

이 요리에는 낯선 재료가 한 가지 들어갑니다. 바로 셀러리악(Celeriac)이에요. 셀러리와 비슷하지만 훨씬 강렬한 맛과 향이 나는 뿌리채소에요. 뿌리 셀러리, 덩이 셀러리라 불리기도 하는 셀러리악은 비타민 A와 칼륨이 풍부해요. 둥근 모양에 표면이 거칠지만 속은 매끈하고 뽀얀 상아색을 띱니다. 단맛이 나고 부드러워 생으로도 먹을 수 있지만 데치거나 볶아 익히면 더욱 맛있어요. 전분 함량이 적기 때문에 수프를 끓일 때는 감자와 함께 섞어 만들면 풍미도 좋아지고 훨씬 맛있어집니다.

2 Bowls

오렌지	1개
자몽	½개
셀러리악	200g
감자	100g
다진 호두·코코넛 밀크	1큰술씩
우유	¾~1컵
생크림	½컵
버터	2큰술
소금·후춧가루	약간씩

1 오렌지와 자몽은 껍질째 깨끗이 씻어 물기를 닦고 오렌지는 껍질로 제스트를 만든다.

2 오렌지와 자몽의 과육은 속껍질까지 말끔히 벗긴다.

3 셀러리악과 감자는 껍질을 벗기고 얇게 썰어 냄비에 담고 재료가 잠길 정도의 물을 부어 끓인다.

4 셀러리악과 감자가 다 익으면 물을 따라 버린다.

5 믹서에 삶은 셀러리악, 감자, 우유를 함께 넣어 곱게 간 뒤 다시 냄비에 넣어 끓인다.

6 ⑤가 끓으면 오렌지 제스트를 몇 줄 남기고 넣고 버터, 생크림도 함께 넣어 농도가 걸쭉해지도록 끓인 뒤 소금, 후춧가루로 간한다.

7 볼에 수프를 담고 오렌지와 자몽의 과육, 남은 오렌지 제스트, 다진 호두를 얹고 코코넛 밀크를 뿌린다.

Tip 셀러리악을 구할 수 없다면 감자로 대신하면 됩니다. 셀러리악 양만큼 감자를 넣으세요. 그리고 셀러리 1줄기를 썰어 함께 넣고 과정 3으로 돌아가 수프를 완성하면 됩니다. 코코넛 밀크가 없다면 생략해도 됩니다.

귤 연어 구이

연어는 생으로 먹어도 좋지만 스테이크로 먹으면 풍미가 기가 막히게 좋은 생선입니다. 먹기 전에 가볍게 마리네이드를 하면 한결 맛있게 즐길 수 있어요. 레몬즙, 소금, 후춧가루를 뿌리고 올리브유를 두른 뒤 레몬 슬라이스를 올려 30분 정도 두세요. 생선 특유의 잡내도 없애고 레몬으로 인해 살이 단단해져 쫄깃한 식감이 살아 난답니다. 생선 조림에 유자즙이나 유자 청(p.424)을 넣으면 상큼한 유자 향이 생선의 비린 맛과 냄새를 중화시켜 줍니다. 유자는 생선 조림 양념이 고춧가루일 때도, 간장일 때도 두루두루 잘 어울리고, 흰살 생선, 등푸른 생선 등 어떤 재료와도 궁합이 잘 맞아요.

2 Plates

연어(스테이크용)	300g
귤	2개(또는 천혜향 1개)
청경채	4포기
카놀라유	1큰술
참깨	약간

유자 된장 소스
유자즙·메이플 시럽 2큰술씩,
미소 된장 1½큰술, 간장·청주 1큰술씩

1 분량의 재료를 섞어 유자 된장 소스를 만든다.

2 연어는 먹기 좋게 사방 3㎝ 크기로 깍둑 썬 다음 유자 된장 소스를 반 정도 넣어 가볍게 버무려 재운다.

3 귤은 껍질째 깨끗이 씻어 세로로 반 자른 뒤 다시 세로로 3등분 하여 6쪽을 낸다.

4 청경채는 흐르는 물에 씻어 물기를 제거하고 길이로 반 가른다.

5 달군 팬에 카놀라유를 두르고 연어를 굽는다.

6 연어가 거의 익으면 청경채, 귤, 남은 유자 된장 소스를 넣고 청경채가 살짝 숨이 죽을 정도로 볶아 완성한다.

7 그릇에 귤 연어 구이를 담고 참깨를 뿌린다.

Tip 유자즙이 없을 때는 유자 청을 사용하면 됩니다. 단, 유자 청은 달콤한 맛이 강하므로 메이플 시럽의 양은 반으로 줄여야 해요. 메이플 시럽 대신 물엿을 넣어도 됩니다.

새우 특히 대하는 살이 통통하고 단단해 속까지 양념 맛이 배기 쉽지 않은 재료에요. 그렇다고 오랫동안 조리하면 육질이 퍽퍽하고 질겨지며 특유의 감칠맛도 줄어들죠. 이럴 때는 맛과 향이 강한 시트러스를 활용해보세요. 새우 양념이나 드레싱에 레몬이나 오렌지를 활용하면 새콤달콤한 첫 맛이 입맛을 돋운답니다. 게다가 버터 같은 유지류의 느끼한 맛도 중화시켜주고요. 그 다음에 새우의 담백하고 고소한 맛을 충분히 즐기는 것이지요. 오렌지나 레몬은 볶을 때 뿐 아니라 새우를 찍어 먹는 소스나 딥으로도 아주 훌륭하니 잊지 말고 꼭 활용해보세요.

마늘은 버터나 올리브유에 바삭바삭하게 굽거나 볶으면 특유의 매운맛은 사라지고 부드러운 단맛과 풍성한 향이 난답니다. 마늘 새우 버터구이에 상큼한 레몬을 더해 다소 느끼할 수 있는 버터구이를 깔끔하게 마무리합니다.

레몬 갈릭 쉬림프

1 Plate

대하	10마리
마늘	3쪽
레몬즙	¾컵
버터	4큰술
다진 이탈리안 파슬리	1작은술
소금·후춧가루	약간씩

1 새우는 머리를 떼고 껍질을 벗긴 뒤 이쑤시개로 내장을 제거하여 흐르는 물에 씻은 다음 체에 밭쳐 물기를 뺀다.

2 마늘은 얇게 편으로 썬다.

3 달군 팬에 버터 2큰술을 녹이고 마늘을 넣어 노릇해지게 볶는다.

4 ③에 새우를 넣고 소금과 후춧가루로 간을 해서 볶아 새우가 다 익으면 접시에 덜어낸다.

5 ④의 팬에 레몬즙을 넣어 끓이다가 양이 반으로 줄면 나머지 버터를 넣어 녹인다.

6 다진 이탈리안 파슬리를 넣은 뒤 다시 새우를 넣어 한소끔 볶아 완성한다.

Tip 신선한 이탈리안 파슬리가 없을 때는 드라이 파슬리를 사용해도 됩니다.

레몬 스파•이시 쉬림프

1 Plate

대하	10마리
마늘	2쪽
레몬즙	2큰술
올리브유·맛술·파프리카 가루	1큰술씩
소금·후춧가루	약간씩

1 새우는 머리를 떼고 껍질을 벗긴 뒤 이쑤시개로 내장을 제거하여 흐르는 물에 씻은 다음 체에 밭쳐 물기를 뺀다.

2 마늘은 얇게 편으로 썬다.

3 달군 팬에 올리브유를 두르고 마늘을 넣어 노릇해지게 볶는다.

4 ③에 새우와 레몬즙을 넣어 섞은 뒤 바로 맛술과 파프리카 가루를 넣어 볶는다.

5 새우가 익으면 소금과 후춧가루로 간을 해서 마무리 한다.

Tip 파프리카 가루가 없을 때는 고운 고춧가루를 같은 양 넣으면 됩니다. 매운 맛을 내고 싶다면 태국고추나 청양고추를 넣어 함께 볶아요.

Lemon garlic shrimp
Lemon spicy shrimp

레몬 코코넛 새우 튀김

오렌지, 자몽, 천혜향, 한라봉과 귤은 껍질만 벗겨 먹어도 너무 맛있는 과일이지요. 반면 레몬은 눈이 질끈 감길 정도로 신맛이 강하죠. 그래서 청이나 차로 담그거나 음료에 곁들여 상큼하고 개운하게 즐기는 경우가 많아요. 그런데 이런 레몬의 신맛이 우유, 버터, 올리브유 등 유지류와 만나면 아주 맛깔스러운 요리 재료가 된답니다. 향긋하고 고소하면서 개운한 새콤함이 있어 정말 맛있어요. 튀김이나 구이 요리에 끼얹거나 찍어 먹는 용도로도 좋고, 해산물이나 닭고기가 들어간 따뜻한 샐러드에 드레싱으로 함께 내도 좋답니다.

1 Plate

대하	10마리
달걀흰자	1개 분량
코코넛 슬라이스	3큰술
녹말가루	2큰술
소금 · 후춧가루	약간씩
튀김기름	적당량

레몬 마요 소스
마요네즈 · 레몬즙 3큰술씩,
크림치즈 · 꿀 1큰술씩

1 새우는 머리를 떼고 껍질을 벗긴 뒤 등쪽에 이쑤시개를 넣어 내장을 제거하여 흐르는 물에 씻은 다음 체에 받쳐 물기를 빼고 소금, 후춧가루로 밑간 한다.

2 ①의 새우에 녹말가루를 넣어 버무린 다음 달걀흰자를 넣고 잘 섞어 튀김옷을 입힌 뒤 코코넛 슬라이스를 묻힌다.

3 분량의 재료를 섞어 레몬 마요 소스를 완성한다.

4 170℃로 달군 튀김기름에 ②의 새우를 넣어 코코넛 슬라이스가 노릇해질 정도로 튀겨 건진다.

5 새우 튀김의 기름을 뺀 뒤 레몬 마요 소스와 함께 낸다.

Tip 튀김 온도를 측정할 때는 달군 기름에 튀김 반죽을 조금 떨어뜨렸을 때 반죽이 바로 올라오거나 튀김 젓가락을 넣었을 때 젓가락 주변에 기포가 보글보글 생기면 튀김을 하기에 적당한 온도라고 볼 수 있어요. 바삭바삭한 튀김을 만들고 싶다면 실온의 물보다는 얼음물이나 맥주, 탄산수를 넣어 반죽하면 됩니다.

레몬 우럭 구이

우럭은 부드럽고 담백한 맛이 좋아 누구나 거부감 없이 먹기 좋은 흰살 생선이지요. 게다가 소화도 잘 되고 황아미노산 함량이 높아 간 기능 향상과 피로회복에 매우 효과가 좋답니다. 레몬과 딜을 얹어 구우면 생선의 비린 맛 대신 향긋하고 신선한 맛과 향을 느낄 수 있어요. 또한 우럭 위에 레몬을 얹어 조리하면 우럭의 살이 단단해져 한층 쫄깃한 맛을 즐길 수 있답니다.

1 Plate

우럭	1마리
레몬	1개
딜	2~3줄기
올리브유	2큰술
소금·후춧가루	약간씩
조리용 실	적당량

1. 우럭은 비늘을 긁고 지느러미를 모두 가위로 잘라낸다.
2. 배를 갈라 내장을 제거한 다음 흐르는 물에 씻고 앞뒤로 소금과 후춧가루를 뿌려 간을 한다.
3. 레몬은 껍질째 깨끗이 문질러 씻고 0.5㎝ 두께로 둥글게 썬다.
4. 우럭 위에 딜과 레몬을 올리고 흐트러지지 않게 조리용 실로 가로로 두세 군데 묶는다.
5. 오븐 팬에 우럭을 올리고 올리브유를 골고루 뿌려 180℃로 예열한 오븐에서 15~18분간 굽는다.

Tip 딜을 구할 수 없거나 딜 향을 싫어한다면 이탈리안 파슬리를 곁들이면 됩니다. 아무래도 신선한 파슬리가 좋겠지만 준비가 안되었다면 드라이 허브라도 풍성하게 뿌려 요리하세요.

레몬 커드

영국에서 즐겨 먹는 레몬 커드는 레몬의 상큼한 맛과 향이 고스란히 살아 있는 부드러운 크림이에요. 양을 넉넉하게 만들어서 커스터드 크림 대신 파이 필링으로 사용해도 좋고, 빵이나 스콘, 담백한 쿠키 등에 잼 대신 바르면 잼보다 우아하고 색다른 맛을 즐길 수 있어요. 요거트에 섞어 새콤한 맛을 살려 빵에 곁들여도 좋고요. 단, 보관 기간이 길지 않으니 만들어서 냉장 보관하고 5일 이내에 먹는 게 좋습니다.

100~120ml

레몬 · 달걀	1개씩
버터 · 설탕	50g씩
아가베 시럽	½큰술

1. 레몬은 껍질째 깨끗이 씻어 물기를 제거하고 노란 껍질 부분은 제스트를 만들고 과육은 즙을 낸다.
2. 냄비에 ①의 레몬즙과 달걀, 설탕을 넣어 섞고 버터를 넣는다.
3. 약한 불에 ②의 냄비를 올려 5분 정도 계속 저어가며 끓인 후 레몬 제스트를 넣는다.
4. 걸쭉한 농도가 될 때까지 2~3분 정도 약한 불에서 저어가며 더 끓이고 불은 끈다.
5. 한 김 식으면 아가베 시럽을 넣어 섞는다.

잼은 묵은 과일로 만드는 경우가 많은데 사실 잼도 신선한 과일로 만들면 맛과 향이 진해 더욱 맛있지요. 잼을 만들 때 설탕의 양은 과육 무게의 40~50%가 적당한데 과일마다 단맛이 조금씩 다르니 과일 맛을 먼저 보고 설탕 양을 조절하세요. 뜨거울 때보다 식으면 걸쭉한 농도가 훨씬 되직해지니 너무 오래 끓이지 않아야 부드러운 잼을 완성할 수 있어요.
새콤한 향이 그대로 살아 있는 오렌지 자몽 잼은 천연 발효빵이나 견과류가 들어간 빵과 잘 어울려요. 은근한 단맛과 향이 매력적인 귤 사과 잼은 스콘이나 버터 향 가득한 브리오슈와 잘 어울려요.

오렌지 자몽 잼

300ml

자몽 · 오렌지	1개씩
설탕	과육 무게의 40%
레몬즙	1큰술

1 오렌지와 자몽은 각각 속껍질까지 말끔히 벗기고 씨를 빼서 과육만 준비한다.

2 설탕은 오렌지와 자몽 과육을 합친 무게의 40% 정도 분량을 준비한다.

3 냄비에 오렌지 과육, 자몽 과육, 설탕, 레몬즙을 넣고 중불에서 저어가며 걸쭉해질 때까지 끓여 잼을 완성한다.

4 오렌지 자몽 잼을 한 김 식힌 뒤 열탕 소독한 병에 담아 냉장 보관한다.

Tip 자몽은 속껍질까지 벗겨야 쌉싸래한 맛을 최대한 줄일 수 있고 잼의 질감도 부드러워집니다.

귤 사과 잼

300ml

귤	2~3개
사과	1개
설탕	과육 무게의 40%
레몬즙	1큰술

1 귤은 속껍질까지 말끔히 벗겨 과육만 준비한다.

2 사과는 껍질을 벗기고 가운데 씨를 도려낸 뒤 과육만 큼직큼직하게 잘라 믹서에 넣고 입자가 굵직하게 살짝 간다.

3 설탕은 귤과 사과 과육을 합친 무게의 40% 정도 분량을 준비한다.

4 냄비에 귤 과육, 사과 과육, 설탕, 레몬즙을 넣고 중불에서 저어가며 걸쭉해질 때까지 끓여 잼을 완성한다.

5 귤 사과 잼을 한 김 식힌 뒤 열탕 소독한 병에 담아 냉장 보관한다.

Tangerine apple jam
Orange grapefruit jam

오렌지 마멀레이드

잼은 과육으로 만든다면 마멀레이드는 껍질을 넣은 잼이라고 생각하면 됩니다. 껍질째 만드는 요리이니 껍질을 깨끗이 닦는 게 중요하죠. 껍질을 넣으면 오렌지 특유의 향도 진하게 배어나고 먹을 때 씹는 맛이 좋아져요. 갓 구운 빵에 듬뿍 발라 차와 함께 즐기기 좋습니다. 치즈와 곁들이거나 요리에 활용하기도 합니다. 초콜릿과 잘 어울려 초콜릿 머핀 반죽에 오렌지 마멀레이드를 듬뿍 넣어 구워도 맛있어요. 마멀레이드와 메이플 시럽을 1:2 비율로 섞으면 맛있는 팬케이크 시럽이 됩니다.

200ml

오렌지	2개
설탕	150g
레몬즙	1큰술

1 오렌지는 껍질째 깨끗이 씻어 물기를 제거한 다음 껍질을 벗긴다.

2 껍질 안 쪽의 흰 부분은 칼로 도려내 버리고 오렌지 컬러의 껍질만 0.5cm 폭으로 채 썬다.

3 오렌지 과육은 세그먼트(별책 p.62) 하여 믹서에 입자가 보일 정도로 살짝 갈고 세그먼트 하고 남은 과육은 즙을 짜 둔다.

4 냄비에 채 썬 오렌지 껍질, 오렌지 과육, 오렌지 즙, 설탕을 넣고 센 불에서 끓인다.

5 가장자리가 보글보글 끓기 시작하면 중불로 줄이고 저어가면서 걸쭉해질 때까지 끓인다.

6 레몬즙을 넣어 섞은 뒤 불을 꺼 완성한다.

7 한 김 식혀 열탕 소독한 병에 담아 냉장 보관한다.

Tip 오렌지와 레몬 외의 시트러스류는 껍질에 특별한 향이 없고 쓴맛이 강해 마멀레이드로는 적합하지 않아요.

제철에 나오는 과일로 청을 담가 두면 참 여러모로 쓸모가 있어요. 단맛과 더불어 과일의 풍미가 깃들어 요리에 쓸 수 있고, 물이나 우유 등에 타서 음료로 즐길 수도 있어요. 겨울에는 잔에 청을 담고 뜨거운 물을 부어 차로 마시면 추위를 이기는데 든든한 지원군이 될 겁니다.

자몽 청을 담글 때 꿀을 함께 넣으면 자몽의 쌉싸래한 맛과 꿀의 향긋함이 조화를 이뤄 맛과 향이 한결 깊어지죠. 자몽은 껍질이 두껍고 쌉싸래한 맛이 강해 속껍질까지 모두 벗긴 과육만으로 청을 담그는 게 맛있어요. 또 겨울철에는 자몽 청과 함께 생강 레몬 청도 꼭 담가 구비해 두세요. 레몬 생강 청은 겨울철 우리 집 필수 식품인데, 환절기에 자주 마시면 감기 예방에 아주 좋지요. 레몬 생강 청에 물을 부어 한소끔 끓여서 따뜻하게 마시면 그냥 물에 타서 마시는 것보다 향도 맛도 훨씬 풍성해집니다. 그리고 홍차에 넣어도 아주 잘 어울리고요.

시트러스 청은 탄산수와 잘 어울려요. 잔에 얼음을 반 정도 채우고 시트러스 청 4~5큰술과 시트러스 슬라이스 2~3장을 넣고 탄산수를 가득 부어 마셔요.

자몽 꿀 청

700ml

자몽	2개(800g)
꿀	약 100g(과육 무게의 20%)
설탕	약 260g(과육 무게의 50%)

1 자몽은 과육에 붙어 있는 흰 껍질까지 깨끗이 벗기고 세그먼트(별책 p.62)해서 과육만 준비한다.

2 자몽 과육과 설탕, 꿀을 볼에 담고 가볍게 섞어 설탕을 녹인 뒤 열탕 소독한 병에 담아 냉장 보관한다.

Tip 자몽은 속에 있는 흰 껍질까지 모두 제거하면 과육 무게가 1개 당 250g 내외가 됩니다.

Grapefruit honey syrup

자몽 꿀 차

으슬으슬 유난히 추운 날 새콤달
콤한 자몽 꿀 차를 따뜻하게 준비
해 마셔보세요. 감기 기운이 있거
나 기분이 처지는 날이라면 자몽
꿀 청을 듬뿍 넣어 달콤하게 즐기
는 것도 좋은 방법이에요.

1 Cup

자몽 꿀 청(p.468)	3~4큰술
뜨거운 물	1½컵

1 컵에 자몽 꿀 청을 담는다.
2 뜨거운 물을 부어 잘 젓는다.

시트러스 청

550ml

귤	2개
오렌지·자몽	1개씩
설탕	약 350g(과육 무게의 70%)

1. 귤, 오렌지, 자몽은 껍질째 깨끗이 씻고 물기를 제거한 뒤 0.5㎝ 두께로 슬라이스 한다.
2. 설탕은 과일 전체 무게의 70%를 준비한다.
3. 커다란 볼에 손질한 과일과 설탕을 담아 골고루 뒤섞어 설탕이 완전히 녹으면 열탕 소독한 병에 담아 냉장 보관한다.

레몬 생강 청

250ml

레몬	2개
생강	70g
설탕	약 190g(과육 무게의 70%)

1. 레몬은 껍질째 깨끗이 씻어 0.5㎝ 두께로 둥글게 슬라이스 한다.
2. 생강은 숟가락이나 칼로 긁어 껍질을 벗기고 가늘게 채 썬다.
3. 레몬, 생강, 설탕을 볼에 담고 섞어 잠시 두었다가 물기가 생기면 다시 뒤섞는다.
4. 설탕이 완전히 녹으면 열탕 소독한 병에 담아 냉장 보관한다.

Citrus syrup

Lemon ginger syrup

오렌지 페퍼민트 티

페퍼민트의 시원한 향에 달콤한 오렌지 향이 더해져 개운하면서 부드럽게 마시기에 좋습니다. 게다가 페퍼민트는
열을 식히고 스트레스 해소와 신경 완화에 효과적이니 피로를 푸는 데도 그만이죠. 오렌지와 같은 방법으로 레몬을
구워 홍차에 띄우면 좀 더 진하고 향긋한 레몬 홍차를 즐길 수 있습니다.

1 Cup

오렌지·페퍼민트 티백	2개씩
뜨거운 물	2컵
설탕	2큰술

1. 오렌지는 껍질째 깨끗이 씻어 0.5㎝ 두께로 슬라이스 한다.

2. 오븐 팬에 오렌지를 1장씩 펼치고 설탕 1큰술을 오렌지 위에 솔솔 뿌려 90℃로 예열한 오븐에서 1시간 동안 굽는다.

3. ②의 오렌지를 뒤집은 뒤 나머지 설탕 1큰술을 오렌지 위에 뿌려 30분 정도 더 굽는다.

4. 구운 오렌지는 식힘망 위에 올려 완전히 식고 남은 수분이 날아가면 밀폐용기에 담아 보관한다.

5. 페퍼민트 티백을 잔에 담고 뜨거운 물을 부어 우린 뒤 구운 오렌지를 1~2장 띄운다.

오렌지 라테

어느 카페에서 유명해진 '오렌지 비앙코'라
는 메뉴를 집에서 만들어 먹기 위해 만든 레
시피에요. 오렌지와 커피가 의외로 조화롭
고 잘 어울린답니다. 겨울이 아니라면 얼음
과 차가운 우유를 넣어 시원하게 즐겨도 별
미에요.

1 Cup

오렌지	½개
우유	½컵
설탕	5큰술
에스프레소	2잔
오렌지 슬라이스	1쪽(장식용)

1 오렌지는 칼로 흰 껍질까지 깨끗이 벗기
고 과육을 사방 1㎝ 크기로 깍뚝 썬다.

2 볼에 오렌지 과육과 설탕을 담아 섞고 설
탕이 녹을 때까지 중간중간 뒤섞어가며
잠시 뒤 오렌지 청을 만든다.

3 우유는 따뜻하게 데우고 우유 거품기로
거품을 낸다.

4 잔에 오렌지 청을 담고 에스프레소와 우
유를 살살 붓고 우유 거품을 올린다. 마지
막으로 오렌지 슬라이스를 올려 낸다.

자몽 차

자몽의 신선한 맛과 향, 톡톡 터지는 과육
을 그대로 맛볼 수 있답니다. 시원하게 즐
기고 싶다면 얼음과 탄산수를 넣어 에이드
로 즐겨도 좋아요.

1 Cup

자몽	½개
물	1컵
꿀	1큰술
자몽 슬라이스	1쪽(장식용)

1 자몽은 가로로 반 잘라 스퀴저로 즙을
  짜고 안쪽에 남은 과육을 숟가락으로
  말끔히 긁어낸다.
2 냄비에 분량의 물을 붓고 ①의 자몽즙
  과 과육, 꿀을 넣어 팔팔 끓인다.
3 컵에 ②를 붓고 자몽 슬라이스를 올려
  낸다.

한라봉 오미자 에이드

새콤한 맛이 나는 과일 두 가지를 섞어 굉장히 은은하고 우아한 음료를 만들었어요. 신선한 오미자가 없을 때는 냉동 오미자나 오미자 청을 같은 양 넣으면 됩니다.

1 한라봉은 껍질째 깨끗이 씻어 0.5cm 두께로 슬라이스 한다.

2 볼에 한라봉, 오미자, 설탕을 넣어 섞고 설탕이 녹을 때까지 중간중간 뒤섞은 뒤 잠시 둔다.

3 ②를 잔에 담고 탄산수를 부은 뒤 얼음을 띄우고 민트 잎을 올려 낸다.

시트러스 뱅쇼

프랑스어인 뱅쇼(vin chaud)는 '따뜻하게 끓인 와인'을 뜻합니다. 레드 와인에 비타민 C가 풍부한 과일과 향신료를 넣고 끓인 뱅쇼는 유럽에서 감기 예방에 특효로 통하지요. 과일의 은은함과 정향, 계피 등 향신료의 향이 어우러져 매우 독특한 풍미를 즐길 수 있답니다. 와인은 끓이는 동안 알코올이 순해져 술을 잘 마시지 못하는 사람도 부담 없이 마실 수 있어요.

1.7L

레드 와인	1병(750㎖)
사과 · 오렌지 · 레몬 · 한라봉	1개씩
통후추	10개
정향	5개
시나몬 스틱	2~3개
사과 주스	2컵

1 사과, 오렌지, 레몬, 한라봉은 껍질째 베이킹 소다로 문질러 깨끗이 씻는다.

2 모든 과일은 각각 0.5㎝ 두께의 둥근 모양으로 썬다. 큰 것은 다시 2~4등분 한다.

3 큼직한 냄비에 레드 와인과 사과 주스를 붓고 손질한 과일과 정향, 통후추, 시나몬 스틱을 넣어 한소끔 끓인 뒤 불을 아주 약하게 줄여 20~30분간 끓여 뱅쇼를 완성한다.

4 컵이나 와인 글라스에 뱅쇼를 붓고 기호에 따라 꿀이나 설탕을 넣어 마신다.

Tip 시트러스 외에 배나 포도 등 과일은 계절에 따라, 향신료는 기호에 따라 넣으면 됩니다. 뱅쇼는 일주일 정도 보관이 가능해요. 한 김 식혀 밀폐용기에 담고 냉장실에 두었다가 먹을 때마다 덜어 살짝 끓이면 됩니다.

바닐라향 자몽 구이

감귤 농장에 갔을 때 귤을 구워 먹었는데 너무 맛있어서 자몽으로 응용해 본 요리에요. 과육이 조금 단단한 편인 천혜향과 레드향으로 만들어도 맛있어요. 구워서 따뜻하게 먹어도 맛있고 냉장실에 차게 식혀 먹어도 된답니다. 먹을 때 바닐라 아이스크림을 올리면 근사한 디저트가 됩니다.

1 Plate

자몽	1개
살구 오렌지 잼(p.197) · 설탕	2작은술씩
바닐라 빈	⅓개

1 자몽은 껍질째 깨끗이 씻은 다음 가로로 반 자르고 껍질과 과육 사이에 칼을 넣어 과육을 도려낸 후 자몽 껍질을 1㎝ 정도 잘라낸다.

2 자몽 껍질 안에 자몽 과육을 다시 넣은 뒤 자몽 과육 위에 살구 잼을 바른다.

3 살구 잼 위에 설탕을 솔솔 뿌린다.

4 바닐라 빈은 반 갈라 씨를 긁어내 자몽 위에 골고루 바른다.

5 180℃로 예열한 오븐에 ④를 넣어 8분간 구워 완성한다.

Tip 살구 잼이 없다면 사과 잼을 대신 넣어도 됩니다.
완성된 자몽 구이 윗면을 토치로 살짝 구우면 맛도 모양도 먹음직스러워집니다.

오렌지 크레이프

아침을 개운하게 시작하는 메뉴로 아주 좋아요. 크레이프와 오렌지 절임은 미리 만들어 두면 바쁜 아침 시간에도 걱정 없지요. 크레이프는 구워서 한 김 식힌 후 층층이 쌓아 두면 됩니다. 먹을 때는 크레이프를 팬에 살짝 굽고 오렌지 절임은 가볍게 데워요. 따뜻한 커피와 곁들이면 따뜻하고 부드럽게 하루의 시작을 준비할 수 있답니다.

2 Plates

오렌지	1개
설탕·물	1컵씩
카놀라유	약간

크레이프 반죽
달걀 3개, 우유 1½컵, 밀가루 1컵,
무염 버터 3큰술,
설탕·바닐라 시럽 1작은술씩,
소금 ¼작은술

1 오렌지는 껍질째 깨끗이 씻어 0.5㎝ 두께로 둥글게 슬라이스 한다.

2 냄비에 오렌지, 설탕, 물을 넣어 약한 불에서 오렌지 껍질이 투명해지도록 10분 정도 조려 오렌지 조림을 만든다.

3 버터는 중탕으로 혹은 전자레인지에 넣어 녹인 뒤 볼에 담고 나머지 크레이프 반죽 재료와 잘 섞어 반죽을 완성하고 냉장고에 넣어 1시간 정도 휴지한다.

4 달군 팬에 코팅을 하는 정도로 카놀라유를 얇게 바른다.

5 ③의 반죽을 국자로 떠 팬에 올려 지름 20㎝ 정도로 둥글고 얇게 펴서 굽는다.

6 그릇에 완성된 크레이프를 담고 ②의 국물 즉, 오렌지 시럽을 뿌리고 조린 오렌지를 올려 낸다.

Tip 반죽에 밀가루 멍울이 있을 때는 체에 반죽을 한번 내려 사용하세요. 바닐라 시럽이 없을 때는 설탕을 1큰술로 늘리고 바닐라 에센스를 2~3방울 떨어뜨려요. 절임용 오렌지는 껍질이 얇은 게 좋아요. 손으로 들어봤을 때 묵직하고 표면이 매끈하며 점들이 작은 게 껍질이 얇아요. 오렌지 조림 대신 오렌지 잼을 곁들여도 됩니다.

레몬 마들렌

마들렌 표면에 상큼한 레몬 아이싱을 입혀 겉은 바삭하고 속은 촉촉하답니다. 한 입 먹으면 상큼한 레몬의 맛과 향이 진하게 입맛을 돋워요. 아몬드 가루가 들어간 반죽은 씹을수록 고소한 맛의 마들렌을 완성해 레몬 아이싱과 무척 잘 어울려요. 한 번 만들 때 넉넉하게 구워 두고두고 먹기도 하지만 예쁘게 포장하면 선물하는 기쁨도 누릴 수 있어요.

6 Pieces

달걀	2개
달걀노른자	2개 분량
레몬	1개
박력분·버터	70g씩
설탕	60g
아몬드 가루	15g
베이킹파우더	3g
녹인 버터(틀 코팅용)	1큰술
밀가루(덧가루용)	약간

아이싱
물·슈가파우더 100g씩, 설탕 50g

1 레몬은 껍질째 깨끗이 씻어 겉껍질은 제스트를 만들고 과육은 즙을 낸다.

2 박력분과 아몬드 가루, 설탕, 베이킹파우더는 골고루 섞어 고운 체에 두 번 내린다.

3 볼에 달걀과 달걀노른자를 넣어 거품기로 곱게 풀고 ②의 가루를 넣은 뒤 가볍게 섞는다.

4 작은 볼에 버터, 레몬즙 ½ 분량, 레몬 제스트 ½ 분량을 넣고 섞어 레몬 버터를 만든다.

5 ④를 중탕하여 버터를 녹인다.

6 ③의 반죽에 ⑤의 레몬 버터를 넣고 잘 섞어 마들렌 반죽을 완성해 짤주머니에 담는다.

7 틀 코팅용으로 녹인 버터를 붓에 묻혀 마들렌 틀에 꼼꼼히 바른다.

8 덧가루용 밀가루를 마들렌 틀에 넣고 흔들어 틀 안에 밀가루 옷을 얇게 골고루 입힌다.

9 마들렌 반죽을 마들렌 틀에 90% 정도 채운 다음 200℃로 예열한 오븐에서 6~8분 정도 구워 한 김 식힌다.

10 팬에 아이싱 재료의 물과 설탕을 넣고 약한 불에서 끓여 시럽을 만들어 한 김 식힌다.

11 ⑩에 슈거파우더를 넣어 잘 섞은 다음 남은 레몬즙 ½ 분량을 섞어 아이싱을 완성한다.

12 마들렌에 아이싱을 바르고 굳기 전에 남은 레몬 제스트를 뿌린다.

Tip 보관해 두었다가 먹을 마들렌이라면 레몬 제스트는 뿌리지 마세요. 마르면서 지저분해 보일 수 있답니다. 레몬 대신 라임을 활용해 똑같은 방법으로 만들어도 맛있답니다. 라임으로 하려면 1½개를 사용하세요.

오렌지 파운드케이크

영국의 어느 할머니가 좀더 편하고 쉽게 케이크를 만들 방법이
없을까 생각하다가 밀가루, 달걀, 버터, 설탕을 모두 1파운드
(450g)씩 섞어 구운 데서 유래된 '파운드케이크'는 촉촉하고 묵
직한 맛이 특징이죠. 만들기 쉽고 실패할 확률이 낮아 베이킹
을 처음 시작하는 사람들이 도전해 볼 만합니다. 취향에 따라
반죽에 견과류나 마른 과일을 섞어 구워도 맛있어요. 가루 재
료는 체에 두 번 이상 내려야 반죽이 부드러워집니다.

1 Whole

파운드 틀(20cm 정사각) 1개 분량	
달걀	5개
오렌지 제스트	1개 분량
설탕	260g
무염 버터	120g
박력분	100g
사워크림	80g
강력분	70g
아몬드 가루·생크림	20g씩

베이킹 파우더	5g
소금	약간

오렌지 절임

오렌지 1개, 바닐라 빈 ⅓개,
설탕 1컵, 물 ½컵

1 분량의 재료로 34페이지를 참조해 파운드케이크를 굽는다. 2 오렌지 절임 재료 중 오렌지는 0.3㎝ 두께의 둥근 모양으로 얇게 슬
라이스 한다. 3 냄비에 오렌지, 바닐라 빈, 설탕, 물을 넣어 약한 불에서 오렌지 껍질이 투명해지고 시럽이 반 정도 졸아들 때까지 졸
여 오렌지 절임을 만든다. 4 파운드케이크가 다 구워지면 식힘망 위에 뒤집어 꺼내서 식힌 다음 볼록한 윗면을 편편하게 잘라낸다.
5 오렌지 절임의 시럽을 붓에 묻혀 파운드케이크 위에 골고루 바르고 오렌지 절임을 보기 좋게 올린다.

레몬 파운드케이크

프랑스의 대표적인 디저트인 레몬 파운드케이크는 '레몬 위크엔드(Lemon weekend)'라는 이름이 따로 있어요. 상큼한 레몬 파운드케이크를 먹으며 한 주의 피로를 풀고, 또 주말 피크닉에 꼭 챙겨 갈 만큼 즐겨 먹는다고 해서 붙여진 이름입니다. 레몬의 상큼한 향과 맛이 여운을 남겨 자꾸만 손이 가는 매력적인 케이크랍니다. 베이킹에 영 자신이 없다면 레몬 절임과 글레이즈만 만들어 시판 파운드케이크에 응용해 보세요.

파운드 틀(12×5×5cm) 4개 분량

달걀	5개
레몬 제스트	1개 분량
설탕	260g
무염 버터	120g
박력분	100g
사워크림	80g
강력분	70g
생크림	20g
베이킹파우더	5g
녹인 버터(틀 코팅용)·밀가루(덧가루용)	1큰술씩
소금	약간

레몬 절임
레몬 2개, 설탕 1컵, 물 ½컵

레몬 글레이즈
슈가파우더 100g, 레몬즙 20g

1 분량의 재료로 34페이지를 참조해 파운드케이크 반죽을 만든다.

2 파운드 틀(12×5×5cm) 4개를 준비해 녹인 버터를 안쪽에 바르고, 밀기루로 코팅을 한 뒤 틀의 ¾정도 반죽을 붓는다.

3 180℃로 예열한 오븐에서 40분간 굽고 식힘망에 올려 한 김 식힌다.

4 레몬 절임 재료 중 레몬은 0.5㎝ 두께로 슬라이스 해서 냄비에 담고 레몬, 설탕, 물을 넣어 약한 불에서 레몬이 투명해질 때까지 조린다.

5 레몬을 건져 식힘망 위에 올려 쫀득쫀득하게 될 때까지 식힌다.

6 슈가파우더에 레몬즙을 넣어 거품기로 잘 섞어 레몬 글레이즈를 만든다.

7 파운드케이크 위에 붓으로 레몬 글레이즈를 바르고 어느 정도 굳으면 레몬 절임을 얹어 완성한다.

Thank you very much.

협찬처

퇴촌 토마토 평화마을
031-761-7166

행정자치부가 지정한 마을기업으로 친환경 토마토의 재배와 수확, 토마토 따기 등 토마토 체험과 더불어 다양한 자연 생태 체험을 할 수 있는 곳입니다. 가족들과 함께 땅콩, 고구마, 감자 등을 직접 수확하고 손수 거둔 채소로 요리해 볼 수 있는 체험도 즐길 수 있답니다.

영덕 나래농산
054-732-6077

복숭아농장 김현상 대표의 지론은 '사람의 노력이 나무와 조화를 이루어야 한다'는 것이랍니다. 자연이 하는 일을 도와 나무가 필요로 하는 것을 그때그때 상황에 맞게 제공하는 것. 그것이 바로 농부가 해야 할 일이라는 의미이죠. 그렇게 노력한 끝에 최고의 황도를 수확하고 있는 곳이지요.

사과향기
031-582-2751

청정지역 용추계곡 근처에 있는 사과 농장이에요. 촬영지를 찾던 중 가평군청에 전화로 문의하며 우연히 알게 되었는데 이곳에서 생산되는 홍로가 정말 맛있어요. 3대가 함께 사과 농장을 일구고 있는 곳으로 언제라도 반갑게 맞아 주는 곳이죠.

yido
02-722-0756

도예가 이윤신의 디자인 그릇 숍이에요. 여러 라인 중 저는 깨끗함이 담긴 '순' 라인을 좋아해요. 형식의 틀을 벗어난 자유로운 느낌이 있고 손맛도 느껴진달까요!

8colors
010-4942-3637

북유럽 콘셉트의 다양한 리빙 제품이 가득한 라이프 스타일 셀렉트 숍이에요. 군더더기없이 깨끗한 디자인에 따뜻한 감성이 더해져 오래 사용해도 자꾸 찾게 되는 그릇이 많습니다.

과일을 먹는 즐거움 알기 | 썰기 | 담기 | 요리하기

계절 과일 레시피

펴낸 날 초판 2018년 6월 25일
2쇄 2019년 4월 19일

지은이 김윤정
펴낸이 김민경
편집·진행 이채현
사진 박유빈
디자인 임재경
일러스트 박세연
교열·교정 그레이스 최
인쇄 도담프린팅

펴낸곳 PAN n PEN
출판등록 제307-2015-17호
주소 서울 성북구 길음로9길 40
전화 02-6384-3141
팩스 0507-090-5303
전자우편 panpenpub@gmail.com

저작권 ⓒ김윤정, 2018
편집저작권 ⓒPAN n PEN, 2018

ISBN 979-11-958828-8-5
값 25,000원

주방에 꼭 하나 두고 싶은 스켑슐트

SWEDISH CAST IRON KITCHEN TOOL

나의 아이에게 대물림 할 수 있는 견고하고 강인한 조리 도구

어디에 두어도 시선을 사로 잡는 디자인의 매력적인 주방 도구

무엇을 조리해도 더 맛있게, 어떻게 만들어도 더 건강하게 해주는 요리 도구

스켑슐트코리아 070-4160-0011   www.skeppshult-korea.com

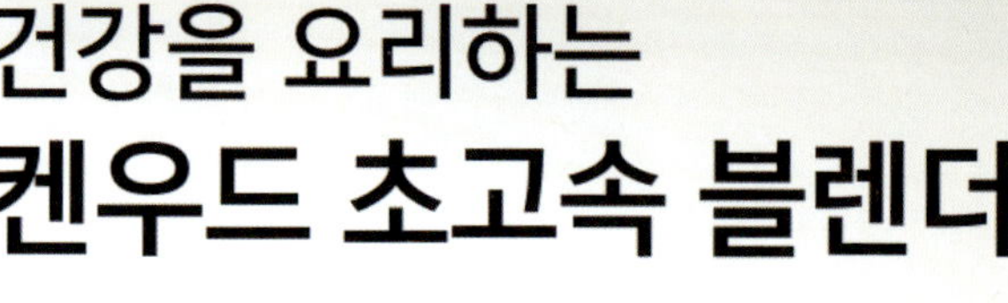

강력한 블렌딩으로 재료 본연의 영양을 그대로
건강을 요리하는
켄우드 초고속 블렌더

> 최대 30,000RPM
> 초당 500회 회전

KENWOOD
BLEND-X
PRO
off
on
pulse
smoothies
ice
soup

BLP900BK 초고속 파워블렌더

한국 켄우드 쿠킹스쿨
공식 파트너

SPC CULINARY
ACADEMY

la cuisine

IL CUOCO
ALMA

SOORAJAE

GORDON
KITCHEN

CAFE de FRAN

LA DOUCEUR

Designed & Engineered
In The UK Since 1947

KENWOOD
www.kenwoodworld.co.kr

easy·W

미세먼지, 잔류농약
이젠, 초음파 세척기로 안심하세요!

유명 홈쇼핑, 온라인 몰과 팩토리얼 매장을 통해 구입 가능합니다. | 판매원 팩토리얼 | 이지더블유 http://easy-w.kr | 렌탈문의 080-555-8800

계절 과일 레시피

김윤정 지음

pan'n'pen

Contents

Spring

개인 접시에 과일을 담을 때는
푸짐하기 보다는 예쁘게 깎아
내어야 대접 받는 느낌을 줄 수
있습니다. 장미 모양으로 딸기
를 손질하거나 딸기를 반으로
잘라 살짝 비껴 올리세요. 그
위에 슈가파우더만 뿌려도 산
뜻해 보입니다. 딸기만 내기 심
심할 때는 아삭한 맛이 살아있
는 토마토 한 쪽을 곁들이세요.

봄 은 과일이 풍성한 계절은 아니지만 신선한 과일을 잘 챙겨 먹어야 하는 때이죠. 과일의 종류가 부족하고, 색감이 단조로울까 걱정되면 사계절 구할 수 있는 수입 과일이나 저장 과일을 활용해 봄의 산뜻함을 표현해 보세요. 향이 강하지 않은 허브나 그릇의 다채로운 색감을 활용하면 종류가 적은 과일만으로도 충분히 산뜻한 기분을 낼 수 있어요.

딸기나 토마토 등 붉은 색 과일을 돋보이게 하려면 흰 색 접시를 활용하면 됩니다. 토마토와 딸기를 먹기 좋게 손질하여 큼직한 흰 접시에 담고 붉은 색과 대비되는 초록 키위를 둥글게 잘라 한쪽 옆에 담아요. 평범하게 자른 과일이라도 이처럼 색감의 조화를 이룬다면 단조롭지 않아 한결 보기 좋죠.

PLATING 3

딸기 윗부분에 열십자(+)로 깊게 칼집을 넣고 살짝 벌린 뒤 휘핑크림을 소복하게 짜 넣습니다. 그 위에 블루베리를 하나씩 올려 접시에 담아요. 이때 높이가 있는 케이크 트레이에 올리거나 핑크 컬러 접시에 담으면 훨씬 사랑스러운 플레이팅이 완성됩니다.

화이트 초콜릿과 다크 초콜릿을 각각 중탕으로 녹입니다. 딸기 꼭지를 잡고 초콜릿에 반 정도 담가 초콜릿 옷을 입힌 뒤 꼭지가 바닥에 가도록 놓고 초콜릿을 완전히 굳히세요. 그대로 볼에 소복하게 담거나 아이스크림처럼 콘 위에 얹어 냅니다.

토마토는 영양이 많은 건강 과
일인데, 단맛이 적어 아이들이
그다지 좋아하지 않죠. 아이들
에게 토마토를 줄 때 좋아하는
쿠키를 믹서에 갈아 화기에 담
고 그 위에 껍질을 벗긴 방울토
마토를 꽂아 주세요. 토마토를
뽑아 먹는 재미가 있고 좋아하
는 쿠키도 먹을 수 있어서 아이
들이 잘 먹는답니다.

과일을 담을 때 흔히 납작한 접
시에 올리는 것만 생각하는데,
넓찍한 볼에 소복하게 담아도
참 보기 좋아요. 흰색 볼에 붉은
색 딸기와 토마토를 썰어 담고
가운데에 초록색 과일을 곁들여
보세요. 여기에 민트 잎을 한 장
씩 떼어 군데군데 올리면 과일
만 담았을 때보다 산뜻하고 예
쁘답니다.

큰직한 접시를 준비하세요. 토마토와 딸기를 각각 둥글게 슬라이스 해서 접시 한쪽에 담은 뒤 그 옆에 마스카포네 치즈를 올리고 다진 피스타치오를 뿌리면 색감의 조화가 산뜻하죠. 접시를 가득 채우기보다는 한쪽으로 담아 여백의 미를 살리면 세련돼 보입니다.

PLATING 8

과일을 푸짐하게 담아낼 때 나무로 만든 접시나 쟁반을 활용하면 내추럴한 멋을 낼 수 있어요. 딸기와 토마토를 한입
크기로 썰고 색색의 방울토마토를 유리 볼에 담아 함께 나무 접시 위에 올린 뒤 블루베리를 뿌립니다. 그리고 휘핑크
림까지 따로 곁들여 내면 완벽한 플레이팅이 됩니다.

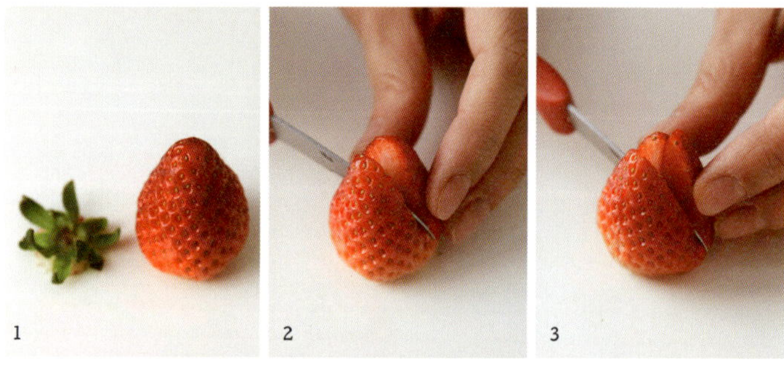

3   4

1 딸기의 꼭지를 뗀다.
2 세로로 깊게 칼집을 넣는다.
3 열십자(+) 모양으로 한 번 더 깊게 칼집을 넣는다.
4 자른 부분을 살짝 벌려 접시에 담는다.

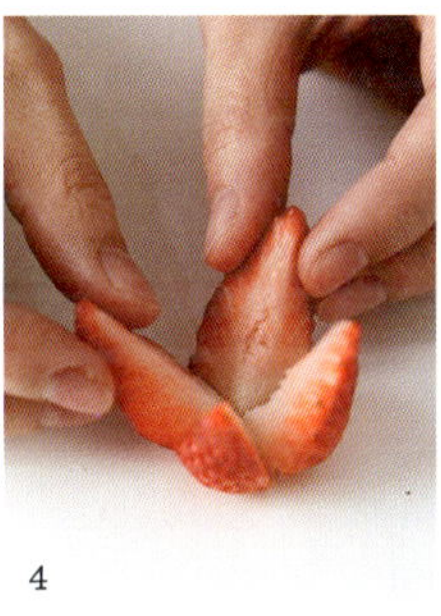 

4   5

1 딸기의 꼭지를 뗀다.
2 세로로 깊게 칼집을 넣는다.
3 열십자(+) 모양으로 한 번 더 깊게 칼집을 넣는다.
4 끝부분이 떨어지지 않게 조심하며 자른 부분을
    벌린다.
5 딸기를 접시에 담고 실부추나 허브 줄기 등
    가는 채소를 얹어 나비의 더듬이 모양을 만든다.

5   6

1 딸기의 꼭지를 뗀다.
2 꼭지 뗀 부분에 비스듬히 칼집을 넣는다.
3 반대쪽도 칼집을 넣어 V자 모양으로 과육을 도려낸다.
4 위에서 보았을 때 V자와 직각이 되게 세로로 반 자른다.
5 반 자른 딸기는 하트 모양이 된다.
6 딸기의 속과 겉이 번갈아 가며 보이게
    접시에 담는다.

4   5

1 딸기의 꼭지를 뗀다.
2 가운데 부분을 V자로 자른다.
3 윗부분을 V자로 한 번 더 자른다.
4 자른 부분을 살짝 밀어 계단 모양으로 만든다.
5 ①~③과 같은 방법으로 딸기 5개를 손질해
    별 모양으로 접시에 담는다.

TOMATO

1 딸기의 꼭지를 뗀다.
2 과육의 ⅓ 지점을 W자로 2번 칼집을
  넣는다.
3 칼집 넣은 윗부분을 떼어낸다.
4 분리된 윗부분과 밑부분을 함께 접시에
  담는다.

1 위에서 ⅓ 지점에서 꼭지 쪽으로 깊게 칼집을 넣는다.
2 같은 방법으로 옆 부분에 한 번 더 칼집을 넣는다.
3 위에서 봤을 때 남은 부분이 삼각형(△) 모양이 되게
  한 번 더 칼집을 넣는다.
4 ①~③과 같은 방법으로 윗부분에도 칼집을 넣는다.
5 칼집 넣은 윗부분 과육을 살짝 벌린다.
6 꼭지가 떨어지지 않게 칼집 넣은 밑부분도 살짝 벌려
  장미 모양을 만들어 접시에 담는다.

1 토마토의 둥근 모양대로 끝 부분부터 1㎝ 폭으로
  자른다.
2 나머지도 동일한 폭으로 자른다.
3 꼭지 부분을 제외한 과육을 지그재그로 접시에
  담는다.

1 토마토 꼭지를 자른다.
2 윗부분부터 세로로 반 자른다.
3 열십자(+)가 되게 다시 세로로 반 자른다.
4 토마토가 벌어지지 않게 잘 잡고 열십자(+)
  사이에 칼을 넣어 웨지 모양으로 8등분 한다.
5 4조각은 눕히고 4조각은 세워서 접시에
  담는다.

PLATING 1

모양이 예쁜 도마를 접시로 활용하세요. 도마 위에 포도 송이를 올리고 과즙이 많지 않은 과일을 큼직하게 썰어서 그대로 도마 위에 올려요. 과즙이 많은 과일은 작은 그릇에 따로 담아 내면 됩니다. 이 플레이트에 치즈나 견과류를 보태면 건강하고 푸짐한 술안주로도 손색이 없죠.

여 름 과일로는 다양한 색감을 살려 매력적이고 돋보이는 플레이팅을 할 수 있어요. 과일을 예쁘게 다듬는 손재주가 부족하더라도 화사한 색과 여러가지 맛을 조화롭게 활용할 줄 알면 충분합니다. 과일이 가진 자연의 색을 잘 살려줄 그릇을 선택하는 것도 중요하죠!

수박을 1.5㎝ 두께로 썰어서 별 모양 깍지로 과육을 찍어낸 뒤 오목하고 큰 접시에 소복하게 담아요. 블루베리와 민트 잎을 군데군데 올려 컬러 포인트를 만듭니다. 별 모양 깍지는 크기가 다른 두 가지를 준비하여 모양을 내면 훨씬 예뻐요. 하트 등 다른 모양 깍지를 사용해도 예쁩답니다.

수박의 둥근 모양을 살려서 2~3㎝ 두께로 썰고, 삼각형 모양이 되게 6~8등분 합니다. 한 쪽마다 긴 꼬치를 꽂아서 둥근 모양 그대로 큰 접시에 담아 내면 깔끔하게 들고 먹을 수 있어요. 인원 수에 따라 작은 앞 접시를 하나씩 준비하는 것을 잊지 마세요.

PLATING 4

복숭아, 수박, 멜론 등 여름 과일을 준비해 과육만 작은 스쿱으로 동그랗게 떠 냅니다. 준비한 색색의 여름 과일을 꼬치에 6~7개씩 꽂아 접시에 담아내요. 중간중간 블루베리나 씨 없는 포도 등을 함께 꽂으면 다양한 컬러와 맛, 식감을 낼 수 있어요.

여러 가지의 여름 과일을 준비
하여 작은 스쿱으로 과육만 떠
서 밀폐용기에 넣고 냉장 보관
합니다. 먹을 만큼 덜어서 작은
유리 컵에 담아 그대로 먹거나
커다란 유리 그릇이나 컵에 덜
고 시럽을 섞은 생수나 우유를
부으면 화채로 즐길 수 있어요.
보기에도 먹기에도 시원한 여름
간식이죠.

한여름 더위가 절정일 때 나오
기 시작하는 아오리 사과와 천
도는 새콤한 맛이 일품이죠. 두
과일을 정갈하게 깎아서 둥근
접시에 빙 둘러 담고, 달콤한 맛
의 드레싱을 작은 볼에 담아 곁
들이면 평범한 과일이라도 색다
르게 즐길 수 있어요.

PLATING 7

큼직한 컵이나 작은 볼에 과일을 한입 크기로 썰어 소복하게 담아요. 손잡이가 있는 찻잔이면 더 재미있어요. 어렵지 않게 준비하지만 먹는 사람은 다양한 맛을 볼 수 있고 한 사람당 하나씩 세팅하기 좋지요. 냉장고 속에 여러 과일이 조금씩 있을 때 활용하기 좋은 아이디어에요.

과육을 도려 낸 멜론 껍질은 그릇으로 활용할 수 있어요. 작은 스쿱으로 동그랗게 떠 낸 수박과 멜론을 멜론 껍질 안에 푸짐하게 담아요. 산딸기, 블루베리, 허브 잎 등을 올려 장식하면 색감도 잘 어울리지만 새콤함과 향긋함이 더해져 맛의 조화도 이룰 수 있답니다.

PLATING 9

붉은 수박과 연한 그린 컬러의 멜론은 맛과 색감이 아주 잘 어울리는 조합이죠. 멜론은 과육만 한입 크기로 썰고,
수박은 삼각형 모양으로 썰어서 흰 접시 위에 함께 올리면 두 가지 만으로도 시원하고 푸짐한 접시가 완성됩니다.
비슷한 컬러의 키위와 무화과를 곁들이면 풍성하면서도 고급스러운 느낌을 살릴 수 있어요.

멜론을 어떻게 깎아 담을까 고
민이라면 길게 잘라 유리컵에
꽂아보세요. 입구가 넓은 유리
컵을 준비해서 서너 쪽 정도 꽂
으면 보기 좋고 먹기 좋은 플레
이팅이 완성! 수박도 길쭉한 직
사각형으로 썰어 같은 방법으
로 내도 좋아요.

포도를 알알이 떼서 깨끗이 씻
은 뒤 모노 톤의 그릇에 담아 보
세요. 그릇 밑에 예쁜 도일리 하
나만 깔아도 한결 정성스러워
보여요. 포도는 색이 다른 두세
종류를 준비해 섞어서 볼에 담
으면 더 예쁩니다.

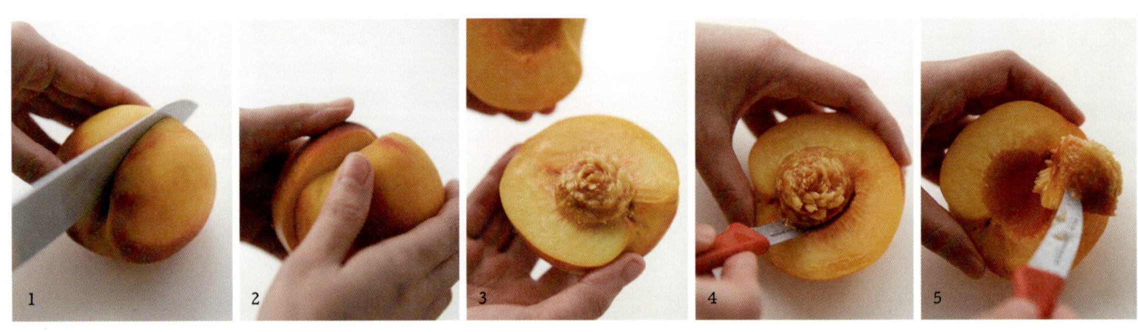

PEACH
1
2
3
4
5

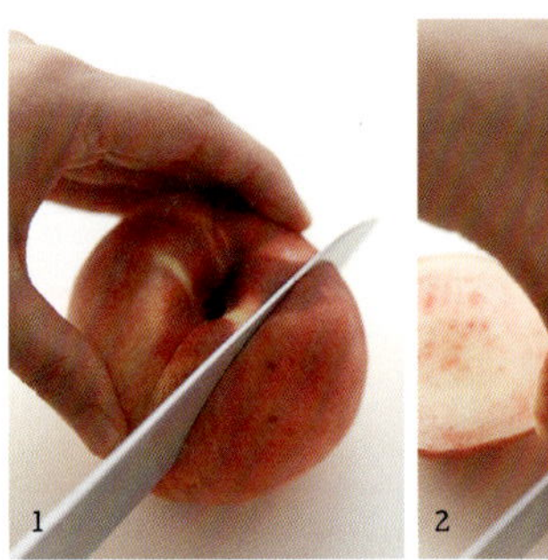
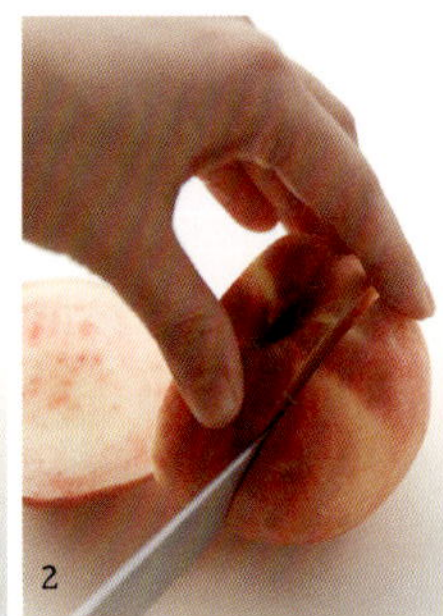

1
2
3

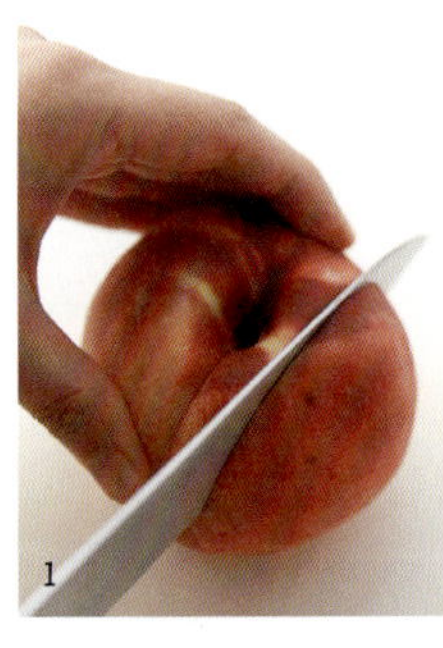
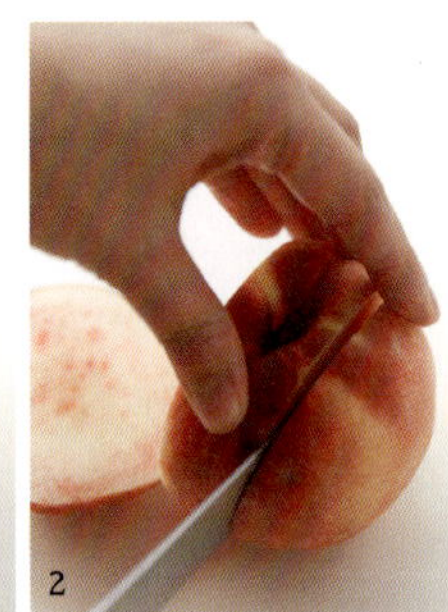

1
2
3
4

PLUM
1
2
3
4
5

1 복숭아의 홈에 씨가 닿을 때까지 칼집을 넣어
　한 바퀴 돌린다.
2 칼집을 중심으로 복숭아를 양손으로 잡고 돌려 비튼다.
3 복숭아를 두 쪽으로 나눈다.
4 씨를 둘러가며 칼집을 넣는다.
5 씨를 빼낸다.
6 복숭아 크기에 따라 세로로 3~4등분 한다.
7 한 쪽씩 지그재그로 접시에 담는다.

1 복숭아 씨를 피해서 과육을 반달 모양으로 자른다.
2 씨를 중심으로 반대 쪽도 ①과 같은 방법으로 자른다.
3 씨가 붙어 있는 과육 역시 씨를 피해 잘라낸다.
4 반달 모양으로 자른 과육은 세로로 4등분 한다.
5 반달 모양 그대로 접시에 담거나 펼쳐서 담는다.

1 복숭아 씨를 피해서 과육을 반달 모양으로 자른다.
2 씨를 중심으로 반대 쪽도 ①과 같은 방법으로 자른다.
3 씨가 붙어 있는 과육 역시 씨를 피해 잘라낸다.
4 반달 모양으로 자른 과육은 세로로 4등분 한다.
5 4등분 한 복숭아 가운데를 비스듬히 반 자른다.
6 접시에 담는다.

1 자두의 홈에 씨가 닿을 때까지 칼집을 넣는다.
2 칼집을 중심으로 자두를 양손으로 잡고 돌려 비틀어
　두 쪽으로 나눈다.
3 씨를 둘러가며 칼집을 넣는다.
4 씨를 빼낸다.
5 세로로 3등분 한다.
6 세로로 자두 껍질을 벗긴다.
7 회오리 모양으로 접시에 담는다.

WATERMELON

1 자두의 홈에 씨가 닿을 때까지 빙 둘러 칼집을 넣는다.
2 자두를 양손으로 잡고 비틀어 두 쪽으로 나눈다.
3 씨를 둘러가며 칼집을 넣어 씨를 빼낸다.
4 세로로 3등분 한다.
5 껍질과 과육 사이에 칼집을 넣고 ⅔지점까지 껍질을 깎는다.
6 껍질을 과육 쪽으로 둥글게 말아 넣은 뒤 회오리 모양으로 접시에 담는다.

1 자두 씨를 피해서 과육을 반달 모양으로 자르고, 반대 쪽도 반달 모양으로 자른다.
2 씨가 붙어 있는 과육은 씨 주변에 칼집을 넣어 씨를 따라 둥글게 과육을 잘라낸다.
3 씨를 중심으로 반대쪽 과육도 씨를 따라 둥글게 잘라낸다.
4 접시에 담는다.

1 수박을 세로로 반 자른다
2 2㎝ 폭으로 가로로 자른다.
3 바둑판 모양이 되게 다시 세로로 2㎝ 폭으로 자른다.
4 손에 들고 먹기 좋게 한 조각씩 뺀다.
5 한 번에 먹을 만큼 접시에 담는다.

1 수박을 세로로 반 자른다.
2 반 자른 수박을 다시 세로로 3~4등분 한다.
3 삼각형 모양이 되게 2㎝ 폭으로 자른다.
4 껍질에 3등분으로 칼집을 넣는다.
5 가운데 부분만 남기고 양쪽 껍질은 잘라낸다.
6 가운데 흰 부분을 손으로 들고 먹기 좋게 접시에 담는다.

MELON

1
2
3
4

1
2
3
4
4-1

1
2
3
4

1
2
3

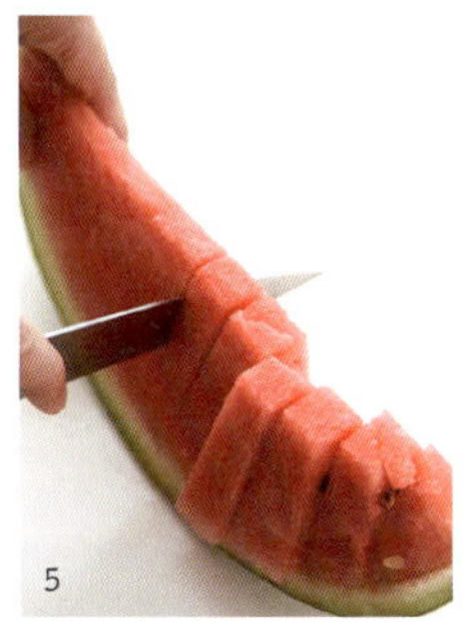

1 수박을 세로로 반 자른다.
2 반 자른 수박을 다시 세로로 3~4등분 한다.
3 흰 껍질과 붉은 과육 사이에 칼을 넣어 자른다.
4 수박을 세워 껍질과 과육 사이에 칼을 넣어 완전히 분리한다.
5 붉은 과육만 삼각형 모양이 되게 2cm 폭으로 자른다.
6 접시에 담는다.

1 멜론을 세로로 반 자른다.
2 세로로 8등분 한다.
3 씨를 칼로 도려낸다.
4 과육과 껍질 사이에 칼을 넣어 과육과 껍질을 분리한다.
5 과육을 껍질 위에 올린 채로 3등분으로 어슷하게 썬다.
6 껍질과 과육이 어긋나게 접시에 담는다.

1 멜론을 세로로 반 자른다.
2 세로로 8등분 한다.
3 씨를 칼로 도려낸다.
4 과육과 껍질 사이에 칼을 넣어 과육과 껍질을 분리한다.
5 과육만 2cm 폭으로 자른다.
6 껍질째로 접시에 담는다.

1 멜론을 세로로 반 자른다.
2 가운데 씨를 숟가락으로 긁어낸다.
3 2cm 폭으로 반달 모양이 되게 가로로 자른다.
4 다시 반 잘라 부채꼴 모양으로 만든다.
5 차곡차곡 접시에 담는다.

   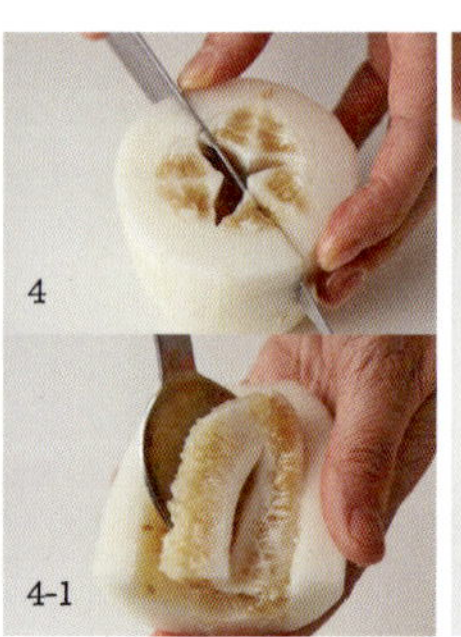 

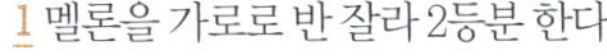

1 멜론을 가로로 반 잘라 2등분 한다.

2 가운데 씨를 긁어낸다.

3 스쿱으로 과육을 동그랗게 떠낸다.

4 스쿱으로 도려낸 부분만큼 멜론을 자른다.

5 ③~④와 같은 방법으로 멜론 과육을
   동그랗게 떠낸 뒤 자른다.

6 나머지 멜론 반 쪽의 씨를 긁어낸 부분에
   동그란 멜론 과육을 올린다.

tip 껍질에 붙은 남은 과육은 따로 두었다가 요리나 주스로 만듭니다.

1 참외를 세로로 반 자르고 씨를 긁어낸다.

2 세로로 4등분 한다.

3 한 쪽씩 양 끝을 잘라낸다.

4 껍질 쪽 ⅓ 부분에 어슷하게 칼집을 넣는다.

5 칼집을 중심으로 ⅔는 껍질을 깎는다.

6 나머지 ⅓은 과육과 껍질 사이에 칼집을 넣는다.

7 회오리 모양으로 접시에 담는다.

1 참외의 양 끝을 잘라낸다.

2 세로로 껍질을 깎는다.

3 세로로 반 자른다.

4 가운데 씨를 긁어낸다.

5 1.5㎝ 두께로 반달 모양이 되게 자른다.

6 접시에 담는다.

1 참외의 양 끝을 잘라낸다.

2 세로로 껍질을 깎는다.

3 끝 부분 1㎝를 잘라낸 뒤 1.5㎝ 두께로 둥글게
   자르고 씨를 뺀다.

4 나머지 참외는 세로로 반 잘라 씨를 긁어낸다.

5 ④의 참외를 1.5㎝ 두께로 반달 모양이 되게 자른다.

6 ③의 참외를 접시 가운데 놓고 ⑤의 참외를 하나씩 끼운다.

7 문어 모양이 되게 완성한다.

PLATING 1

여러 가지 과일을 큰 접시에 함께 담을 때는 과일을 섞
어 담지 말고, 과일 별로 구획을 나눠 정갈하게 담으세
요. 이렇게 여러 과일을 한데 담는 접시는 화이트 컬러
가 무난해요. 또한 사과는 껍질을 살려 색감의 변화를
주면 보기 좋은 장식이 되지요.

가을에 풍성한 과일 종류는 껍질의 색은 다양하지만 과육을 보자면 흰 색, 노르스름한 색, 주황색으로 톤이 비슷하죠. 화려함은 없지만 정갈하면서 우아한 과일 상을 차리기에 좋습니다. 껍질을 다 깎아내지 않고 조금씩 남겨 포인트 컬러를 주거나 모양을 내어 활용하는 것을 잊지마세요.

큼직한 둥근 접시를 중앙에 두고 여럿이 함께 과일을 나눠 먹을 때 개인 접시는 사각형으로 준비하면 테이블 세팅에 멋과 재미를 살릴 수 있어요. 또한 한두 가지 과일만으로 한 접시를 만들어야 할 때는 같은 과일이라도 깎는 모양을 달리하면 한결 다채로워 보인답니다.

식사의 마무리를 장식하는, 가볍게 격식을 차린 세팅입니다. 1인용 나무 쟁반에 작은 한식 접시를 올리고 예쁘게 깎은 사과와 배를 한두 쪽씩 담은 뒤 도자기 컵에 차 한 잔을 담아 냅니다. 나무 재질의 포크에 받침까지 준비하면 정갈한 차림이 완성되지요.

과일을 미리 깎아 작은 3단 찬합에 넣어 냉장 보관하면
쉽고 빠르게 과일 세팅을 준비할 수 있죠. 식사 후 바로
먹는 후식, 바쁜 아침에 식사 대용으로 손쉽게 과일을
챙겨 먹을 수 있는 아이디어예요. 과일의 갈변을 방지하
려면 레몬즙이나 설탕 물을 살짝 뿌려두세요.

사과, 배, 감 등의 가을 과일은 색감이 화려하지 않고 은은하기 때문에 짙은 색의 그릇과 잘 어울립니다. 특히 따뜻한 브라운 색상의 도자기 접시에 올리면 과일이 돋보여요. 포크는 접시와 같은 브라운 컬러 혹은 나무로 된 포크를 함께 내는 게 세련되어 보입니다.

과일을 반드시 접시나 볼에 담아야 하는 것은 아닙니다. 돌이나 대리석, 혹은 타일 등 새로운 아이템을 이용해 내추럴한 멋을 살려보세요. 과일을 올리기 전 나뭇잎을 깔고 그 위에 과일을 가지런히 올리는 것도 아이디어죠. 과일은 크기에 따라 가로와 세로 방향을 적절하게 배치하세요.

PLATING 7

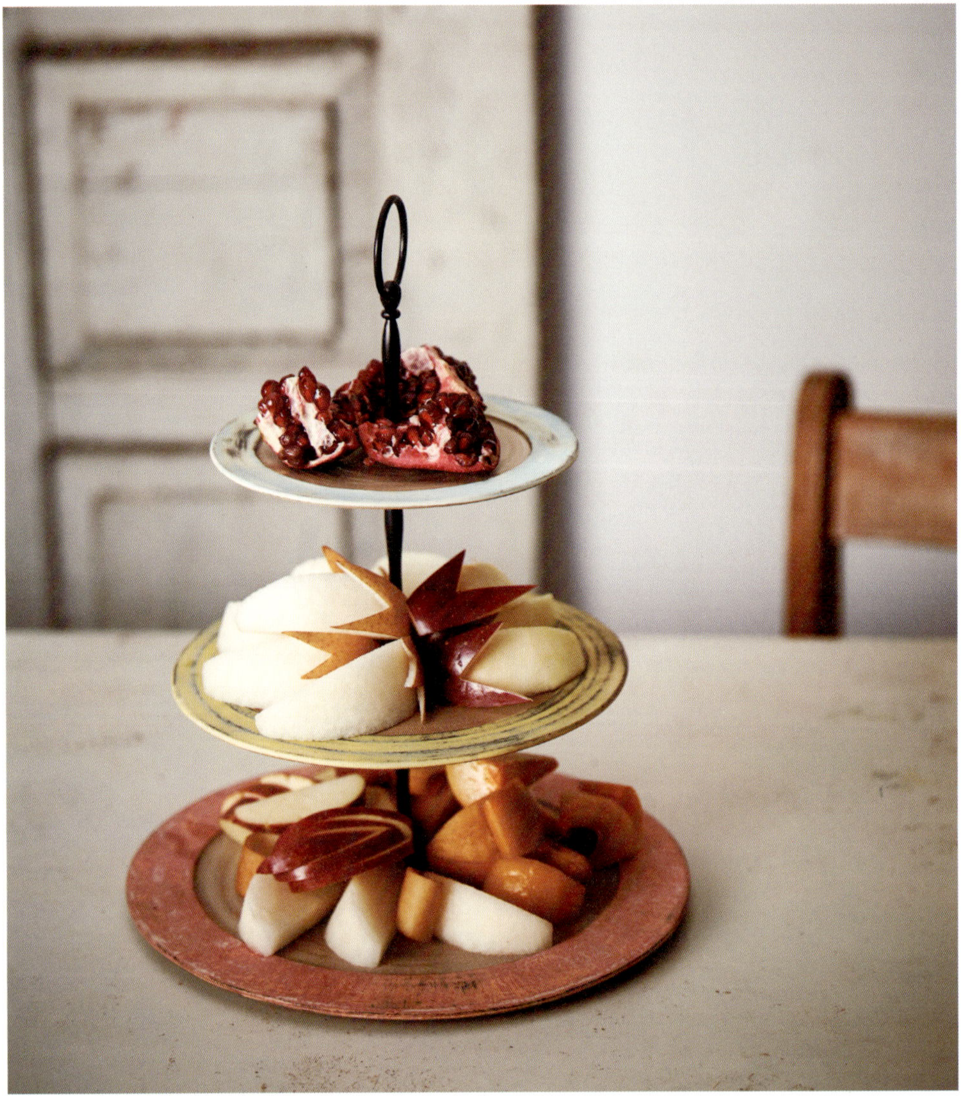

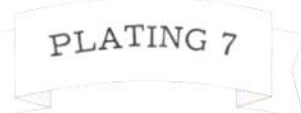

여러 사람이 한 자리에 모이는 날이면 과일 한두 접시로는 양이 부족하거나 접시를 놓을 자리가 비좁을 때가 있죠. 이럴 때 접시 대신 티 타임에 사용하는 3단 트레이를 준비해 과일을 층층이 쌓아 올려 봅니다. 여러 과일을 한 곳에 담을 수 있고, 색다른 담음새도 멋스럽죠.

과일을 담을 예쁜 그릇이 없어 고민이라면 크기가 다른 볼을 여러 개 준비하세요. 크고 작은 볼에 과일을 보기 좋게
담고 쟁반 하나에 모아 내세요. 과일을 담는 볼은 한 가지 색으로 통일해도 좋지만, 분위기나 색감이 서로 잘 어울
리는 것을 섞어 사용해도 괜찮아요.

우리가 흔히 먹는 과일인 사과와 배처럼 색감이 도드라지지 않는 과일은 담는 접시의 문양이나 패턴, 컬러에 따라 얼마든지 변화를 줄 수 있어요. 특히 과일을 예쁘게 깎을 자신이 없다면 접시에 포인트를 주세요.

과일을 깎을 때 껍질을 잘 활용하면 색다른 멋을 낼 수 있어요. 붉은 색의 사과는 껍질을 반만 깎거나 모양을 내어 껍질과 과육의 색감 대비를 활용하고, 감은 껍질을 깎아 안쪽으로 말아 끼워 다람쥐 모양으로 만들어 재미를 주세요.

가족 혹은 가까운 사람들끼리 소파에 편하게 앉아 이야기를 나눌 때는 과일을 한데 담아 나눠 먹는 것보다 각자 들고 먹는 게 편하죠. 이럴 때 찻잔을 이용하면 손잡이가 있어 개인 접시보다 한결 편리해요. 과일은 한입에 먹기 좋게 잘라 담으세요.

배는 한식 그릇에 담으면 우아한 멋이 나 어른을 대접하는 자리에 잘 어울려요. 배 껍질을 끝부분 1㎝ 정도 남기고 깎은 뒤 껍질을 과육 쪽으로 말아 넣으면 마치 리본을 단 것 같은 모양이 됩니다. 접시 위에 나뭇잎 하나 올리면 계절의 운치를 더할 수 있겠죠.

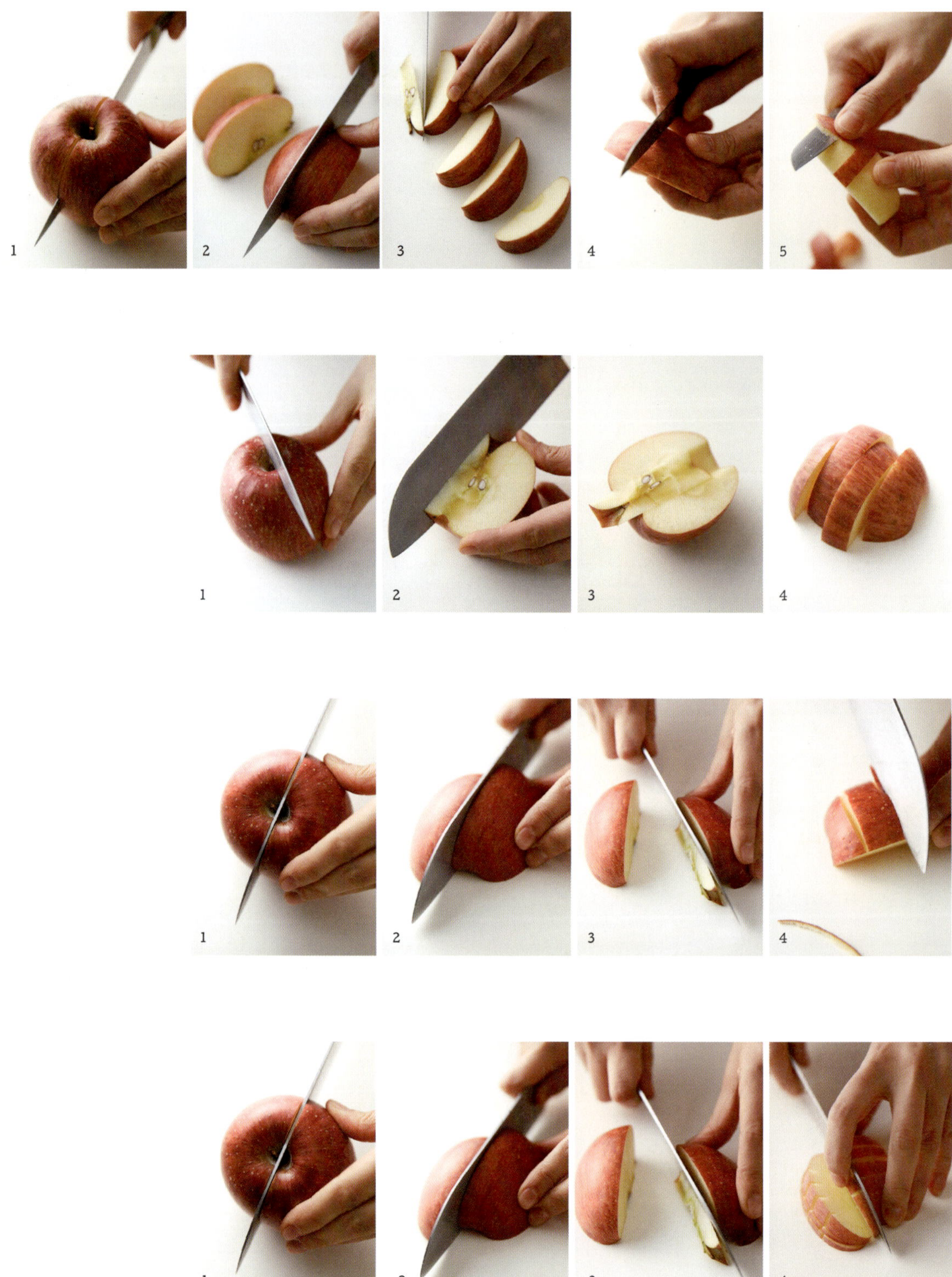

1 사과를 세로로 반 자른다.
2 다시 세로로 4등분 하여 총 8쪽을 낸다.
3 씨 부분을 길게 잘라낸다.
4 껍질 쪽 가운데에 1㎝를 남기고 양쪽에 칼집을 넣는다.
5 가운데 껍질 1㎝를 남기고 껍질을 깎는다.
6 남은 껍질 가운데를 중심으로 반 자른다.
7 접시에 담는다.

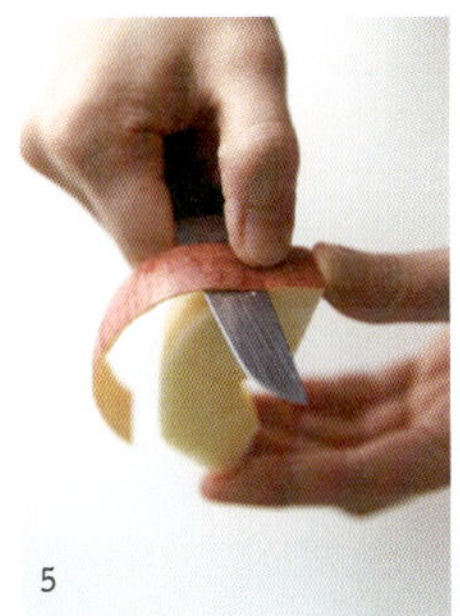

1 사과를 세로로 반 자른다.
2 가운데 씨 부분에 어슷하게 칼집을 넣는다.
3 씨를 중심으로 반대쪽도 칼집을 넣어
  V자 모양으로 씨를 도려낸다.
4 가로 1.5㎝ 폭으로 사과를 자른다.
5 껍질을 벗긴다.
6 접시에 담는다.

1 사과를 세로로 반 자른다.
2 세로로 다시 2등분 한다.
3 가운데 씨 부분을 길게 잘라낸다.
4 껍질 쪽 4등분 지점에 표시를 한 뒤
  0.3㎝ 폭으로 V자로 홈을 낸다.
5 세로로 3등분 한다.
6 접시에 담는다.

1 사과를 세로로 반 자른다.
2 세로로 다시 2등분 한다.
3 가운데 씨 부분을 길게 잘라낸다.
4 껍질 쪽에 1㎝간격으로 V자로 사과를 도려낸 다음
  세로로 얇게 슬라이스 한다.
5 슬라이스 한 사과를 부채모양으로 펼쳐 접시에 담는다.

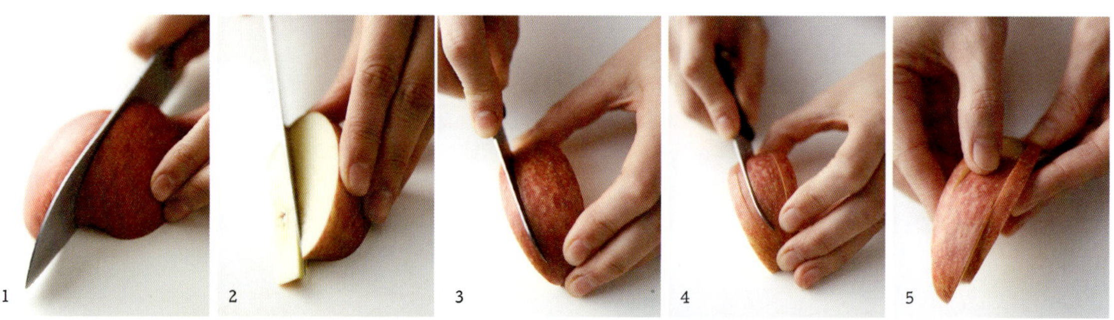

5-1

6

1 사과를 세로로 4등분 한다.
2 가운데 씨 부분을 길게 잘라낸다.
3 껍질 쪽 양 옆 0.5㎝를 남기고 V자로 잘라낸다.
4 ③과 같은 방법으로 가운데를 한 번 더 V자로
　잘라낸다.
5 V자로 잘라낸 부분을 위로 밀어 모양을 잡는다.
6 접시에 담는다.

5

6

1 사과를 돌려가며 껍질을 깎는다.
2 세로로 반 자른다.
3 양 끝의 꼭지를 도려낸다.
4 다시 세로로 반 자른 뒤 가운데 씨를 도려낸다.
5 다시 세로로 반 잘라 총 8쪽을 만든다.
6 접시에 담는다.

3

4

1 사과 심 제거기를 이용해 가운데 있는
　심을 뺀다.
2 1㎝ 폭으로 사과를 둥글게 썬다.
3 둥글게 썬 사과를 한 쪽씩 각각 부채
　모양으로 4등분 한다.
4 접시에 담는다.

3

4

1 배를 세로로 반 자른다.
2 가운데 씨를 중심으로 양쪽에 V자로 칼집을
　넣어 씨를 도려낸다.
3 세로로 4등분 한 뒤 껍질을 벗긴다.
4 나란히 접시에 담는다.

 1

 2

 3

 4

 1

 1-1

 2

 3

 1

 2

 3

 4

 1

 2

 3

 4

1 배를 세로로 반 자르고 다시 세로로 반 자른다.
2 다시 세로로 반 잘라 총 8쪽을 만든다.
3 가운데에 V자로 칼집을 넣어 씨를 도려낸다.
4 껍질을 벗긴다.
5 가로로 반 자른다.
6 지그재그로 접시에 담는다.

1 배를 세로로 8등분 한다.
2 가운데 씨 부분은 길게 잘라 낸다.
3 끝부분 2㎝를 남기고 껍질을 깎는다.
4 껍질을 과육 쪽으로 말아서 끝부분에 끼운다.
5 회오리 모양으로 접시에 담는다.

1 배를 세로로 8등분 한다.
2 가운데 씨 부분은 길게 잘라 낸다.
3 끝부분 1.5㎝를 남기고 껍질을 약간
  도톰하게 깎는다.
4 껍질 ⅓ 지점에 W자로 칼집을 넣는다.
5 껍질 ⅔는 떼어낸다.
6 모양 낸 껍질이 잘 보이게 접시에 담는다.

1 배를 세로로 8등분 한다.
2 가운데 씨 부분은 길게 잘라 낸다.
3 끝부분 1.5㎝를 남기고 껍질을 약간 도톰하게
  깎는다.
4 껍질 ⅓ 지점에 V자로 깊게 칼집을 넣는다.
5 껍질 ⅔는 떼어낸다.
6 모양 낸 껍질이 잘 보이게 접시에 담는다.

1 무화과를 꼭지부터 세로로
   반 자른다.

2 꼭지 부분 1cm를 남기고 0.8cm
   폭으로 세로로 칼집을 넣는다.

3 옆으로 살짝 펼쳐 접시에
   담는다.

1 감 꼭지 부분에 돌려가며 칼집을 넣는다.
2 꼭지를 한 잎씩 떼어낸다.
3 꼭지를 도려낸다.
4 감을 돌려가며 껍질을 깎는다.
5 세로로 6등분 한 뒤 꼭지 쪽 가운데 심을 잘라낸다.
6 씨를 빼낸다.
7 회오리 모양으로 접시에 담는다.

1 감 꼭지를 도려낸다.
2 꼭지 쪽 볼록한 부분을 잘라낸다.
3 세로로 8등분 한다.
4 가운데 심지를 길게 잘라낸다.
5 끝부분 1.5㎝를 남기고 껍질을 깎는다.
6 껍질을 과육 쪽으로 말아서 끝부분에 끼운다.
7 감을 세워서 접시에 담는다.

1 무화과를 꼭지부터 세로로 반 자른다.
2 다시 세로로 2등분 한다.
3 과육과 껍질 사이에 칼을 넣어 껍질을
  깎아내는데, 꼭지 부분은 남긴다.
4 앞뒤를 번갈아 가며 접시에 담는다.

1 무화과를 껍질째 0.8㎝ 정도 폭으로
  둥글게 썬다.
2 꼭지는 버리고 접시에 담는다.

색이 고운 오렌지는 검정색 그릇에 올리면 굉장히 산뜻해 보여요. 검정 그릇이 없을 때는 짙은 무채색 그릇도 괜찮아요. 오렌지를 먹기 좋게 세로로 8쪽으로 나누고 과육과 껍질을 분리한 뒤 껍질째 그릇에 올려요. 개인 접시를 이용할 때는 한 접시에 많이 올리지 말고 서너 쪽 정도 올리면 됩니다.

겨울은 　신선한 과일이 귀한 계절인 만큼 과일의 종류나 양이 부족할 수 있어요. 하지만 겨울에 풍성한
다양한 감귤류 과일은 많이 먹지 않아도 입가심이 되며 기분 전환에도 도움이 되는 과일이에요.
충분한 과즙과 오렌지 컬러를 만끽할 수 있는 상큼한 플레이팅을 준비해보세요.

겨울에는 이런저런 모임이 자주 열리죠. 겨울 제철 과일을 풍성하게 준비하되 파티 분위기를 업그레이드 할 수 있게 스타일링 해보세요. 케이크 트레이에 귤이나 오렌지 등을 껍질째 손질해 담아요. 볼을 준비해 속껍질까지 모두 벗긴 과일을 담아 트레이 가운데 함께 올려 냅니다. 이렇게 세팅하면 높이가 생겨 화려한 느낌을 낼 수 있어요.

PLATING 3

감귤류는 보통 둥글게 썰거나 혹은 세로로 썰기 마련인데, 네모나게 썰면 보기에도 새롭고 한입에 먹기도 좋아요.
2.5~3㎝ 두께의 둥근 모양으로 도톰하게 썰어 속껍질까지 벗긴 뒤 한입 크기의 사각형으로 썰면 됩니다. 짙은 컬
러의 사각형 접시에 담으면 세팅이 수월하죠.

사계절 구할 수 있는 키위와 오렌지를 한입 크기로 썰어
꼬치에 끼워요. 예쁜 유리병에 꼬치를 모아 꽂으면 하나
씩 뽑아 먹을 수 있어 편하고 재미있죠. 과일을 평소에
잘 먹지 않는 아이도 좋아하는 세팅이며 키즈 파티에 활
용하면 손에 묻히지 않고 과일을 먹을 수 있어 좋아요.

감귤류 과일은 색감이 참 예뻐
서 이것저것 한데 모아 커다란
그릇에 담기만 해도 탐스럽고
푸짐해 보이죠. 여러 종류의 감
귤류 과일을 속껍질까지 모두
깎아내고 동그란 모양으로 썰
어 색이 짙은 볼에 담아보세요.
색색의 과육이 돋보이며 아주
싱그럽고 먹음직스럽답니다.

오렌지와 자몽은 속껍질이 두꺼
워 간혹 먹기 불편할 때가 있어
요. 이럴 때는 한 쪽씩 나눠 속
껍질까지 벗겨서 그릇에 담으
면 좋지요. 오렌지나 자몽을 반
으로 잘라 과육을 도려내어 그
릇처럼 사용해보세요. 여기에
속껍질을 벗긴 오렌지와 자몽
을 차곡차곡 올리면 그릇에 담
는 것보다 예쁘답니다.

크리스마스 파티에 어울리는 과일 담기입니다. 자몽과 오렌지를 속껍질까지 벗긴 뒤 큐브 모양으로 자르고 둥글고 큰 접시의 가장자리로 과일을 빙 둘러 담습니다. 올리브를 군데군데 올려 포인트를 주고 과일 주변으로 로즈메리를 둘러 리스 모양의 과일 장식을 완성합니다.

오렌지와 자몽을 속껍질까지 벗기고 1.5㎝ 두께의 둥근 모양으로 썬 뒤 절반 분량은 다시 반달 모양으로 반 잘라요. 사각 접시에 맞춰 가운데에는 둥근 모양을, 주변에는 반달 모양으로 선을 맞춰 담으세요. 키위와 블루베리, 딸기 등 으로 포인트를 주면 마치 액자에 그림을 끼운 듯한 과일 담기가 완성됩니다.

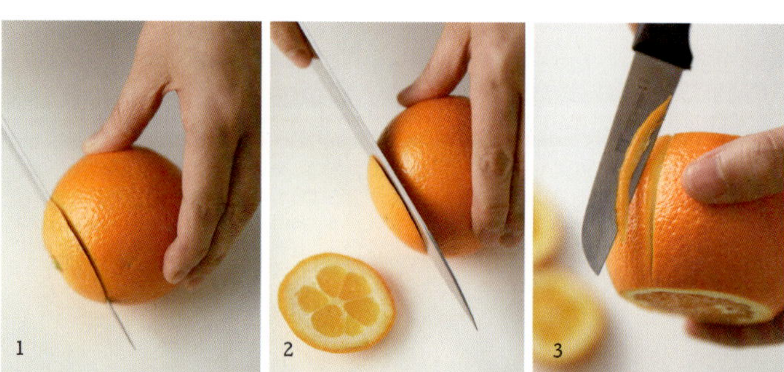

1 오렌지 꼭지를 1㎝ 정도 잘라낸다.

2 반대 쪽도 1㎝ 정도 잘라낸다.

3 오렌지 껍질에 약 2.5㎝ 간격으로 V자로
  얇게 세로로 홈을 낸다.

4 가로로 둥글게 3등분 한다.

5 접시에 담는다.

1 오렌지 양 끝을 1㎝ 정도씩 잘라낸다.

2 속껍질과 과육 사이에 칼을 넣어 세로로
  속껍질까지 깎아낸다.

3 남은 껍질을 말끔히 깎아낸다.

4 속껍질과 과육 사이에 칼을 넣어
  세로로 한 쪽씩 과육을 발라낸다.

5 회오리 모양으로 접시에 담는다.

<u>tip</u> 이렇게 과육만 도려내는 것을 '세그먼트(segment)'한다고 부릅니다.

1 오렌지는 세로로 반 자른다.

2 가운데 심을 V자로 칼집을 넣어 도려낸다.

3 오렌지 반 쪽을 세로로 4등분 한다.

4 속껍질과 과육 사이에 칼을 넣어 1㎝ 정도
  남기고 껍질을 깎는다.

5 오렌지 과육을 살짝 비틀어 접시에 담는다.

1 오렌지를 돌려가며 속껍질까지 깎는다.

2 남은 흰 껍질을 깎아서 정리한다.

3 1㎝ 폭으로 둥글게 자른다.

4 중간부터 밑으로 한 번 칼집을 낸다.

5 칼집 낸 부분을 중심으로 과육을 비튼다.

6 비튼 부분을 세워 접시에 담는다.

GRAPEFRUIT
1
2
2-1
3
4
5
1
2
3
4
LEMON
1
2
3
1
2
3
4

1 자몽을 가로로 반 자르고 끝 부분을 1㎝ 정도 잘라낸다.
2 속껍질과 과육 사이에 칼을 넣어 과육을 도려낸 뒤
　자른 과육을 빼서 과육과 껍질을 분리한다.
3 ①의 자몽 끝 부분을 ②의 자몽 껍질 속에 넣는다.
4 과육을 세로로 반 자른다.
5 반달 모양이 되게 1㎝ 폭으로 자른다.
6 ③의 자몽 껍질 안에 과육을 빙 둘러가며 담는다.
7 껍질째 접시에 담는다.

1 자몽을 가로로 반 자른다.
2 속껍질과 과육 사이에 칼을 넣어 빙 둘러가며
　과육을 도려낸다.
3 둥글게 자른 과육을 빼서 과육과 껍질을
　분리한다.
4 속껍질 가까이를 잘라 한 쪽씩 나눈다.
5 과육을 다시 껍질에 넣는다.
6 껍질째 접시에 담는다.

1 레몬 제스터로 레몬 껍질을 가늘고 길게 깎아낸 뒤
　나무젓가락에 촘촘하게 돌돌 만다.
2 레몬 껍질이 젓가락에서 풀어지지 않게 쿠킹랩으로
　단단히 감싼다.
3 쿠킹랩으로 감싼 레몬 껍질은 30분 정도 그대로 둔다.
4 쿠킹랩을 풀면 레몬 껍질이 스프링 모양이 된다.
5 잔에 스프링 모양의 레몬 껍질을 꽂아 장식한다.

1 레몬을 가로로 반 자른 뒤 0.3㎝ 정도로 얇게
　반 정도 칼집을 넣는다.
2 칼집 넣은 옆에 0.3㎝ 정도 간격을 두고 레몬을 자른다.
3 레몬의 칼집을 넣지 않은 부분에 세로로 칼집을 낸다.
4 ③에서 칼집 넣은 부분을 중심으로 레몬을 비튼다.
5 ④와 같이 비튼 채로 레몬을 바닥에 세워 잠시 둔다.
6 모양을 잡은 레몬을 잔에 끼워 장식한다.

Beyond Seasons

1 레몬 제스터로 꼭지 가까이에서부터 껍질을
   깎기 시작한다.

2 1㎝ 간격을 두고 레몬을 돌려가며 껍질을 깎아
   레몬 껍질에 스트라이프 모양이 생기게 한다.

3 레몬을 세로로 반 자르고 다시 4등분 한다.

4 가운데 흰 부분을 칼로 잘라낸다.

5 레몬 과육 끝 부분에 사선으로 칼집을 넣는다.

6 잔에 레몬을 꽂아 장식한다.

1 키위 양 끝을 잘라낸다.

2 키위를 세우고 과육과 껍질 사이에 칼을 넣어
   껍질을 깎아낸다.

3 세로로 반 자른다.

4 다시 세로로 반 자른다.

5 가운데 심지를 길게 잘라낸다.

6 앞뒤를 번갈아 가며 나란히 접시에 담는다.

1 꼭지 쪽에 칼집을 넣고 심지가 닿으면 빙 둘러 자른다.

2 꼭지와 함께 뾰족한 심지까지 떼어낸다.

3 세로로 껍질을 깎고 남은 세로 자국을 살살 긁어 없앤다.

4 둥근 모양으로 얇게 슬라이스 한다.

5 과육을 도려낸 오렌지 껍질에 키위를 한 쪽씩 둘러가며
   꽃 모양으로 담는다.

6 맨 위는 키위를 반 잘라 얹고 접시에 담는다.

1 키위 가운데를 빙 둘러가며 V자로 칼집을
　깊게 넣는다.
2 칼집 넣은 부분을 중심으로 2등분 한다.
3 껍질과 과육 사이에 큰 스푼을 넣고 빙
　둘러가며 과육을 떠낸다.
4 접시에 담는다.

1 키위를 껍질째 0.8㎝ 폭으로 둥글게 썬다.
2 껍질 한 쪽에 칼집을 낸다.
3 칼집 낸 곳에 칼을 넣고 껍질을 1㎝ 정도
　남기고 둘러가며 껍질을 깎는다.
4 1㎝ 남긴 껍질을 기준으로 깎아낸 껍질을
　지그재그로 접는다.
5 접은 껍질이 풀어지지 않게 꼬치를 꽂는다.
6 접시에 담는다.

1 키위 양 끝을 자르고 돌려가며 껍질을 깎는다.
2 과육에 비스듬히 V자 모양으로 길게 홈을
　내는데, 같은 간격으로 4군데 낸다.
3 둥근 모양으로 도톰하게 썬다.
4 꽃 모양으로 접시에 담는다.

1 키위 양 끝을 잘라낸다.
2 키위를 돌려가며 껍질을 깎는다.
3 도톰하게 어슷 썰되 칼의 각도를 바꿔가며
　양 옆의 두께가 다르게 둥글게 썬다.
4 반달 모양으로 한 번 더 썬다.
5 키위를 약간 비껴서 접시에 담는다.

 1
 2
 3
 4

 1
 2
 3-1
 3-2
 4

 1
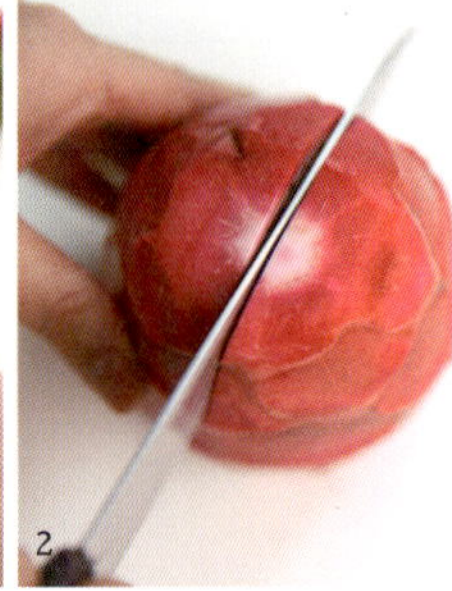 2
 3

 1
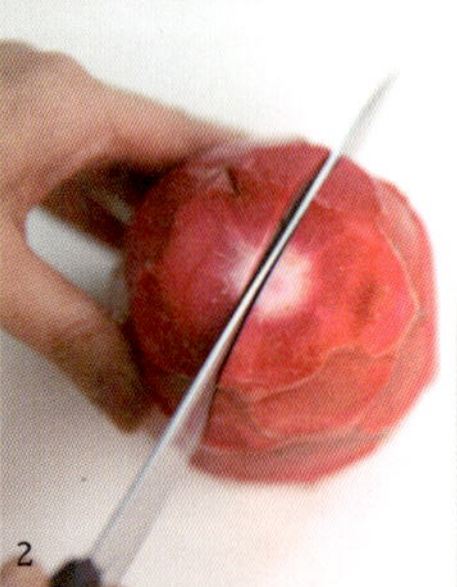 2
 3
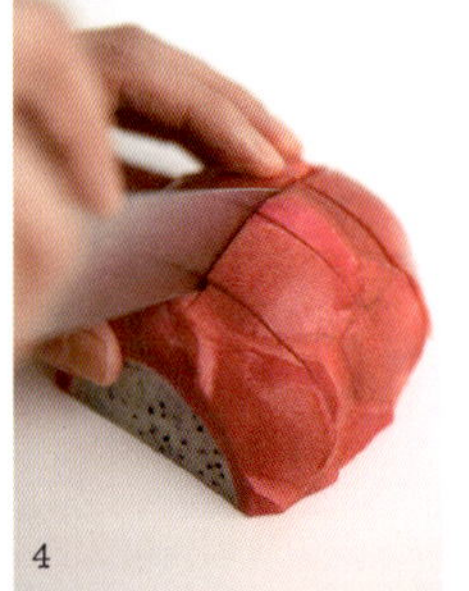 4

1 씨를 비껴 망고를 세로로 길게 자른다.

2 씨를 중심으로 반대 쪽도 길게 자른다.

3 껍질이 잘라지지 않게 조심하며 과육에만
　바둑판 모양으로 칼집을 낸다.

4 뒤집어 칼집 낸 과육이 벌어지게 한다.

5 과육을 한 쪽씩 잘라낸다.

6 접시에 담는다.

1 씨를 비껴 세로로 길게 자른다.

2 씨를 중심으로 반대쪽도 길게 자른다.

3 과육과 껍질 사이에 커브드 나이프를 찔러 넣고 빙
　둘러 깎아 껍질과 과육을 분리한다.

4 다시 과육을 껍질에 넣은 채로 과육을 2㎝ 폭의 사다
　리 모양으로 자른다.

5 과육을 1조각씩 기울여 지그재그 모양을 낸다.

6 껍질째 접시에 담는다.

1 용과 표면의 뾰족뾰족한 껍질을 깎아낸다.

2 세로로 반 자른다.

3 다시 세로로 반 자른다.

4 다시 한 번 세로로 반 잘라 총 8쪽을 만든다.

5 지그재그로 접시에 담는다.

1 용과 표면의 뾰족뾰족한 껍질을 깎아낸다.

2 세로로 반 자른다.

3 가로로 썰어 반달 모양으로 4등분 한다.

4 삼각형 모양이 되게 세로로 반 자른다.

5 껍질과 과육 사이에 칼을 넣어 ⅔ 정도
　칼집을 넣는다.

6 접시에 담는다.

PINEAPPLE

BANANA

1 파인애플 양끝을 자르고 세로로 세운 뒤 위에서
  아래로 껍질을 깎는다.

2 세로로 세워놓고 반 자른다.

3 가운데에 V자로 칼집을 넣어 단단한 심을 도려낸다.

4 다시 세로로 반 자른다.

5 다시 세로로 반씩 잘라 4조각을 낸다.

6 가로로 2㎝ 폭으로 자른다.

7 지그재그로 접시에 담는다.

1 껍질을 벗기고 가운데 심을 도려낸 뒤
  세로로 반 자른다.

2 다시 세로로 반 자른다.

3 긴 조각을 가로로 반 자른다.

4 1조각씩 꼬치를 끼운다.

5 꼬치를 들고 먹을 수 있게 접시에 담는다.

1 양 끝을 자르고 껍질째 세로로 반 자른다.

2 다시 세로로 3등분 한다.

3 가운데 단단한 심을 잘라낸다.

4 껍질과 과육 사이에 칼을 넣고 껍질을 깎아낸다.

5 껍질 위에 과육을 올리고 과육만 2㎝ 폭으로 썬다.

6 자른 과육을 한 조각씩 건너가며 살짝 비껴
  모양을 낸다.

7 껍질째 접시에 담는다.

1 바나나가 세워지게 볼록한 곡선 부분의 껍질을
  평평하게 약간 자른다.

2 중간 부분 양쪽 껍질 부분에만 길게 칼집을 넣는다.

3 칼집 넣은 부분을 따라 껍질을 반만 벗긴다.

4 과육에 붙어 있는 나머지 껍질을 살짝 벌려 조금만
  과육과 분리한다.

5 껍질이 붙은 채로 과육만 2㎝ 폭으로 자른다.

6 껍질째 접시에 담는다.

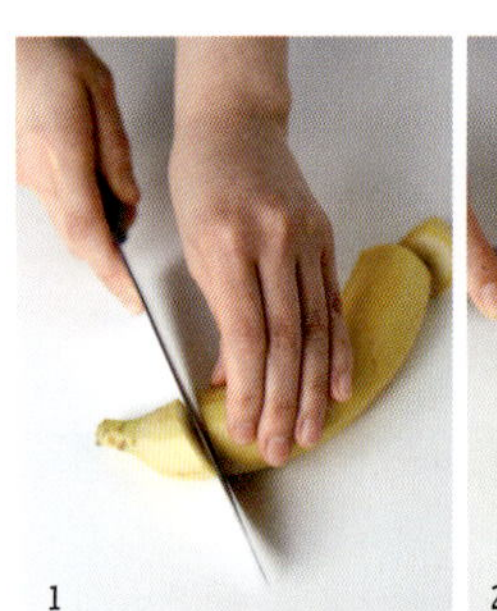

1

2

3

4

1

2

1

2

3

3-1

4

1

2-1

2-2

1 양 끝을 약 1㎝씩 칼로 잘라낸다.

2 껍질을 벗기지 않은 채로 세로로 반 가른다.

3 ②의 위쪽 바나나만 ½ 지점을 비스듬히 자른다.

4 반대쪽 바나나도 ③과 같은 방법으로 비스듬히
　자른다.

5 비스듬히 자른 부분을 중심으로 바나나를 분리한다.

6 바나나를 세워서 접시에 담는다.

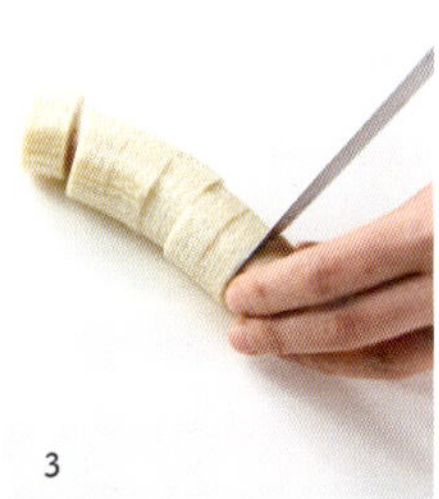

1 양 끝을 약 1~1.5㎝씩 칼로 잘라낸다.

2 껍질을 말끔히 벗긴다.

3 1㎝ 폭으로 과육을 자른다.

4 접시에 꽃 모양으로 담고 사이사이에
　민트 잎을 올려 장식한다.

1 아보카도 씨가 닿을 때까지 세로로 깊게 칼집을 넣고
　씨를 중심으로 빙 둘러 반 가른다.

2 칼집 넣은 부분을 중심으로 과육을 비틀어
　2등분한다.

3 씨에 칼을 꽂고 살짝 비틀어 씨를 빼낸다.

4 세로로 껍질을 깎는다.

5 세로 혹은 가로 1㎝ 폭으로 과육을 자른다.

6 둥근 모양을 위로 접시에 담는다.

1 푹 익은 아보카도를 사용해 위의 ①~③과 같은
　방법으로 반 잘라 씨를 빼고 손으로 껍질을 벗긴다.

2 모양이 흐트러지지 않게 약 1㎜ 폭으로 가로로
　촘촘히 썬다.

3 윗부분을 살짝 벌려가며 둥글게 말아 꽃 모양을
　만든다.

4 꽃 모양이 흐트러지지 않게 접시에 담는다.

과일을 먹는 즐거움 알기 | 썰기 | 담기 | 요리하기

계절 과일 레시피

펴낸 날 초판 2018년 6월 25일
　　　　2쇄 2019년 4월 19일

지은이 김윤정
펴낸이 김민경
편집·진행 이채현
사진 박유빈
디자인 임재경
일러스트 박세연
교열·교정 그레이스 최
인쇄 도담프린팅

펴낸곳 PAN n PEN
출판등록 제307-2015-17호
주소 서울 성북구 길음로9길 40
전화 02-6384-3141
팩스 0507-090-5303
전자우편 panpenpub@gmail.com

저작권 ⓒ김윤정, 2018
편집저작권 ⓒPAN n PEN, 2018

ISBN 979-11-958828-8-5
값 25,000원

팬앤펜 출판사는 매일 조금씩, 더 즐거워지는 삶을 위해 무언가를 만들고,
고민하고, 그리고, 쓰고, 공부하는 저자들의 기술과 지혜를 모아 책으로
엮어내고 있습니다. 두 손으로 완성하는 기쁨을 주는 '실용도서'와
일상의 드라마를 전하는 '에세이와 여행도서'를 출간합니다.

pan'n'pen